配电网
全景协调规划技术

国网安徽省电力有限公司经济技术研究院 组编

内容提要

为适应新形势下对配电网的发展和建设，国网安徽省电力有限公司经济技术研究院组织编写了本书。本书共6章，主要介绍了基于微电网及多能互补的配电网发展形态、电力需求分析预测技术、适应新型城镇化的配电网协调规划技术、适应多场景建设的配电网协调规划技术、配电网低电压治理措施优选策略及规划预判防治技术、配电网投资策略辅助技术及投入产出效益评价，形成了一套科学完整的配电网优化规划技术体系和评价方法，能够有效适应新发展理念的要求，服务经济社会发展。

本书可供从事配电网规划工作的技术人员学习使用，同时也可供配电网规划咨询、工程设计、电气工程及相关专业师生参考使用。

图书在版编目（CIP）数据

配电网全景协调规划技术 / 国网安徽省电力有限公司经济技术研究院组编．— 北京：中国电力出版社，2023.12

ISBN 978-7-5198-8117-7

Ⅰ．①配…　Ⅱ．①国…　Ⅲ．①配电系统－电力系统规划　Ⅳ．①TM715

中国国家版本馆CIP数据核字（2023）第172996号

出版发行：中国电力出版社
地　　址：北京市东城区北京站西街19号（邮政编码100005）
网　　址：http：//www.cepp.sgcc.com.cn
责任编辑：周秋慧（010-63412627）　马玲科
责任校对：黄　蓓　常燕昆
装帧设计：赵丽媛
责任印制：石　雷

印　　刷：固安县铭成印刷有限公司
版　　次：2023年12月第一版
印　　次：2023年12月北京第一次印刷
开　　本：710毫米×1000毫米　16开本
印　　张：19.5
字　　数：294千字
定　　价：98.00元

编委会

主　编　潘　东　杨　欣

副主编　王　坤　田　宇　朱刘柱　戚振彪

参　编　周远科　徐　飞　马　静　吴晓鸣　王绪利

赵　锋　解　伟　代　磊　周　帆　施天成

王　宝　杨　敏　潘文明　胡旭东　郭汶璋

种亚林　丛　昊　陈天佑　周静姝　李志伟

江桂芬　马燕如　王　蕊　吴　磊　王永超

王　宁

前言

电力行业是支撑经济和社会发展的基础产业，关系经济命脉和社会稳定，是构建和谐社会的重要基础。配电网规划是在分析和研究未来负荷增长情况以及配电网现状的基础上，设计一套系统扩建和发行的计划，以满足用户安全、可靠用电，并保证电力企业及相关部门获得利益的过程。当前形势下，社会经济及新技术的发展、新型城镇化快速发展、区域协调战略快速推进、数字技术和能源技术革命快速融合以及多元负荷广泛接入，对配电网的规划建设产生了深远影响，传统的配电网规划技术难以适应新形势下用户对配电网的需求。

在此背景下，国网安徽省电力有限公司经济技术研究院积极探索，建立了一套科学完整的配电网优化规划技术体系和评价方法。在用户用电／用能发展趋势预测方面，对历史负荷数据进行小波包分解处理，突出了负荷的频率特征，有效提高了负荷预测的精度；在城镇化工作的推进过程中，开展城乡电力设施协同布局与通道资源综合利用规划，解决新型城镇化发展进程中配电网规划建设凸显和亟须解决的问题；在多元负荷接入方面，探索将分布式电源、电动汽车、储能设备规划纳入电网规划的方法；在低电压差异化治理方面，构建了低电压问题分类处理管理体系；以投资经济性角度，构建了配电网投资分配模型及投入产出评价模型。此体系能够有效适应新发展理念的要求，服务经济社会发展，成果广泛应用于安徽省配电网“十三五”规划，具有很好的推广价值。

在此稿完成之际，我们由衷地感谢各方面给予的大力支持和帮助，感谢中国电力出版社对本书出版所做的大量工作。由于作者水平有限，书中难免有不足或疏漏之处，敬请读者指正。

编者

2023 年 9 月

目录

1 基于微电网及多能互补的配电网发展形态

在新一轮电力体制改革的背景下，我国配电网的发展须根据新一轮电力体制改革以来的各种政策文件进行深入的分析，明确配电网未来发展的新要求、新形态和新举措，开拓新能源新兴市场。电网企业在进行投资前的分析工作时，必须尤其关注分析电力增长和电力负荷，对市场供需进行合理化的预测，进而确定投资规模。在配电网的投资建设过程中，积极解决分布式能源以及电动汽车的接入问题，要根据区域的实际情况进行深入的研究，选择恰当的接线方式促进网络架构的升级。不断对电网的安全性与稳定性进行系统的考量，并通过全面细致的规划，不断对配电网的灵活性水平进行系统的提升。为了实现高效运营与良性发展，有必要研究在输配电价改革和增量配电业务放开下配电网投资的适应性，加强配电网规划投资的投入—产出分析，加强项目投资的合理性与经济性审查，充分识别投资风险要素，制定适应新形势的配电网规划投资策略指导公司精准投资，为电网公司参与未来更加市场化与智能化的配电网建设提供战略指导。

针对新一轮电力体制改革给配电网带来的挑战，将重点介绍微电网、多元

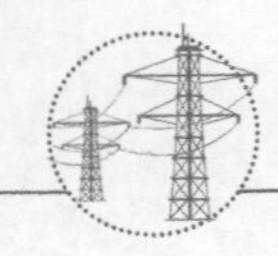

负荷、多能互补等大规模接入情景下的未来电网发展形态、配电网协调规划及配电网投入产出效益评价三个方面的问题，为新一轮电力体制改革下配电网的形态预测、协调规划及效益评价提供理论参考和技术支撑。

在微电网的项目支持方面。2015 年 4 月，国网浙江省电力公司承担了国家 863 计划课题“含分布式电源的微电网关键技术研发”。该课题包含的南麂岛微电网工程成为全国首个兆瓦级容量的独立海岛微电网。2018 年 7 月，由中国电力科学研究院有限公司牵头分布式发电与微电网领域国家电网有限公司科技项目“随机性电源即插即用关键技术研究及应用”通过国网科技创新部组织的验收。该课题解决了随机性电源接入配电网存在的共性问题，使随机性电源具有一定的自主运行能力，有效保证了配电网的安全稳定运行。

在多元负荷的项目支持方面。2013 年，国家高技术研究发展计划（863 计划）资助项目“多时间尺度下基于主动配电网的分布式电源协调控制”，提出适用于主动配电网正常运行状态下的多时间尺度分布式电源协调控制框架，研究了长短时间尺度下的主动配电网全局优化策略及自治控制策略。2016 年，国网山西省电力公司科技项目“规模化电动汽车充电负荷的预测及其对电网的影响”，通过模糊理论得到车辆在目的地的充电概率。利用蒙特卡洛模拟方法对居住区、工作区和商业区的充电负荷进行计算。2017 年，中国能源建设集团广东省电力设计研究院有限公司与广州南方电网科学研究院科技项目“电动汽车充电对住宅小区配电网的影响研究”，分析电动汽车充电对小区负荷特性及配电变压器负载率的影响，以及小区接纳电动汽车充电的能力，并提出有效的需求侧管理策略。

在多能互补应用方面。2017 年 1 月，国家能源局发布《关于公布首批多能互补集成优化示范工程的通知》，公布了 23 个多能互补集成优化示范项目，安徽省获批 1 个终端一体化集成供能系统项目——合肥空港经济示范区多能互补集成优化示范工程。

从配电网发展的自然规律入手，将配电网的发展分解为网架结构、能量调度、自愈控制、信息互联和市场交易五大形态要素进行演进，着重介绍五大形态在要素上所表现出的运行与结构特征。对配电网形态进行分析和预测就是具体对这些特征的未来变化趋势进行预测。

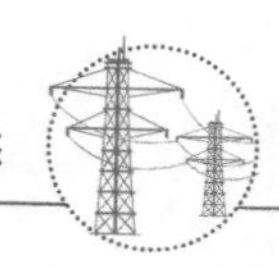

1.1 配电网的网架结构形态

一般而言，“结构”侧重于描述系统各部分的具体连接关系，而“形态”则侧重于系统特征抽象指标的表征，两者共同构成对系统的完整描述。本节侧重于研究配电网的组成设备及其参与者的连接组织形式及交互作用方式。

1.1.1 传统的“典型”网架结构

传统的配电网主要为交流配电网，并在部分示范工程中采用了直流系统，其典型网架结构一般遵循 Q/GDW 1738—2020《配电网规划设计技术导则》的相关要求，其中高压配电网一般采用链式、辐射式及环网型、T 接等网架结构，中压配电网一般采用辐射式、单环网、双环网等典型网架结构，不同电压等级一般采用强—简—强的规划格局，并保持一定的负荷转移能力，满足地区电网安全、可靠、稳定、经济供电的要求。其根据各地区的电网现状、经济社会发展及运行习惯等体现差异化的规划思路。

根据调研与分析，总结中压配电网接线形式及其适用地区，如表 1-1 所示。

表 1-1　中压配电网接线形式及其适用地区总结

输电方式	接线形式		适用地区
架空线	辐射式	双辐射	C 类
		单辐射	D 类
	“手拉手”式环网		B、C 类
	多分段适度联络		B、C、D 类
电缆	辐射式	单电源辐射	D 类
		双电源辐射	C 类
	环网型	单环网	B、C 类
		双环网	A+、A 类
	N 供一备		A+、A、B 类

其中，供电分区划分标准参照 Q/GDW 1738—2020《配电网规划设计技术导则》，具体如表 1–2 所示。

表 1–2　　供电分区划分表

供电区域	A+	A	B	C	D	E
饱和负荷密度 σ（MW/km^2）	$\sigma \geqslant 30$	$\sigma \geqslant 15$	$6 \leqslant \sigma<15$	$1 \leqslant \sigma<6$	$0.1 \leqslant \sigma<1$	$\sigma<0.1$
主要分布地区	直辖市市中心城区或省会城市、计划单列市核心区	地市级及以上城区	县级及以上城区	小城镇区域	乡村地区	农牧区

1.1.2　未来网架结构——“交直混合”

1.1.2.1　柔性交直流混合配电网

随着分布式能源、电动汽车、储能的大规模接入，配电网中直流负荷与直流设备所占比例将越来越高，同时随着电力电子技术的快速发展，采用柔性直流技术将传统交流配电网升级改造为交直流混合配电网成为可能，主要体现为以考虑柔性装置为中心的改造方案。

1. 柔性直流技术对网架结构的改造

基于以上的传统配电网的几种典型接线模式，以架空网辐射式、电缆单环网、架空两分段单联络接线形式为例，利用柔性直流技术可改造成以下的结构形态。

柔性直流技术下配电网结构形态见表 1–3。

表 1–3　　柔性直流技术下配电网结构形态

原结构形态	改造后结构形态
架空网辐射式、单联络接线	含两端柔性环网控制装置的配电网接线
电缆单环网	
架空两分段单联络接线	含三端柔性环网控制装置的配电网接线
电缆两单环网联络	

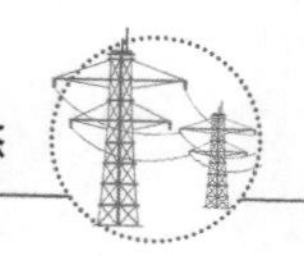

（1）含两端柔性环网控制装置的配电网接线。由传统架空网单联络、辐射式和电缆单环网接线改造之后的含两端柔性环网控制装置的配电网接线模式如图 1-1 所示。

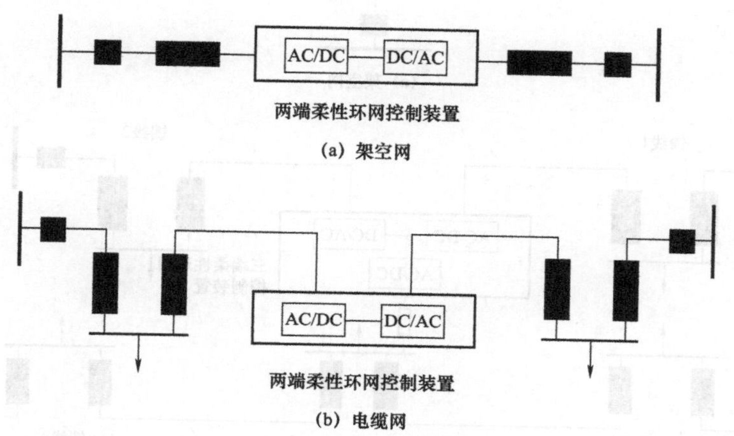

图 1-1 含两端柔性环网控制装置的配电网接线模式

改造之后，对原接线形式均有不同程度的提升：

1）对辐射式而言，负载率由原来的 100% 降到了 50%，更利于负荷转供的实现；

2）对于电缆单环网而言，其正常情况下开环运行，故障时利用联络开关实现负荷转移，改造之后正常情况下可闭环运行，原因为其故障时可实现负荷快速转移。

（2）含三端柔性环网控制装置的配电网接线。在传统架空两分段单联络接线和两条单环网的基础上，可改造得到含三端柔性环网控制装置的配电网接线模式，如图 1-2 所示。

改造之后，正常运行时，馈线 1、2、3 可通过柔性环网控制装置实现闭环运行，3 条线路之间的潮流可实现灵活控制，某条线路故障时，其他馈线可以通过柔性环网控制装置提供快速功率支援。

（3）交直流混合配电网络结构。以上含两端、三端柔性环网控制装置的配电网接线推广之后，便可形成交直流混合配电网络结构，如图 1-3 所示。

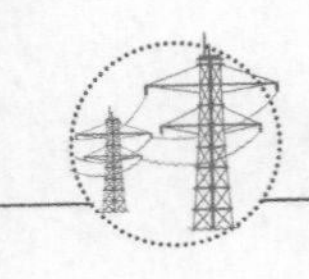

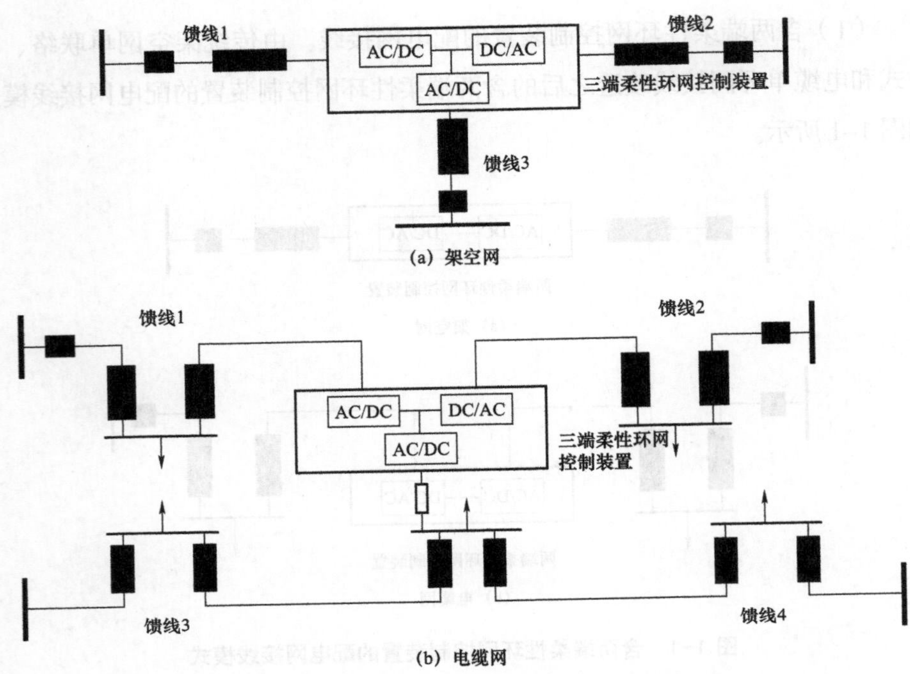

图 1-2　含三端柔性环网控制装置的配电网接线模式

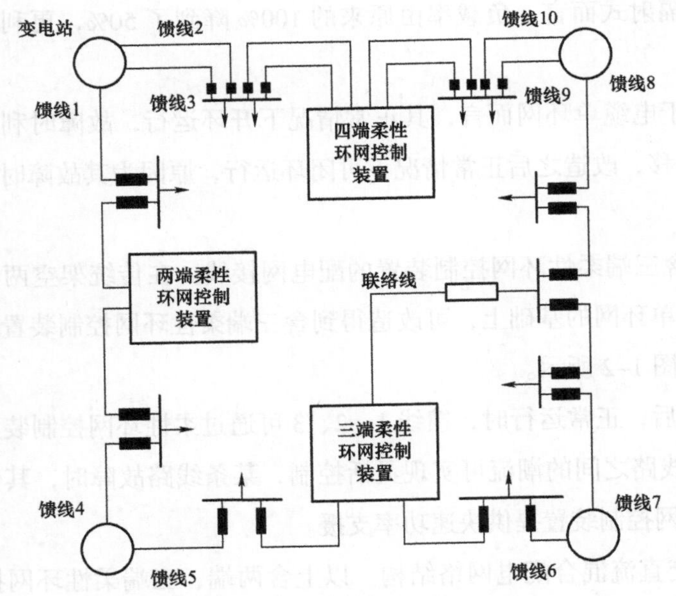

图 1-3　交直流混合配电网络结构

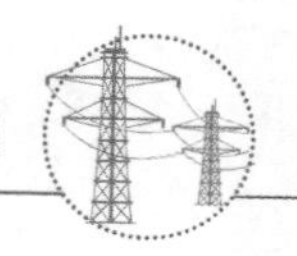

图 1–3 中，馈线 2、3、9、10 通过四端柔性环网控制装置形成多联络线路，馈线 1、4 通过两端柔性环网控制装置形成单联络线路，馈线 5、6、7 通过三端柔性环网控制装置形成两联络线路。

2. 交直流配电网典型供电模式

交直流配电网典型供电模式考虑不同的应用场景，发挥直流配电的技术优势，满足直流配电发展的技术需求，适应不同的电网结构与运行模式，配置最优的直流配电设备。

首先，从新能源、新技术等多种因素确定直流配电网典型应用场景的三个最主要的技术原则如下。

（1）交直流负荷的分类及分布。随着电动汽车充电站、大容量储能电站、地铁牵引、中压大功率直流电机或变频电机等直流负载需求的出现，普通用户对省去 AC/DC 变换环节的需求日益提高，场景划分时应综合考虑现有交流负荷及各类直流负荷的占比、接入需求及分布特点。

（2）交直流电源的分类及分布。随着新能源及分布式电源的发展，光伏、燃料电池和储能电站可以直接输出直流，风力发电通常经过整流器将随风速变化的交流电转换为直流电，中压直流电源的种类越来越多，场景划分时应综合考虑现有交流电源及各类直流电源的接入需求及分布特点。

（3）直流配电技术优势。相比交流配电网，直流配电网的输送容量大、输送距离远、可靠性较高，可进行双端供电合环运行及分区间潮流控制。此外，直流没有交流电网固有的同步和稳定性问题，有功和无功功率可快速且独立解耦控制，可为系统提供无功支撑，提高故障穿越能力，场景划分时，应发挥交直流配电技术优势，提高各类场景供电可靠性和供电能力。

1.1.2.2 以多能源中心为核心的网格化配电网

1. 建立能源中心可以缓解网架升级的困境

面对配电网升级改造难度的不断提升，相对于单纯接线模式的升级，接入多能互补来满足电力需求和供电可靠性需求，其具有以下优点。

（1）以相对较低的成本解决在供电可靠性较高的基础上继续提高的瓶颈

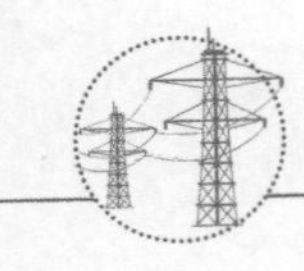

问题；

（2）通过多能互补系统将电力、天然气、热力网络耦合，使其成为综合能量流协同优化调度的枢纽，避免了单一网络同步升级时的空间使用冲突。

对未来配电网接入多能互补，并逐步发展为多能协调供能网络的蓝图进行了展望，其示意图如图 1–4 所示。

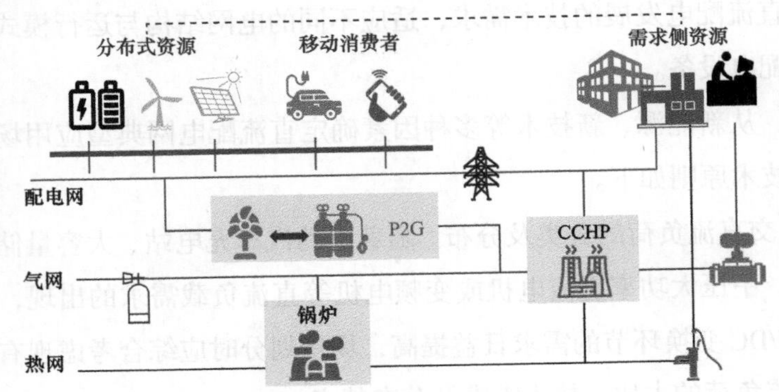

图 1–4　多能互补系统示意图

在图 1–4 中，冷热电联产（combined cooling heating and power，CCHP）既是电、冷热负荷的提供者，同时也是气网中的负荷；电转气（power to gas，P2G）装置既是电网中的负荷，也是气网中的气源，在一定程度上，也是 CCHP 中燃气轮机和余热锅炉的气源；电力转换设备则负责发电侧与用户侧之间的电力变换，由此可见能源中心电、气、热的高度耦合特性。

2. 引入能源中心为网格化划分提供新思路

我国配电网建设存在着城市间发展不协调、负荷预测及电气计算准确性不高、各区域规划衔接不足、资源重复建设等问题，因此有必要对配电网进行合理分区，通过网格化的方法，实现对分区用电需求和供电范围的明确定位，明确片区之间的关联性以避免资源的重复建设，有效增强配电网规划的科学性。

目前，我国配电网网格划分的原则主要有按照供电区域或者按照开发深度划分。当考虑在配电网中接入多能互补时，可以考虑形成“以多能源中心为核心的网格化配电网”，即以各区域资源禀赋首先建立起多个能源中心，然后围绕能源中心进行网格划分。这提供了一种思路清晰的配电网网格划分新思路。

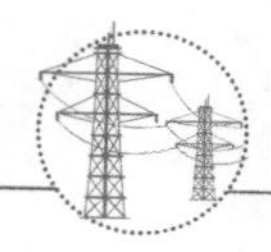

（1）充分利用地区自然资源，并以各地资源的丰富程度决定供能范围的大小。

（2）各地区的丰富自然资源为不同种类时，可以利用多种能源在不同时间、空间尺度上的互补性，进行片区互联。

1.2 配电网的自愈控制形态

“自愈”源于生物医学界，其定义为系统的一种自我察觉自身状态，在没有人工干预的前提下自我判断并采取适当的措施以恢复到正常状态的能力。配电网的自愈就是指配电网对自身运行状态进行连续的在线评估，在没有或者较少人为干预的前提下完成自我预防、自我恢复的能力。

1.2.1 传统的“三步走”自愈控制

电网自愈的控制原则是尽量使系统不间断供电。控制目标是：首先是避免故障发生；其次是一旦故障发生，故障恢复后不丢失负荷，并且恢复后的网络具有抵抗下一次故障冲击的能力，具备再防范能力。

根据配电网的不同运行状态，自愈控制系统应该包括三个关键环节。

（1）故障发生前的预防评估。

（2）故障发生时的紧急调控。

（3）故障发生后的复电并网。

1.2.1.1 故障发生前的预防评估

所谓预防评估，即在配电系统正常运行时对电网进行实时运行评价和持续优化，提高配电系统的鲁棒性，并具备识别故障早期征兆的预测能力。配电网通过自我感知、自我诊断对潜在故障进行控制操作，通过自我决策，优化电网运行结构，尽可能降低故障发生的可能性。发出预警后，配电网由安全运行状态进入警戒运行状态，实时预防，避免故障发生。比较重要的预防评估技术有在线风险评估技术、预防性重构技术等。

1.2.1.2 故障发生时的紧急调控

在故障发生时，应选择相应合适的配电网故障过程紧急控制技术方案，主要分为就地控制方式、集中控制方式、综合控制方式三种。

1. 就地控制方式

就地控制方式分为基于时序配合的就地控制方式和基于分布式智能终端的就地控制方式。两者的共同点在于均不依赖于配电自动化主站或配电子站这种远方控制中心的干预，前者通过现场配电自动化终端、保护装置或自动空气开关装置相互时序逻辑配合，在配电网发生故障时，自行隔离故障区域，恢复非故障区域供电；后者故障隔离和恢复的过程由分布式智能终端根据预设在其微处理机上的程序在当地完成，最终再通过数据采集与监视控制（supervisory control and data acquisition，SCADA）系统反馈至配电主站。预防性重构的流程示意图如图 1–5 所示。

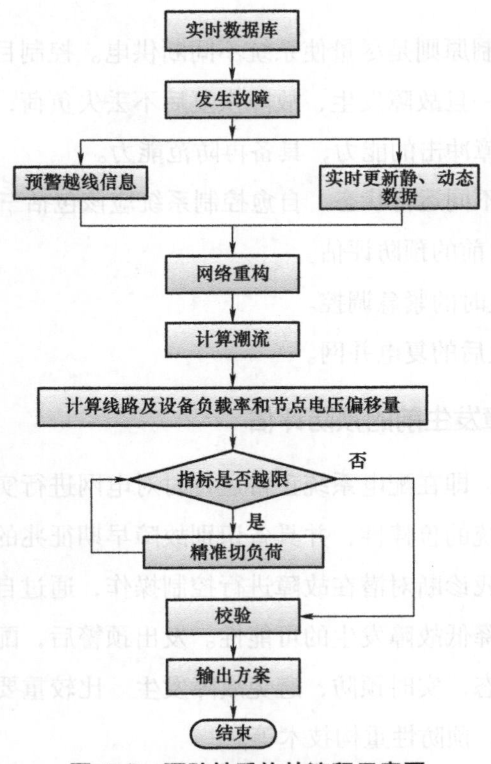

图 1–5　预防性重构的流程示意图

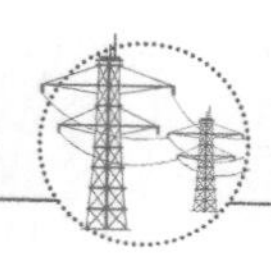

2. 集中控制方式

集中控制方式包括基于故障指示的运行监视方式和基于配电自动化主站的集中控制方式。前者运行监视方式依赖的关键设备是故障指示器，带通信的故障指示器可通过配置的通信模块将故障信息上传至主站，可以实现故障信号的远传和故障自动定位，构成故障自动定位系统；后者通过使配电 SCADA、PAS（配电高级应用软件）、地理信息系统（geographic information system，GIS）的一体化，可以实现配电网全局性的数据采集与控制，发生故障时通过配电终端上送故障信息，由配电主站实现配电网故障定位，通过遥控实现配电网的故障隔离及非故障区域的恢复供电。

3. 综合控制方式

基于分布式智能终端与主站协调配合的综合控制方式采用以单条馈线或馈线组为控制对象的分层分布控制模式，将馈线的故障识别、故障隔离完全下放到配电终端实现；配电子站、配电主站在功能上保留集中式馈线自动化控制方式（即通过遥控来隔离故障），但是将该项功能作为配电终端的后备，只有在配电终端处理故障失败的情况下才由配电子站处理故障，在配电终端及配电子站都失败的情况下才由配电主站来处理。

1.2.1.3 故障发生后的复电并网

故障发生后的复电并网是指在故障处理后，将故障隔离部分重新并入电网。复电并网的目标为将故障隔离区在故障处理完成后安全经济地接入电网。

为了使故障隔离区域在故障排除后，能够安全可靠地重新接入配电网，需要进行经济性重构。经济性重构以失电区域复电前的断面潮流及故障区域故障前的负荷值为数据基础，以复电后无节点电压及线路电流越限为目标函数，调用网络重构算法给出网络重构方案供运行人员参考。若配电系统中接入了分布式电源，除了上述过程外，在重构方案中还需要将分布式电源出力控制作为调节手段之一，调用网络重构算法给出网络重构方案供运行人员参考。

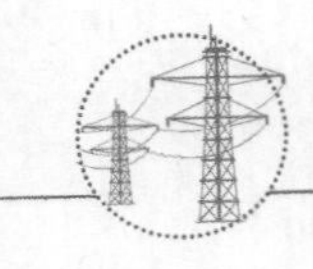

1.2.2 未来自愈控制——“自适应性”

随着光伏发电与电动汽车等直流负荷的大规模接入，一方面，配电网的网损、电压偏移、谐波等参数都将受到影响，这对于配电网的接纳能力提出了很大挑战；另一方面，分布式电源引起的功率输出不稳定，配电网自身以及输、配电网之间产生双向功率流动等问题，都将对传统自愈控制提出新的挑战。同时，新元素的引入对配电网的自愈也形成了积极的可靠性支撑作用。

1.2.2.1 考虑接入微电网和多能互补的自愈控制

（1）故障前：为了精确评估分布式电源造成的电压分布、电能质量影响，需要搭建相应的分布式绿色能量管理系统，对分布式电源的运行状态进行在线监测。监控系统需具备的功能应包括数据采集与处理、数据存储、自动/人工控制操作、新能源发电系统实时监控、预测统计、事故记录生成、系统自诊断与自恢复、新能源微电网测控保护等。

（2）故障时：以分布式电源的形式接入电网后，计划孤岛将是配电网一种新的运行方式。在这种运行方式下，由分布式电源独立地向系统的部分负荷供电。在系统发生故障时，各分布式电源按照划分好的孤岛继续向负荷供电，直至故障排除，系统恢复供电；另一方面，发生故障时，在通过联络开关进行重构之后，往往会使馈线向更远处延伸，若为单端供电，没有额外的电压支撑，线路后段的电压会显著下降，不能满足运行要求，而分布式电源可以给予网络远端馈线电压支撑。

（3）故障后：进行复电并网时，为了防止越限，需要考虑控制分布式电源出力。故障时的“分布式终端控制方案”和“计划孤岛方案”、故障后的“经济性重构方案”等，均需要搭建相应的分析仿真平台并通过平台及时制定方案。

综合以上，“自适应性”自愈控制系统的物理架构如图 1-6 所示，未来自愈系统中，底层将承担设备的互联与监测责任，能量管理、预防性重构、计划孤岛等方案将通过中间层支撑平台执行，而控制、重构、调度等各种方案的制定将在顶层完成。

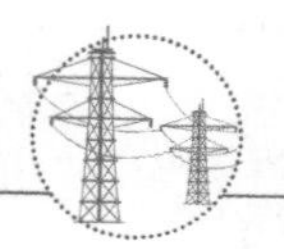

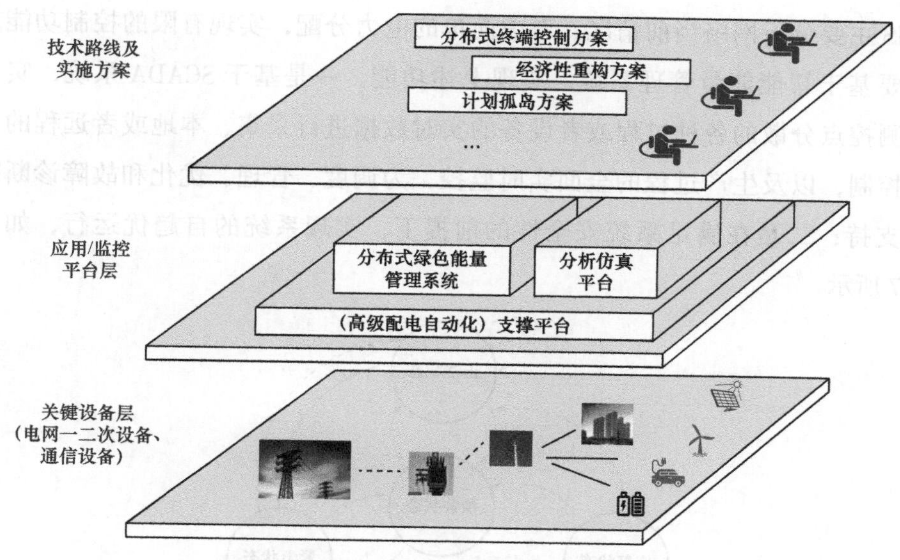

图 1-6 “自适应性”自愈控制系统物理架构

1.2.2.2 “自趋优”自愈控制

自平衡系统的自愈控制包含两个方面：一是在系统运行过程中，通过对系统状态进行监视，从而采取适当控制措施消除可能发生的安全稳定隐患，提高系统的稳定性；二是当系统出现故障或者非正常运行状态，需要对系统进行重构，快速恢复无故障部分供电。

因此，自平衡系统的自愈能力应满足以下要求：一是快速性，该类系统包含各种形式的能源供给，对电力中断和电能质量非常敏感，需要快速恢复重要负载以提高系统的存活能力；二是优化能力，在系统重构过程中，需要对有限的电力进行分配，综合考虑各种因素给出最佳的重构方案，最大限度恢复重要负载的供电；三是高可靠性，该类系统在部分状态下无法从其他网络获得电力支持，在系统负荷或电源容量快速变化时，易引起稳定问题，因此该类系统的自愈与重构能力需要高可靠性；四是强生存性，面对系统可能出现的通信中断或控制中心瘫痪等，需要系统各部分机能在数据获取不足的情况下，自行进行重构操作。

因此，对于自平衡系统来说，能量管理系统（EMS）至关重要。传统的

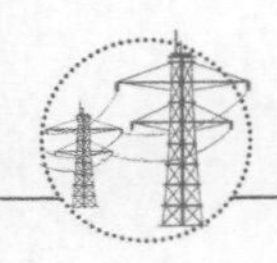

EMS 主要分析网络当前情况，考虑简单的电力分配，实现有限的控制功能。需要基于智能能量管理系统，实现上述功能，一是基于 SCADA 系统，实现对测控点分散的各种过程或者设备的实时数据进行采集、本地或者远程的自动控制，以及生产过程的全面实时监控，为调度、管理、优化和故障诊断提供支持；二是在满足系统安全性的前提下，实现系统的自趋优运行，如图 1–7 所示。

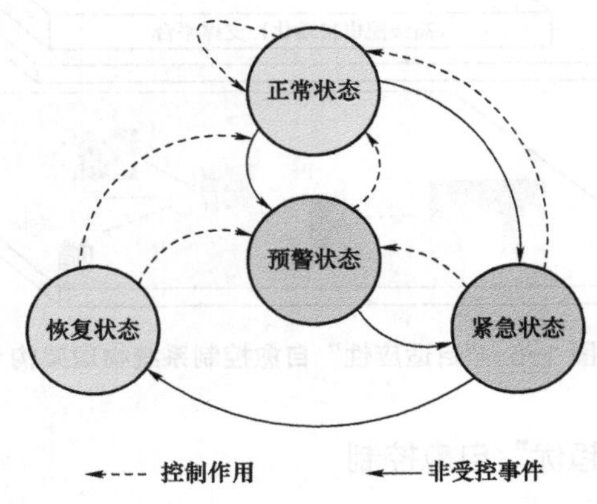

图 1–7　能量管理系统自趋优示意图

当系统偏离正常状态时，通过触发控制系统使系统回到离最优运行点尽可能接近的位置，让自平衡系统的自愈达到更好的效果。

1.3 配电网的能量调度形态

调度，即指挥、监督和管理电力生产运行的职能，它领导着电力系统内发电、输电、变电、配电及供电部门按安全、经济运行要求向用户不间断提供优质电能，在发生故障的情况下，又能通过指挥电厂的生产以及对网络中电能的管理，实现正常运行状态的迅速恢复。本节侧重于研究能量调度时电网对于用户之间的不同种类、流向的能量流的调度方式。

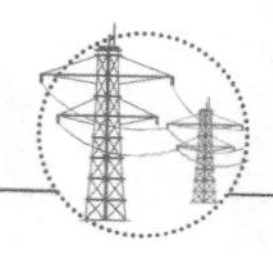

1.3.1 传统的“单向”能量调度

目前的能量调度模式本质上是以调度中心为核心的集中式能力管理系统，只有控制中心具有智能决策能力，分布在电网各处的场站一般只具备数据采集、监视和执行控制中心指令的能力。

1.3.2 未来的能量调度——“双向灵活”

随着发电侧以风（光）电为代表的特性各异的可再生能源电源大规模接入，负荷侧以电动汽车为代表的主动负荷广泛随机接入集中式和分布式电网并存，给电网的能量调度带来了新挑战和新需求，以电动汽车为例，电动汽车在安徽省的迅猛发展产生了重要的影响，预计至2030年安徽省电动汽车保有量将达到320万辆左右，以每辆电动汽车充电功率7W保守估计，极端情况下峰值充电功率将达2240万kW，达到2030年安徽省总负荷的25%左右。如果任由其无序充电，将会极大地增加电网的建设投入，导致设备的利用率大幅降低，因此必须对其能量转换过程进行有序调度。

随着电力体制改革的逐步深入，电力市场机制将逐渐完善，辅助服务市场与售电市场将逐渐放开。在这种趋势下，传统的电力用户将从调度的被动接收方转变为积极响应、积极互动的角色，能量调度将从单向调度逐渐发展为考虑需求响应下的“双向”调度。

1.3.2.1 技术路线分析

未来的能量调度系统的关键特征是“分布自治”和“互动协调”，通过架构上的分布实现自治，将原有的功能分解到电网中的多个能量管理单元，充分利用本地建模、数据、决策和控制的快速性和可靠性；不同能量单元之间通过信息交换、融合、互动实现协调，保证决策控制有全局性。能量调度控制的需求及形态预测见表1–4。

表 1-4　　能量调度控制的需求及形态预测

	现有模式	需求驱动	未来形态
调度运行	调控的主要目标是水电、火电，系统不确定性因素少，对水电、火电机组下达的调度指令不频繁，自动发电控制（AGC）机组可有效应对负荷波动	电源侧分布式电源的间歇性及负荷侧电动汽车的广泛随机接入，无序发电及充电对电网冲击大；电网中各种电源和主动负荷特性差异巨大，相互之间互补、互斥特性均存在	基于多种特性各异电源及负荷互补特性的多时空尺度互补协调优化调度；多级调度中心、电厂与调度中心、输电与配电网络之间的分散自治与互动协调的智能决策
安全评估	电网不确定性小，传统静态安全分析和动态安全分析满足要求	电网不确定性增加，传统的静态及动态安全分析难以满足运行要求	在可能性和后果之间进行权衡，进行在线风险评估，给运行人员提供定量的风险指标，直观指导决策
智能决策	只从调度中心给出，场站层面只有数据采集、监控功能，不具备高级应用	电网复杂，信息海量，所有信息归集调度中心，有价值信息容易被湮没；调度中心在决策中的绝对核心一旦出现问题，影响面大	变电站—调度两级分布式控制决策，变电站级具备分布式智能高级应用功能，通过两级互动解决调度体系中的分布自治和集中协调的矛盾；充分利用本地决策的冗余性、可靠性、敏捷性
系统架构	以调度中心为核心的集中式能量架构	调度中心的建模、决策、评估、控制等功能分解，形成全网多个集群	分布自治、互动协调的分布式能量管理架构

未来电网能量调度将覆盖年、月、日前、日内、小时级、15 分钟级、5 分钟级、秒级等多个时间尺度，其建模、分析、评估、决策等功能由现在的集中在调度中心侧完成，逐步延伸到下级调度中心、电厂、变电站、需求侧管理中心、微电网控制中心等，总体呈“自上而下”的趋势，由集中走向分布。能量调度技术发展路线图如图 1-8 所示。

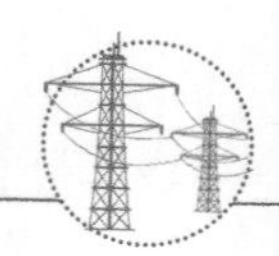

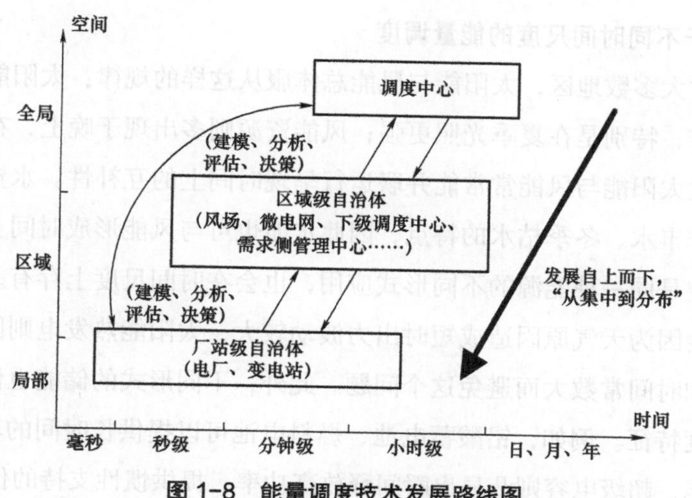

图 1-8 能量调度技术发展路线图

从能量控制层面来看，主要由目前的元件级控制、厂站级控制向区域、全网发展，充分利用信息交互，在自治控制的基础上保证相互之间的协调性，总体呈现"自下而上"的趋势，从自治走向协调。能量控制技术发展路线图如图 1-9 所示。

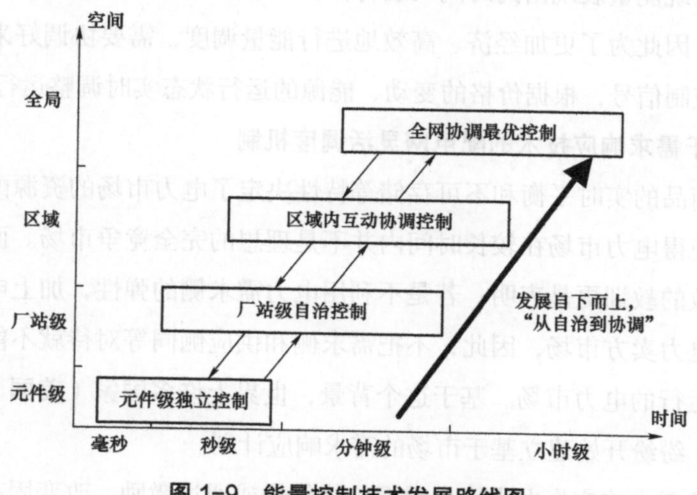

图 1-9 能量控制技术发展路线图

1.3.2.2 能量调度特征分析

鉴于配电网接入分布式能源后在时间尺度上的互补性、参与需求响应的可能性、能量性质上的互补性造成的影响，呈现出以下三方面特征。

1. 基于不同时间尺度的能量调度

安徽省大多数地区，太阳能与风能总体服从这样的规律：太阳能资源在白天较为丰富，特别是在夏季光照更强；风能资源则多出现于晚上，在冬季尤为丰富，因此太阳能与风能常常能并联运行呈现时间上的互补性。水资源也基本呈现为夏季丰水、冬季枯水的特点，因此水能也可与风能形成时间上的互补。另外，即使是同一种能源的不同形式应用，也会在时间尺度上存有差异。比如光伏发电会因为天气原因造成短时出力波动较大，太阳能热发电则因为热力系统的惯性和时间常数大而避免这个问题。此外，不同形式的储能也体现出不同的时间尺度特征。例如，铅酸蓄电池、燃料电池可以提供长时间的功率支持，而飞轮储能、超级电容则凸显出瞬间释放高功率、提供惯性支持的作用。

以上讲述了电力系统中不同环节体现出的不同时间尺度特征，不同于电力系统的毫秒级响应，热力系统及天然气系统的惯性及时间常数更大，短时内的功率冲击可以得到更足够的缓冲支持。

除了系统能量表现出的时间尺度特征，市场上的电价、气价也随着时间而不断变化。因此为了更加经济、高效地进行能量调度，需要协调好来自各时间尺度上的控制信号，根据价格的变动、能源的运行状态实时调整运行设定值。

2. 基于需求响应技术的配电网灵活调度机制

电力商品的实时平衡和不可存储等特性决定了电力市场的资源配置效率并不高，这使得电力市场在较长时间内并不是理想的完全竞争市场。而加州的电力市场失败的教训更是表明：若是不利用电力需求侧的弹性，加上电力供应紧张会造成电力卖方市场，因此，不把需求侧和供应侧同等对待就不能形成一个真正良性运行的电力市场。基于这个背景，世界上许多国家（美国、英国、澳大利亚等）纷纷开始建立基于市场的需求响应计划。

广义的需求响应指电力用户根据价格信号或通过激励，改变固有习惯用电模式的行为。随着电力市场机制的逐渐完善，需求响应技术得到快速发展，使得配电网调度不再局限于对于需求侧单调属性的负荷调度，用户也将从调度的被动接受方向积极响应、积极互动的角色转变。

此时建立基于需求响应的灵活调度机制，一定程度上可以弥补电力商品的

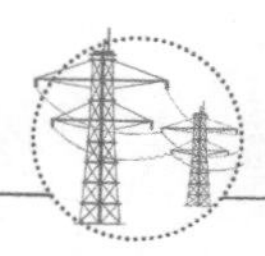

实时平衡和不可存储特性导致的电力市场非完全竞争性，并保证系统可靠性。总结美国开展需求响应的经验，可采用以下措施来进行。

（1）实时电价响应。这是在市场中引入需求侧竞争的最直接方式，用户可根据电价决定电力消费量，避免了电价变化带来的风险。

（2）可中断的自愿负荷削减。此措施与可中断负荷管理类似，但是无须在用户侧安装通信和控制装置，只需签订补偿协议即可。

（3）需求侧报价。报价包括愿意从市场上购买的电量和相应价格、愿意减少负荷的最低价格和相应的负荷减少量、辅助服务价格等。

3. 基于电—气—热综合能量流的系统协同优化调度

当调度的能量流不再局限于对电能单一能量流的调度时，利用多种能源系统在不同时间尺度上具有的相关性和互补性，将促成多时间尺度的能量存储和转供新策略。而电网作为迄今为止人类能源体系中最为完善的能源网络，其输配电网络的延展性、高效的传输效率及便捷的终端使用性使得它将成为多种能源物理互联网络的枢纽与核心，未来的配电网调度机构将可能承担电、气、热等多能量流的协同优化调度工作。

目前，对于综合能量流协同调度的研究，一般离不开能源中心的概念。在能源中心内部，能源可能被负荷消耗，或者被转化为其他形式。有许多研究引入了耦合矩阵来描述能源中心内的能源相互转化关系，并以此作为综合能源调度的基础。耦合矩阵中的系数由不同能源之间的转化效率和调度系数得到，调度系数是决定能源如何相互转化的决策变量。

1.4 配电网的信息互联形态

1.4.1 传统的电力通信方式

1.4.1.1 电力光纤通信

目前，智能配电网光纤组网主要采用工业以太网交换机或以太网无源光网

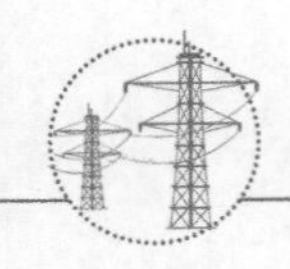

络（ethernet passive optical network，EPON）等技术。

1. 工业以太网交换机网络

工业以太网交换机，即应用于工业控制领域的以太网交换机设备，能适应低温、高温，抗电磁干扰强，防盐雾，抗震性强。主要应用于复杂的工业环境中的实时以太网数据传输。以太网在设计时，由于其采用载波侦听多路复用冲突检测（CSMA/CD 机制），在复杂的工业环境中应用，其可靠性大大降低，从而导致以太网不能使用。

2. EPON 网络

EPON 是基于以太网的 PON（无源光网络）技术。它采用点到多点结构、无源光纤传输，在以太网之上提供多种业务。它综合了 PON 技术和以太网技术的优点：低成本、高带宽、扩展性强、与现有以太网兼容、方便管理等。

1.4.1.2 无线公网

无线公网通信是指使用由电信部门建设、维护和管理，面向社会开放的通信系统和设备所提供的公共通信服务。公共通信网具有地域覆盖面广、技术成熟可靠、通信质量高、建设和维护质量高等优点，主要包括 GPRS（通用分组无线服务技术）、CDMA（扩频多址数字式通信技术）、4G、5G 等。目前无线公网在配电网中得到广泛应用，用于传输配电网自动化、低压集抄、配电变压器监测、负控终端等业务。但无线公网在容量规划上是按照一定的并发比设计的，无法满足所有在线用户同时发生通信需求。在发生重大事故、重要事件时，公网的通信量会达到网络容量设计容限，将存在用户无法接入的情况，此时电力公司的保供电任务或抢修工作将受到影响，存在不确定因素。

1.4.1.3 电力无线专网

电力无线专网采用 TD-LTE 宽带技术体制，可选用的频率包括 230MHz 频段和 1.8GHz（1785~1805MHz）频段，主要由核心网、网管系统、基站和无线终端四部分组成，其中基站包括 BBU（室内基带处理单元）、RRU（射频拉远

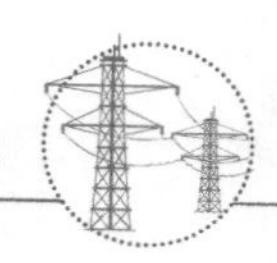

单元）和天馈线等，无线终端类型主要包括 CPE（含室内型、室外型）、嵌入式终端模块、数据卡和手持终端等。可用于承载配电自动化、远程抄表、视频监控等业务。相比光纤通信，无线专网具有组网灵活、施工简易等优势，其相对无线公网又具有传输资源可控、服务质量保障高等优势。但电力无线专网对规划、选点等要求较高，后期也需要投入较多力量进行网络优化，而且由于频段资源的限制目前电力专网还有需要改善的空间。

1.4.1.4 载波通信

电力线载波通信（PLC）是一种以电力线为传输媒介，利用电力线传输模拟或数字信号的技术，是电力系统独有的通信方式。电力线覆盖的区域都可以利用这一通信技术，实现高效利用电力线路的运行资源，且专有通信通道确保数据安全。无论窄带载波还是宽带载波，都具有信号衰减快、传输距离有限的缺点。

1.4.2 未来信息互联——“电力物联网”

未来的配电网一方面会接入大规模的分布式发电（新能源发电为主）、电动汽车、储能系统以及其他多能互补装置，另一方面需求响应也会快速发展，这些都将导致配电网系统的复杂性增加，也会造成配电网信息互联的业务范围大幅扩大。简单来说，一方面，未来的配电网电力通信网络会拥有越来越多的信息传输节点，相应地，节点之间的距离较短，各个信息传输节点的数据容量较小；另一方面，分布式电源尤其是可再生能源发电的出力预测，其时效性极短而对配电网负荷特性与安全运行影响极大。这就要求配电网电力通信在可靠性和实时性上必须具备可靠性高、传输效率高、传输响应快、不受停送电干扰、使用简单、维护方便的特点，从而保证分布式终端和电源监测信息的可靠、实时传输。

除了传统概念上的可靠性与实时性要求需要提升之外，未来配电网信息互联的内涵也将扩充，具体表现为以下方面的需求增加。

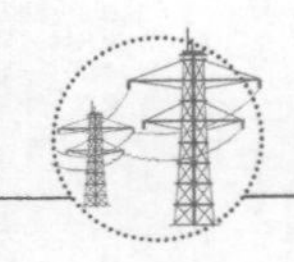

1. 全方位感知需求

现有感知技术多是将采集数据整合成图、表、数字形式，这使人无法完全还原感知现场的全部情况，如何通过新型传感器将现场信息全方位传递给电力作业人员，建立类似人的感官通信系统，将成为重要发展方向。

2. 新型信息传输、处理技术

未来电网要求电力设备具有互动性，因此形成的双向信息流对无线带宽信息安全提出了更多要求，信息传输量的猛增，使得全光通信、量子通信成为重要研究方向。

3. 智能用电需求

智能用电涉及用电信息采集、双向互动服务、分布式电源管理、电动汽车有序充电、智能家居等业务，异构网络互联技术是用户体验是否合格的关键，这对设备互联也形成了较高要求。

4. 新型信息安全需求

电力物联网涵盖不同等级的通信链路，包含传感网、电力无线专网、微波网、光纤网等多种网络架构，未来电力物联网的信息安全需要考虑节点自我保护、节点身份鉴别、访问控制、安全防护、入侵防护等多种技术手段结合。“电力物联网”信息互联示意图如图 1-10 所示。

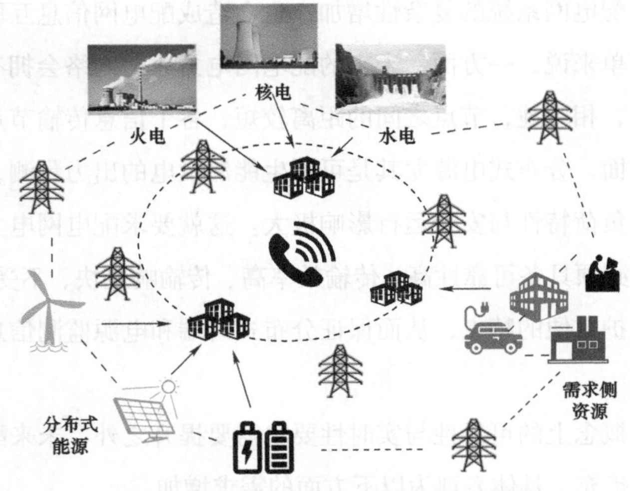

图 1-10 “电力物联网”信息互联示意图

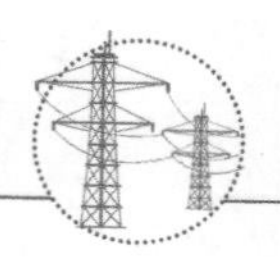

1.5 配电网的市场交易形态

电力市场交易模式由于交易主体在电力市场交易中的参与方式、交易地位与交易自由度的不同，构成了不同的市场交易形式。

1.5.1 传统的"计划"市场交易

在进行输配电价改革和售电侧改革之前，尽管电力市场尚未完全放开，但是我国已形成了"厂网分开、竞价上网"的新型电力格局。在这种格局中，电网公司主要负责电网的运营和建设，秉承自主经营、自负盈亏和追求最大利润的市场原则，而竞价上网的核心在于计划交易系统的运作，要求交易员在满足安全稳定运行约束的基础上，根据负荷预测和机组报价，以购电成本最低和调整量最小，做出下一个交易日的发电计划，并确定辅助服务机组。

1.5.2 基于微电网和多能互补的未来市场交易

对于社会资本来说，微电网与多能互补的接入可以成为其参与售电侧市场竞争的一个契机点。基于微电网和多能互补的接入，分别有以下运营模式。

1.5.2.1 基于微电网的运营模式

1. 配电公司代管模式

配电公司代管模式适用于老化的配电系统，此类配电系统的线路、设备陈旧，并存在较多的维护、能源供应质量方面的问题。此时外部配电公司在得到运营权之后，投资并管理微电网内的发电机组，可以省去高昂的配电网系统升级改造费用，并解决电网调度运营的瓶颈（如输配电线容量限制）。配电公司代管模式如图 1-11 所示。

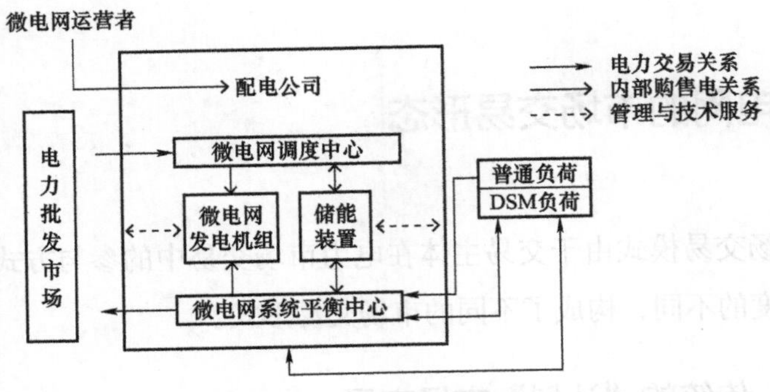

图 1-11 配电公司代管模式

DSM 负荷—电力需求侧管理负荷

2. 微电网独立运营模式

微电网独立运营模式适用于系统电价较高的情形或具有良好的微电网政策支持环境。在这种运营模式下，单个或多个电力用户将会购买微电网发电机组产生的电力，以此降低其电力支出；微电网运营主体会销售微电网产生的电力，以此获得销售差价。但独立运营模式将减少微电网从外部电网的购电量（这会导致外部电力系统收入的减少），由此配电公司将无法从微电网内部的交易过程中获利，将会向微电网运营者征收电网使用费、附加并网条件等。微电网独立运营模式如图 1-12 所示。

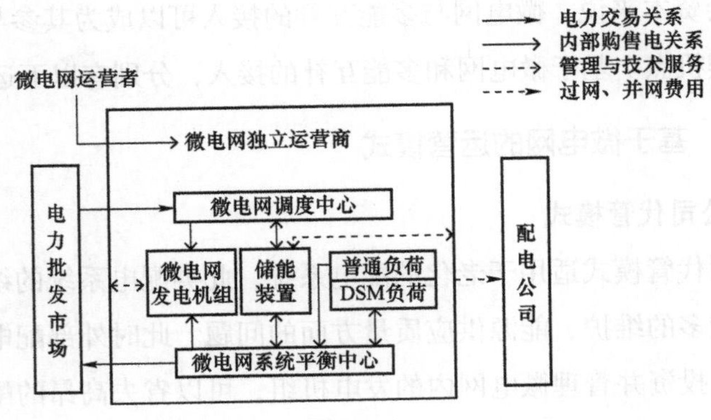

图 1-12 微电网独立运营模式

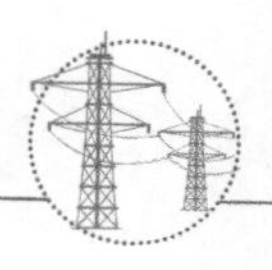

1.5.2.2　基于多能互补系统的运营模式

多能互补的接入也使得综合能源服务的发展机遇来临。可以考虑以下两种发展模式。

（1）第一类是产业链延伸模式，即发电、供热等能源套餐服务齐发展，主要包含几种发展模式，一是以燃气为主导，同时往燃气的深度加工——发电、冷热供应方向发展；二是以光伏、热电联产为主导，同时向天然气、智慧能源布局。

（2）第二类是售电 + 综合服务模式，即售电同时整合节能服务或能效服务等增值业务，这一类对产业基础要求低。

2 电力需求分析预测技术

2.1 电力经济基本知识

电力负荷与经济增长密切相关，掌握电力经济分析相关方法可很好地支撑电力负荷分析预测工作。本节主要阐述宏观经济分析中需要关注的主要宏观经济指标及其分析要点以及经济电力关系分析方法，电力消费弹性系数及其应用方法。通过本节叙述，帮助电力市场分析预测人员快速掌握并提高电力经济分析业务水平。

2.1.1 宏观经济分析

本模块主要介绍宏观经济分析工作中主要宏观经济指标及其分析时的关注要点，经济与用电增速关系分析、产业结构调整对用电影响分析以及行业经济电力关系分析等经济电力关系分析方法。通过学习，掌握公司电力负荷分析预测工作所需的宏观经济分析知识和原理。

2.1.1.1 宏观经济指标及分析要点

本部分主要阐述与公司电力负荷分析预测相关的多维度宏观经济指标含义及其分析要点，主要包括经济总量与结构类指标、行业经济类指标、货币政策与信贷类指标、房地产开发与销售类指标、物价类指标、景气指数类指标。

1. 经济总量与结构类指标

（1）指标及其含义。

1）地区生产总值（GDP）：指一个地区所有常住单位在一定时期内生产的全部最终产品和服务价值的总和，常被认为是衡量地区经济状况的指标。

2）工业增加值：指一个地区所有常住单位在一定时期内，由自然资源的开采、对采掘品和农产品进行加工和再加工的物质生产部门产生的全部最终产品和服务价值的总和。

3）固定资产投资：是以货币形式表现的在一定时期内建造和购置固定资产的工作量以及与此有关的费用的总称。该指标既是反映固定资产投资规模、结构和发展速度的综合性指标，又是观察工程进度和考核投资效果的重要依据。

4）固定资产投资（不含农户）：指城镇和农村各种登记注册类型的企业、事业、行政单位及城镇个体户进行的计划总投资500万元及以上的建设项目投资和房地产开发投资，包含原口径的城镇固定资产投资加上农村企事业组织项目投资，该口径自2011年起开始使用。

5）三次产业结构：指第一产业、第二产业和第三产业增加值在GDP中所占比重。三次产业的划分是世界上较为常用的产业结构分类，但各国的划分不尽一致。我国的三次产业划分：第一产业是指农、林、牧、渔业；第二产业是指采矿业，制造业，电力、煤气及水的生产和供应业，建筑业；第三产业是指除第一、二产业以外的其他行业。

6）工业内部结构：工业内部行业较多，从不同角度来看，工业结构可以表现为采矿业、制造业、电力热力燃气及水的生产和供应业增加值在工业增加值所占比重，也可以表现为采矿业、高耗能行业、装备制造业、其他制造业和电力热力燃气及水的生产和供应业增加值在工业增加值所占比重。

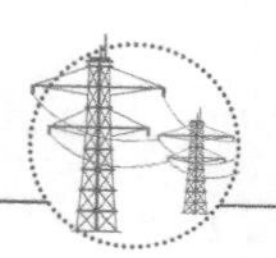

7）固定资产投资结构：三次产业固定投资结构指第一、二、三产业固定资产投资在固定资产投资中比重，通常也从制造业投资、基建投资和房地产开发投资三大板块角度分析固定资产投资结构。

（2）分析要点。

1）可比价及其计算。在社会经济工作中，地区生产总值、工业增加值等指标均用货币量表示，因而在计算时，有采用什么价格的问题。为分析指标变动情况，不同情况下应采用不同的计价方式，主要的计价方式有当年价格和可比价格。

当年价格为报告期当年的实际价格，如工业品的出厂价格、农产品的收购价格、商品的零售价格等。用当年价格计算的一些以货币表现的实物量指标，如地区生产总值、工业增加值、固定资产投资和社会商品零售总额等，可反映当年的实际情况，使国民经济指标互相衔接，便于考察社会经济效益，便于对生产、流通、分配、消费之间进行综合平衡。当需要反映当年的实际收入情况时应采用当年价格，按当年价格计价的经济指标数值为名义值。按当年价格计算的以货币形式表现的指标，在不同年份之间进行对比时，因为包含各年间价格变动的因素，不能确切地反映实物量的增减变动，必须消除价格变动的因素后，才能真实反映经济发展动态。因此，在计算增长速度时，一般使用可比价格。

当前国家统计局和各地区统计局发布的经济总量指标（GDP、三次产业增加值、固定资产投资等）均为名义值，而指标增速的发布则有所不同，如增加值增速为上年可比价，固定资产投资、居民可支配收入、进出口等指标增速为名义增速（当年价格），因此在使用时需要注意各指标的转化。以下重点介绍宏观经济分析中经常出现的上述两种情况如何计算可比价，一是在掌握经济指标逐年名义总量和逐年可比价增速情况下如何计算逐年可比价总量；二是在掌握经济指标逐年名义总量和逐年价格变动情况下如何计算逐年可比价总量。

2）经济总量结构特征分析。支撑电力负荷分析预测的宏观经济分析工作中经常需要分析的经济总量结构包括三次产业结构、工业内部结构和固定资产投资结构，经济总量结构变化反映出一定的经济发展特征，进而对电力负荷增长产生一定影响。

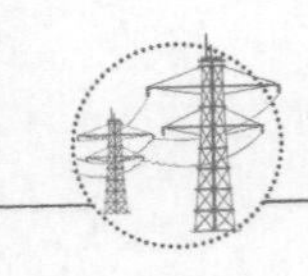

在三次产业结构方面：第二产业比重逐步提高反映经济处于快速工业化阶段，第二产业比重逐步下降而第三产业比重逐步提高反映出工业化过程逐步趋于完成。我国2022年三次产业结构由2010年的10.2∶46.8∶43.0调整为7.3∶39.9∶52.8，表明第三产业在经济发展中的主体作用不断增强，我国产业结构已经由“二三一”模式转变为“三二一”模式，即由工业主导转变为服务业主导经济发展。由于各产业生产特性不同、电耗水平不同，因此三次产业结构变化在较大程度上影响单位GDP电耗强度，进而改变经济用电关系。

在工业内部结构方面：通常工业内部结构分析基于采矿业、高耗能行业、装备制造业、其他制造业（制造业—高耗能行业—装备制造业）和电力热力燃气及水的生产和供应业增加值比重变化分析方式。以某省为例，当前该省工业内部结构特征为采矿业和高耗能行业（化工、非金属、黑色金属和有色金属等行业）比重持续下降，而装备制造业比重不断提高，反映该省工业结构正在不断优化升级，但由于采矿业和高耗能行业用电比重仍达到工业用电量40%以上，而装备制造业用电比重不到15%，且装备制造业电耗强度较低，因而工业结构优化正是经济新常态以来该省工业用电增长趋缓的重要原因（该省工业用电增速由“十二五”初的10%以上增长转为“十三五”前两年的不及6%的增长）。

在固定资产投资结构方面：固定资产投资结构体现着资源分配方向，从三次产业角度看，固定资产投资结构变化将影响经济总量的三次产业结构变化，如固定资产投资向第三产业倾斜，将推动第三产业快速发展，进而影响三次产业结构。从三大板块角度看，固定资产投资主要分为制造业投资、基建投资和房地产开发投资，制造业投资体现实业发展，基建投资反映政府在经济发展中的分量，房地产行业上下游产业链较长，其投资会在一定程度上影响房地产行业的发展，从而制约总体经济发展，对用电增长也将产生一定影响，固定资产投资三大板块分析在支撑电力负荷分析预测的宏观经济分析工作中经常使用。

2. 行业经济类指标

除了通用的三次产业划分外，根据GB/T 4754—2017《国民经济行业分类》，按经济活动的同质性原则划分国民经济行业得到较为常用的97个行业大类，如煤炭开采和洗选业、纺织业、化学原料和化学制品制造业等。由于工业在经

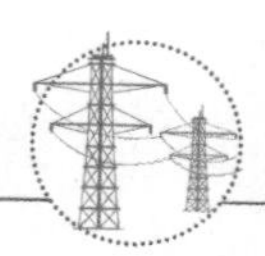

济总量中具有重要地位，因此其内部41个行业的经济运行将会显著影响到经济总量走势，其中尤以采矿业、装备制造业以及四大高耗能行业等为重要影响行业。关注重点行业经济指标变化将有助于把握工业经济、用电走势，行业经济类指标主要包括行业增加值、行业投资、行业主要产品产量等。以某省为例，主要工业行业及其对应的行业经济类指标参见表2-1。

表2-1　　主要工业行业及其对应的行业经济类指标

类型	行业经济类指标
煤炭行业	煤炭行业增加值；煤炭行业投资；原煤产量
黑色金属矿采选业	黑色金属矿采选业增加值；黑色金属矿采选业投资；铁矿石产量
非金属矿采选业	非金属矿采选业增加值；非金属矿采选业投资；磷矿产量、原盐产量
有色金属矿采选业	有色金属矿采选业增加值；有色金属矿采选业投资；铜金属含量、锌金属含量
化工行业	化工行业增加值；化工行业投资；烧碱、合成氨、乙烯、电石产量
非金属行业	非金属行业增加值；非金属行业投资；水泥、平板玻璃产量
黑色金属行业	黑色金属行业增加值；黑色金属行业投资；生铁、粗钢、钢材产量
有色金属行业	有色金属行业增加值；有色金属行业投资；铜材、氧化铝、铝材、十种有色金属产量
装备制造业	装备制造业增加值；装备制造业投资
石油、煤炭及其他燃料加工业	石油、煤炭及其他燃料加工业增加值；石油、煤炭及其他燃料加工业投资；石油加工量
造纸和纸制品业	造纸和纸制品业增加值；造纸和纸制品业投资；纸制品、机制纸及纸板产量
纺织业	纺织业增加值；纺织业投资；纱、布、绒线、毛机织物、生丝产量
橡胶和塑料制品业	橡胶和塑料制品业增加值；橡胶和塑料制品业投资；橡胶轮胎外胎、塑料制品产量

由于行业间存在联动性，行业经济走势还会受其他行业经济指标影响：下游行业需求传导作用至上游行业，进而影响上游行业产品生产旺盛程度，即行

业与行业间是存在关联性的。行业经济类指标间关联性可采用相关系数指标来评价。

以非金属行业为例，行业主要产品为水泥，而水泥的主要需求方为房地产和基建端，所以房地产开发投资和基建投资均可能是非金属行业的关联经济指标。相关系数也验证了行业经济与关联经济指标间关联性，可以分析得到其他行业的关联性行业经济指标。

3. 货币政策与信贷类指标

（1）货币政策类型及特性。货币政策分为狭义货币政策和广义货币政策，其中狭义货币政策指中央银行为实现既定的经济目标（稳定物价，促进经济增长，实现充分就业和平衡国际收支）运用各种工具调节货币供应量和利率，进而影响宏观经济的方针和措施的总和；广义货币政策指政府、中央银行和其他有关部门所有有关货币方面的规定和采取的影响金融变量的一切措施。

中央银行通过调节货币供应量影响利息率及经济中信贷供应程度来间接影响总需求，以达到总需求与总供给趋于理想的均衡状态。货币政策分为扩张性的和紧缩性的两种。扩张性的货币政策是通过提高货币供应增长速度来刺激总需求，该政策下，取得信贷更为容易，利息率会降低。因此，当总需求与经济的生产能力相比较低时，使用扩张性的货币政策较为合适。紧缩性的货币政策是通过削减货币供应的增长率来降低总需求水平，该政策下，取得信贷较为困难，利息率也随之提高。因此，在通货膨胀较严重时，采用紧缩性的货币政策较合适。

货币政策是涉及经济全局的宏观政策，与财政政策、投资政策、分配政策和外资政策等关系十分密切，必须实施综合配套措施才能保持币值稳定。

货币政策工具包括公开市场业务、法定准备金率、利率、再贴现率等。

国家在制定货币政策及选择工具时需考虑经济发展水平、通胀水平、失业率、货币流通程度等因素。

（2）指标及其含义。衡量货币供应量从广义和狭义角度来看，可划分为M0、M1和M2，各指标具体含义如下。

1）M0：流通中现金，指单位库存现金和居民手持现金之和，其中单位指

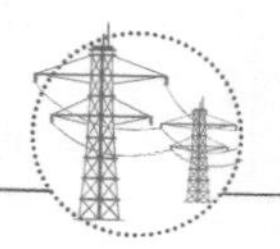

银行体系以外的企业、机关、团体、部队、学校等单位。

2）M1：狭义货币供应量，指M0加上单位在银行的可开支票进行支付的活期存款。

3）M2：广义货币供应量指M1加上单位在银行的定期存款和城乡居民个人在银行的各项储蓄存款以及证券公司的客户保证金。

4）人民币贷款余额：指至某一节点日期为止，借款人尚未归还放款人的贷款总额，亦指到会计期末尚未偿还的贷款，尚未偿还的贷款余额等于贷款总额扣除已偿还的银行贷款。

（3）分析要点。货币政策与经济增长间关系密切，通过货币政策的分析辅助对经济增长走势的判断。

4. 房地产开发与销售类指标

（1）指标及其含义。房地产开发与销售类指标较多，主要有以下指标。

1）房地产开发投资：指房地产开发企业本年完成的全部用于房屋建设工程、土地开发工程的投资额以及公益性建筑和土地购置费等的投资。

2）房地产开发投资到位资金：指房地产开发企业实际到位，可用于房地产开发的各种货币资金。包括国内贷款、利用外资、自筹资金和其他资金。

3）土地购置面积：指房地产开发企业通过各种方式获得土地使用权的土地面积。

4）房地产新开工面积：指房地产开发企业本年新开工建设的房屋建筑面积，以单位工程为核算对象。不包括在上年开工跨入本年继续施工的房屋建筑面积和上年停缓建而在本年恢复施工的房屋建筑面积。房屋的开工应以房屋正式开始破土刨槽（地基处理或打永久桩）的日期为准。房屋新开工面积指整栋房屋的全部建筑面积，不能分割计算。

5）房地产施工面积：指房地产开发企业本年施工的全部房屋建筑面积。包括本年新开工的房屋建筑面积、上年跨入本年继续施工的房屋建筑面积、上年停缓建在本年恢复施工的房屋建筑面积、本年竣工的房屋建筑面积以及本年施工后又停缓建的房屋建筑面积。多层建筑应填各层建筑面积之和。

6）房地产销售面积：指房地产开发企业本年出售商品房屋的合同总面积（即双方签署的正式买卖合同中所确定的建筑面积）。

7）房地产销售额：指房地产开发企业本年出售商品房屋的合同总价款（即双方签署的正式买卖合同中所确定的合同总价）。该指标与商品房销售面积同口径。

8）房地产待售面积：指报告期末已竣工的可供销售或出租的商品房屋建筑面积中，尚未销售或出租的商品房屋建筑面积，但不包括报告期已竣工的拆迁还建、统建代建、公共配套建筑、房地产公司自用及周转等不可销售或出租的房屋面积。

（2）分析要点。房地产行业上下游产业链较长，其发展影响着与其密切相关的金融、零售、建筑、化工、金属冶炼等行业的发展，而这些行业的发展与经济发展紧密相关，因此房地产业发展的快慢直接影响着经济增长速度。通过房地产行业形势变化的分析辅助对经济增长走势进行判断。

5. 物价类指标

（1）指标及其含义。物价类指标主要包括居民消费、工业品、农产品、固定资产投资等价格指数。

1）居民消费价格指数：简称 CPI，是反映城乡居民所购买的生活消费品和服务项目价格变动趋势和程度的相对数，是对城市居民消费价格指数和农村居民消费价格指数进行综合汇总计算的结果。

2）工业生产者出厂价格指数：简称 PPI，是反映一定时期内全部工业产品出厂价格总水平的变动趋势和程度的相对数，包括工业企业售给本企业以外所有单位的各种产品和直接售给居民用于生活消费的产品。

3）工业生产者购进价格指数：指工业企业作为生产投入从物资交易市场和能源、原材料生产企业购买原材料、燃料和动力产品时，所支付的价格水平变动趋势和程度的统计指标，是扣除工业企业物质消耗成本中的价格变动影响的重要依据。目前，我国编制的工业生产者购进价格指数所调查的产品包括燃料动力、黑色金属、有色金属、化工、木材、建筑材料、其他工业原材料、农副产品和纺织原料九大类。

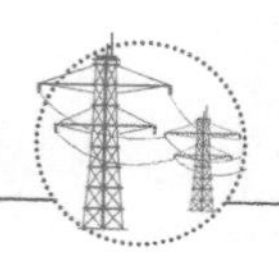

4）农产品生产者价格指数：是反映一定时期内，农产品生产者出售农产品价格水平变动趋势及幅度的相对数。

5）固定资产投资价格指数：是反映一定时期内固定资产投资品及取费项目的价格变动趋势和程度的相对数。

（2）分析要点。宏观经济运行中的居民消费价格指数（CPI）受货币政策影响较大，主要在于当市场上货币发行量超过流通中所需要的货币量时，就会出现货币贬值、物价上涨；反之，货币供应不足则引起货币升值，物价下跌。分析 CPI 走势可辅助判断货币政策取向。

6. 景气指数类指标

（1）指标及其含义。景气指数类指标有制造业采购经理指数（PMI）、国房景气指数以及各行业景气指数等。

1）制造业采购经理指数（PMI）：是通过对企业采购经理的月度调查结果统计汇总、编制而成的指数，是国际上通用的监测宏观经济走势的先行性指数之一，具有较强的预测、预警作用。PMI 是一个综合指数，由 5 个扩散指数（分类指数）加权计算而成。5 个分类指数及其权数是依据其对经济的先行影响程度确定的。具体包括新订单指数、生产指数、从业人员指数、供应商配送时间指数和原材料库存指数。其中，供应商配送时间指数为逆指数，在合成 PMI 综合指数时进行反向运算。PMI 通常以 50% 作为经济强弱的分界点，PMI 高于 50% 时，反映制造业经济扩张；低于 50%，则反映制造业经济收缩。目前公布包括官方（统计局）发布的中国制造业 PMI，以及民间（财新与英国研究公司 Markit Group Ltd.）编制的财新制造业 PMI 两个指标。

2）国房景气指数：是反映全国房地产业发展景气状况的总体指数，指数可以从土地、资金、开发量、市场需求等角度显示全国房地产业基本运行状况、波动幅度，预测未来趋势。国房景气指数的计算涉及八大指数指标有土地出让收入指数、完成开发土地面积指数、房地产开发投资指数、资金来源指数、商品房销售价格指数、新开工面积指数、房屋竣工面积指数和空置面积指数。国房景气指数根据合成指数的计算方法，在计算分类指数的基础上，得到一个加权平均综合指数，其以 100 为临界值，指数值高于 100 为景气空间，低于 100

则为不景气空间。

3）行业景气指数：通过收集与行业相关的生产、销售、效益、成本等各方面宏观经济指标，并确定基准指标后，根据景气指数编制方法得到行业景气指数，是反映行业所处的状态或发展趋势的一种指标。景气指数以100为临界值，范围在0~200点之间，即景气指数高于100，表明经济状态趋于上升或改善，处于景气状态；景气指数低于100，表明经济状况趋于下降或恶化，处于不景气状态。

（2）分析要点。因为制造业PMI反映了制造业景气程度变化，体现了制造业生产和市场需求走势情况，所以与制造业用电量间存在一定的相关性，因此在宏观经济分析中经常需要关注。

2.1.1.2　经济电力关系分析方法

1. 经济与用电增速关系分析方法

经济与用电增速关系一般采用图示法展示，可采用历年GDP增速和全社会用电增速折线图展示，主要分析两者增速走势的一致程度和增速差异。由于用电量容易受到非经济因素的影响，导致经济与用电增速关系失真，常见的对用电量有较大影响的非经济因素有极端天气、抽水蓄能电量、厂用电量等。因而当存在非经济因素干扰用电增速走势时，还需要采用剔除、还原非经济因素影响电量等方式得到真实的用电增速，并与GDP增速进行走势一致性和增速差异分析。

2. 产业结构调整对用电影响分析方法

产业结构调整对用电量存在影响主要由于三次产业用电单耗（用电量/GDP）存在差异，二产用电单耗高，而三产和一产用电单耗较低，比如全国三产用电电耗仅有二产15%左右。产业结构调整存在电量的替代效应，在实现相同水平的GDP情况下，由于二产增加值份额减少（或增加）、三产增加值份额增加（或减少），所耗用电量将减少（或增加），减少量（或增加量）计算公式为

$$\varDelta=\text{本期GDP}\times(\text{本期二产经济比重}-\text{上年同期二产经济比重})\times\text{本期二产电耗}\times\left(1-\frac{\text{本期三产电耗}}{\text{本期二产电耗}}\right) \tag{2-1}$$

3. 行业经济电力关系分析方法

传统的经济电力关系分析主要针对上述总量以及分产业的经济电力关系，而随着经济步入发展新常态，经济与用电走势频繁背离，基于总量和分产业的用电预测思路基本失效，因而从行业角度开展经济电力关系分析以期从行业层面构建用电预测新型方法，存在现实需求。

传统的行业经济电力关系主要是指行业增加值与行业用电量之间的关系，但实际上行业用电量具有唯一性，而行业经济指标却是多样的，除行业增加值外，还有行业主要产品产量、投资以及相关行业的经济指标等。在开展行业经济电力关系分析时，首先采用图示法等方式分析行业增加值与用电量增速走势一致性，对于一致性高的，行业用电可以基于行业增加值建立预测模型，而对于一致性差的，重点从行业产品转型升级、节能降耗等角度分析原因，并探索与行业用电增长仍有高度一致性的行业经济指标，为行业用电预测模型构建提供依据。

2.1.2 弹性及电力消费弹性系数

2.1.2.1 弹性的概念

弹性亦称弹性系数，来源于材料力学中的弹性变形的概念，后逐步被推广应用至社会经济领域，用于衡量某一变量的改变所引起的另一个变量的相对变化。弹性总是针对两个变量而言的，可以应用在具有因果关系的变量之间。例如，能源弹性考察经济总量指标与能源消费量之间的关系，需求的价格弹性考察的两个变量是某一特定商品的价格和需求量。如果自变量 x 和因变量 y 之间存在关系 $y=f(x)$，则 y 的 x 弹性 ξ_x 为

$$\xi_x=\frac{\Delta x/x}{\Delta y/y} \tag{2-2}$$

通常情况下，两个变量间的关系越密切，相应的弹性系数越大；两个变量

越不相关，相应的弹性系数就越小。

弹性系数与变量 x、y 的度量单位无关，使得弹性系数在经济分析中得到广泛应用，具有简单易行、计算方便、需要的数据量少、应用灵活广泛等诸多优点。但也存在某些缺点：一是分析带有一定的局限性和片面性，计算弹性或作分析时，只能考虑两个变量之间的关系，忽略了其他相关变量所产生的影响；二是弹性分析的结果在许多情况下显得比较粗糙，弹性系数可能随着时间的推移而变化，以历史数据推算的弹性系数预测未来可能不准确，通常需要分析弹性系数的变动趋势，对弹性系数进行修正。

2.1.2.2　电力消费弹性系数

电力消费弹性系数是指一段时间内电力消费增长速度与国内生产总值增长速度的比值，其计算公式为

$$\xi_{B}=\frac{\Delta E/E}{\Delta GDP/GDP} \tag{2-3}$$

式中：E_1，E_2，…，E_n 为时期 1，2，…，n 的电力消费量；GDP_1，GDP_2，…，GDP_n 为时期 1，2，…，n 的国内生产总值；ΔE 与 ΔGDP 分别为相应的变化量。

2.2　电力负荷分析预测

电力负荷分析预测是电力公司一项重要的基础性工作，为电力公司内部年度生产经营计划、调度运行和电网规划以及政府部门发用电计划、大用户交易规模安排和经济运行决策等提供基础支撑，本章主要阐述电力负荷预测工作前需要开展的几个关键的相关数据整理与分析工作、电力负荷预测的常用和新型预测方法以及电力负荷预测的建模操作应用。

2.2.1　电力负荷预测数据整理与分析

本模块主要介绍电网企业多口径电力负荷指标及其定量推算关系、最大

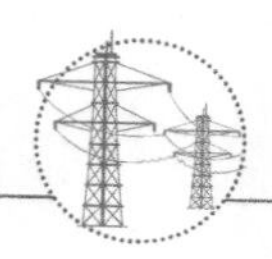

负荷的分解方法与分析思路以及电力负荷预测基础库制定的思路方法与模块内容。

2.2.1.1 多口径电力负荷指标含义及其推算

1. 多口径电力负荷指标及其含义

电力负荷指标分为用电量和用电最大负荷两类，用电量指标主要包括全社会用电量、统调用电量和售电量，用电最大负荷分为全社会最大负荷和统调最大负荷。

全社会用电量是指国民经济各行业和城乡居民生活电力消费量的总和，现行全社会用电量基于发电侧统计，即全社会用电量 = 全社会发电量 – 净输出电量（输出电量 – 输入电量），全社会发电量为地区全部电厂发电量之和。

统调用电量是基于统调发电的统计指标，指某时段统调口径机组发电量之和减去净输出电量，由于电力不能储存，统调发电统计结果即等于统调用电量。

售电量是指电网经营企业销售给用户或其他电力企业的可供消费或生产投入的电量，不包括用户自备机组的自发自用电量。从电网经营企业角度看，售电量 = 供电量 – 线路损失电量，供电量为电网经营企业在生产活动中投入的全部电量，线路损失电量为电网经营企业将电力输配至用户或其他电力企业过程中发生的输变电设备运行损耗电量。

全社会最大负荷一般是指全社会用电最大负荷，为国民经济各行业和城乡居民生活用电负荷叠加后形成的全社会用电负荷曲线中的最大值。由于基于用电侧统计最大负荷涉及海量的工商业企业和居民用户用电负荷叠加，且基于发电侧统计的非统调小机组发电负荷尚不能完成采集，因而全社会（用电）最大负荷尚无法精确统计。

统调最大负荷一般是指统调用电最大负荷，同样是基于统调发电的统计指标，为统调口径机组发电出力之和减去净输出出力后形成的发电负荷曲线中的最大值。

2. 全社会用电量与统调用电量推算

全社会用电量与统调用电量包含的范围不同，由于全社会用电量和统调用电量均基于发电侧统计，因而可从发电角度分析两者差异。统调发电量不包含国调和网调机组（调度权归国调和网调，用于跨区跨省输电）以及非统调机组（小机组，省调无法调度）的发电量，而全社会发电量包含国调和网调机组发电而产生的厂用电（或抽水蓄能机组的抽水耗用电量，但不包括上网电量，因为上网电量用于电力输出而非本省消费），以及非统调机组发电量（这部分发电量就地消费）。因而某省级电网的全社会用电量与统调用电量的差值主要包括国调和网调机组厂用电（或抽水蓄能机组抽水耗用电量）以及非统调机组发电量。

掌握全社会用电量与统调用电量推算关系可有效支撑电力负荷分析预测工作，一是可快速识别全社会用电量和统调用电量增长出现大波动的原因，同时还可以辅助对全社会用电量统计质量的判断；二是可构建一套预测体系，全社会用电量与 GDP 统计范围均为全社会或地区，因而更易从经济发展角度构建全社会用电量预测模型，再借助全社会与统调用电量推算关系，可实现统调用电量的一体化预测，且预测结果可解释性高。

3. 全社会用电量与售电量推算

全社会用电量涵盖地区全部生产、经营和生活活动消耗的用电量，而售电量是电网企业经营电量指标，不包括国调和网调机组发电而产生的厂用电（或抽水蓄能机组的抽水耗用电量）、省调机组厂用电、非统调机组厂用电、用户自备机组的自发自用电量以及输配环节电量损耗，而省级电网的全社会用电量包含这些内容，因而省级电网全社会用电量和售电量差值主要为这些内容，需要强调的是供电量 - 线损损失电量 = 售电量，因而全社会用电量与供电量差值主要包括国调和网调机组发电而产生的厂用电（或抽水蓄能机组的抽水耗用电量）、省调机组厂用电、非统调机组厂用电、用户自备机组的自发自用电量。

掌握全社会用电量与售电量推算关系同样可有效支撑两者用电增长波动原因分析以及一套预测体系构建等相关电力负荷分析预测工作。分析思路和全社会与统调用电量推算关系基本一致，此处不再赘述。

4. 全社会最大负荷与统调最大负荷推算

与全社会用电量和统调用电量关系相同，统调最大负荷不包含国调和网调

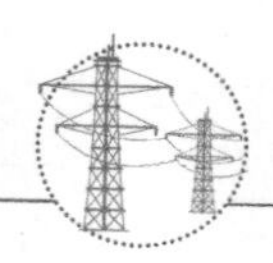

机组以及非统调机组发电量，但需注意的是，国调和网调抽水蓄能机组负荷高峰期间为发电状态，不抽水用电，因而全社会最大负荷与统调最大负荷均不包含抽水负荷，因而某省级电网的全社会最大负荷与统调最大负荷的差值主要包括国网和网调机组厂用电负荷及非统调发电负荷。

由于部分非统调机组发电出力无法有效实时监测，目前尚无法监测到全社会最大负荷，全社会最大负荷通常基于上述与统调最大负荷关系进行推算。

2.2.1.2 最大负荷分解与分析

最大负荷具有可分解特性，年最大负荷可分解为基础负荷和空调负荷。这两类负荷存在显著差异，基础负荷主要受经济社会发展因素影响，而空调负荷除了受居民和服务业需求等因素影响外，气象是重要的影响因素，因而为了提高最大负荷分析预测准确性，对最大负荷进行分解后开展分析预测是十分必要的。

最大负荷分解的关键是确定基础负荷水平，按照确定方法不同，最大负荷分解方法有最大负荷比较法、基于温度梯度法和基准负荷比较法等。

最大负荷比较法采用春、秋季最大负荷平均值作为夏季基础负荷，与夏季最大负荷进行比较，两者差值即为空调负荷，但该方法直接以春、秋季最大负荷作为基础负荷有所不妥，因为春、秋季最大负荷日也可能存在一定的空调负荷。

基于温度梯度法主要是将最大负荷和气温指标时间序列进行排序，并对同一温度区间（如 27~28℃）和温度区间内的多个最大负荷值取平均值，从而形成不同温度对应的最大负荷曲线，寻找与春、秋季气温平均水平接近的温度对应最大负荷作为夏季基础负荷，实际夏季最大负荷与基础负荷之差即为夏季空调负荷，该方法还可用于分析最大负荷对气温变化的敏感性。但该方法忽略了高温累积效应影响，因为即便是气温接近的两个工作日，最大负荷可能存在较大差异，如某省同为工作日的 2017 年 7 月 3 日（最高和最低气温分别为 31.24℃和 23.66℃，最大负荷 2228 万 kW）和 8 月 1 日（最高和最低气温分别为 31.23℃和 23.02℃，最大负荷 2498 万 kW）。

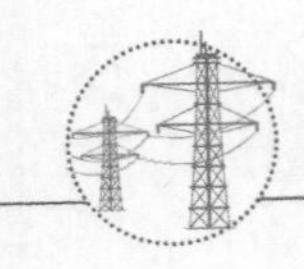

基于温度梯度法形成的最大负荷与气温关系图如图 2-1 所示。

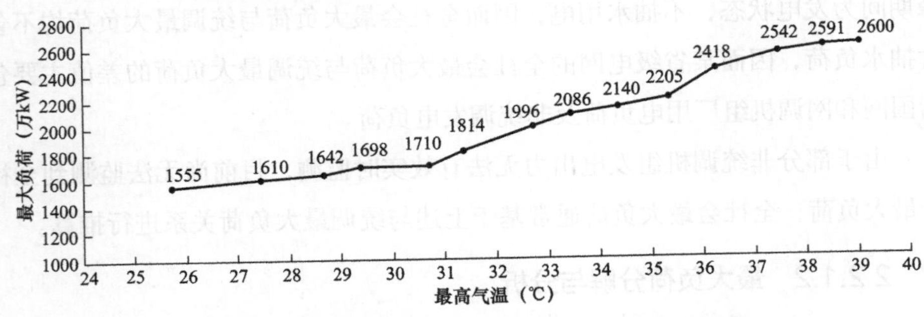

图 2-1　基于温度梯度法形成的最大负荷与气温关系图

基准负荷比较法规避了上述两种方法存在的问题，本节主要采用该方法进行最大负荷分解。春、秋季较为适宜，以取平均而非最大的方式确定春秋季基础负荷曲线。以夏季最大负荷分解为例，假定某地区春季共有工作日 W_1 天，秋季共有工作日 W_2 天，对春季各工作日相应时点的负荷求平均得到春季基础负荷曲线，对秋季各工作日相应时点的负荷求平均得到秋季基础负荷曲线。考虑负荷的逐月自然增长，取春季基础负荷曲线和秋季基础负荷曲线平均值作为夏季基础负荷曲线。

$$\begin{aligned} P_{\mathrm{SB}j} &= \sum_{i=1}^{W_1} P_{\mathrm{S}i,j} / W_1 \\ P_{\mathrm{FB}j} &= \sum_{i=1}^{W_2} P_{\mathrm{F}i,j} / W_2 \end{aligned} \tag{2-4}$$

式中：$P_{\mathrm{SB}j}$ 和 $P_{\mathrm{FB}j}$ 分别表示春季和秋季基础负荷曲线中 j 时点的负荷；$P_{\mathrm{S}i,j}$ 和 $P_{\mathrm{F}i,j}$ 分别表示春季第 i 个工作日和秋季第 i 个工作日在 j 时点的负荷。

$$P_{Bj} = (P_{\mathrm{SB}j} + P_{\mathrm{FB}j})/2 = \frac{\sum_{i=1}^{W_1} P_{\mathrm{S}i,j}}{2W_1} + \frac{\sum_{i=1}^{W_2} P_{\mathrm{F}i,j}}{2W_2} \tag{2-5}$$

式中：P_{Bj} 表示夏季基础负荷曲线中 j 时点的负荷。

夏季最大负荷发生日负荷曲线与夏季基础负荷曲线对应时点之差即为夏季最大负荷发生日空调负荷曲线，空调负荷曲线上与最大负荷发生时点对应的为

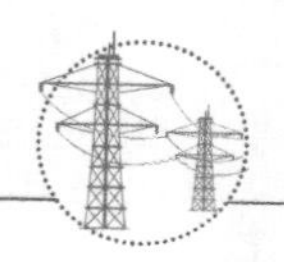

最大负荷对应的空调负荷，夏季基础负荷曲线上与最大负荷发生时点对应的为最大负荷对应的基础负荷。冬季最大负荷分解与夏季类似，但选取的冬季基础负荷曲线主要基于当年秋季和第二年春季相关数据。

2.2.1.3 电力负荷预测基础库制定

电力负荷预测基础库是电力负荷相关基础资料库，是开展电力负荷分析预测、支撑公司计划和电网规划工作的基础，做好电力负荷预测基础库制定和统计工作至关重要，本节主要阐述电力负荷预测基础库制定思路与方法以及包含的主要内容。

1. 制定思路与方法

电力负荷预测基础库制定的主要思路包括：

（1）基础库要涵盖与电力负荷分析预测相关的多维度因素，如经济社会因素、电力需求因素、气象因素、大用户报装因素、负荷特性因素等。

（2）基础库要反映经济电力关系变化，需要弹性系数、产值单耗、人均用电量、人均 GDP、负荷密度等指标支撑。

（3）基础库要体现横向对比，包括本省与全国、周边各省经济社会与电力需求对比。

（4）基础库要包括预测部分，多口径电力负荷指标按照一套预测体系思路设计。

（5）基础库采用“1+*N*”模式（全省基础库 + 各地市基础库），地市基础库要包含下辖区县统计。

电力负荷预测基础库制定采用 Excel 统计表，按年度定期更新。由于负荷特性指标的统计主要依托全年 8760 整点负荷曲线，因而借助程序化语言，可快速实现指标计算。

基础库统计工作由省公司发展部牵头、经研院技术支撑，市县公司参与配合。具体地，省公司发展部负责校核基础库模板和审定填报后的基础库，经研院负责制定基础库模板、填报全省基础库和指导审查市县公司填报质量，市县公司负责填报地市基础库。以考核为抓手，确保基础库统计质量。

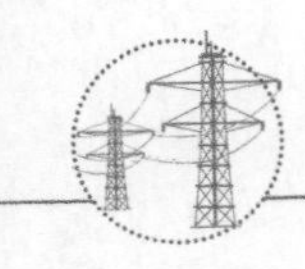

2. 主要模块与内容

电力负荷预测基础库宜包含但不限于经济社会模块、电力需求模块、气象模块、大用户报装模块、负荷特性模块、供电能力模块、非统调与自备电源模块、经济电力关系模块、用电量预测模块、最大负荷预测模块等主要模块。

（1）经济社会模块：宜包含但不限于历年分产业 GDP、可比价增速与产业结构及可比价分产业 GDP，工业增加值及增速、固定资产投资及增速、社会消费品零售总额及增速、房地产开发投资与商品房销售及增速、城镇和农村居民人均可支配收入及增速、人口与城镇化率、户均人数、下辖地市（或区县）GDP、人口和城镇化率分布。

（2）电力需求模块：宜包含但不限于年度多口径电力负荷指标、增速和下辖地市（或区县）分布，年度分产业分行业全社会用电量、增速、结构和下辖地市（或区县）分布，多口径电力负荷指标月度分布。

（3）气象模块：宜包含但不限于历年最高、最低和平均气温，最大负荷发生日相关气温指标统计（如最大负荷发生日最高气温、最大负荷发生日前35℃以上高温持续天数）。

（4）大用户报装模块：宜包含但不限于历史和未来 3~5 年分行业大用户报装容量、运行容量和年平均运行小时数等指标统计，具体统计行业的选取参考省市特点。

（5）负荷特性模块：宜包含但不限于历年年负荷特性（年最大负荷发生日期和时点、日负荷率、最大峰谷差、最大峰谷差率、季不均衡系数、尖峰负荷持续时间等）、月负荷特性（月平均日负荷率、最大峰谷差、最大峰谷差率等）、日负荷特性（日负荷率、峰谷差、峰谷差率、四季典型日负荷特性、最大负荷发生日负荷特性等）、空调负荷特性、大用户典型日负荷特性、下辖地市（或区县）主要负荷特性指标。

（6）供电能力模块：宜包含但不限于历年城、农网户均配电变压器容量，下辖地市（或区县）城、农网户均配电变压器容量统计。

（7）非统调与自备电源模块：宜包含但不限于历年按发电类型非统调电厂和自备电厂装机容量、发电量、自发自用电量等指标统计。

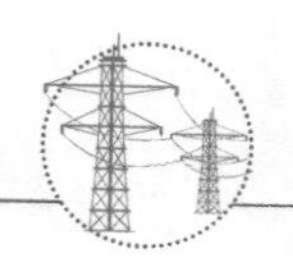

（8）经济电力关系模块：宜包含但不限于人均GDP、人均用电量、人均社会用电量、负荷密度、分产业产值电耗、电力消费弹性系数等指标统计。

（9）用电量预测模块：宜包含但不限于采用用电量与GDP关系、用电量与城镇化率关系、人均用电量、部门分析等方法的全社会用电量预测，基于全社会与统调用电量推算关系的统调用电量预测，基于全社会用电量与售电量推算关系的售电量预测。

（10）最大负荷预测模块：宜包含但不限于采用空调负荷法、最大负荷利用小时数法、用电量与最大负荷增速关系、大用户＋自然增长率法等方法的最大负荷预测。

本模块系统介绍了电网企业多口径电力负荷指标含义以及全社会用电量与统调用电量、售电量等推算关系，阐述并实例分析了最大负荷分解方法，并根据公司计划和电网规划工作需要，提出了电力负荷预测基础库的制定思路与方法以及主要模块与内容，这些内容是电力负荷分析预测工作中常见的需重点关注和突破的数据整理与分析难点。

2.2.2 电力负荷预测的理论与方法

本节主要介绍用电量和最大负荷预测的理论与方法，在用电量预测方法中提出基于推算关系的全社会用电量和统调用电量、售电量一套预测方法体系，全社会用电量预测方法中阐述了多种常用方法和根据实践经验形成的两种新型实用化方法，最大负荷预测中阐述了多种常用方法和两种新型方法。通过知识讲授，可较全面掌握电力负荷预测的理论与方法。

2.2.2.1 用电量预测的理论与方法

基于多口径用电量指标一体化预测思路，阐述全社会用电量的常用方法和新型实用化方法，再结合上述模块中研究的全社会用电量与统调用电量、全社会用电量与售电量推算关系，形成统调用电量和售电量预测方法。

1. 全社会用电量预测的理论与方法

（1）常用方法。全社会用电量的常用方法主要分为两类：第一类是基于用电量（或人均用电量）自身发展趋势的预测方法，如趋势外推、时间序列等方法；第二类是基于经济总量（或社会发展指标）与用电总量关系的预测方法，如弹性系数、产值单耗、GDP 回归、用电量与城镇化率关系等方法。常用方法基本从总量角度，使用的用电量影响因素比较单一，涉及的指标较少。

1）趋势外推法。趋势外推法即从事物历史、实时资料中发现规律，推测未来。趋势外推法预测全社会用电量，主要研究全社会用电量（人均用电量）与时间 t 的关系，不需要考虑指标与各影响因素的横向联系，不需要利用其他任何数据和外部情况资料，计算简单，所需的数据量较少，是一种简便易行的预测方法。趋势外推模型形式有线性、二次曲线、指数曲线、S 曲线等。

a. 线性模型。线性模型适用于预测序列呈某种直线上升或下降趋势的情形，线性模型如式（2-6）所示，序列的一阶差分为常数，利用最小二乘估计法可以得到 a 和 b 的估计值，如式（2-7）所示。

$$x_t=a+bt \tag{2-6}$$

式中：x_t 为需要预测的时间序列指标；a 和 b 为待确定参数；t 表示时间。

$$\begin{cases} \hat{a}=\dfrac{\sum\limits_{t=1}^{n}x_t}{n} \\ \hat{b}=\dfrac{\sum\limits_{t=1}^{n}tx_t}{\sum\limits_{t=1}^{n}t^2} \end{cases} \tag{2-7}$$

b. 二次曲线模型。当预测对象随时间变动呈一种由高到低再到高（或由低到高再到低）的趋势变化时，可以采用二次曲线模型，曲线形态呈抛物线形状，也称为二次抛物线预测模型。

二次曲线模型如式（2-8）所示，参数 a、b 和 c 使用最小二乘法得到估计值，如式（2-9）所示。

$$x_t=a+bt+ct^2,\ c\neq0 \tag{2-8}$$

式中：x_t 为需要预测的时间序列指标；t 表示时间；a、b、c 为待确定参数。

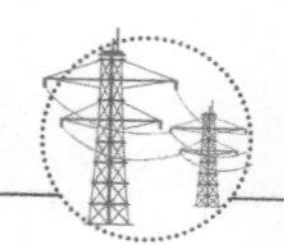

$$\begin{cases}\hat{a}=\dfrac{\sum\limits_{t=1}^{n}t^4\sum\limits_{t=1}^{n}x_t-\sum\limits_{t=1}^{n}t^2\sum\limits_{t=1}^{n}t^2x_t}{n\sum\limits_{t=1}^{n}t^4-(\sum\limits_{t=1}^{n}t^2)^2}\\ \hat{b}=\dfrac{\sum\limits_{t=1}^{n}tx_t}{\sum\limits_{t=1}^{n}t^2}\\ \hat{c}=\dfrac{n\sum\limits_{t=1}^{n}t^2x_t-\sum\limits_{t=1}^{n}t^2\sum\limits_{t=1}^{n}x_t}{n\sum\limits_{t=1}^{n}t^4-(\sum\limits_{t=1}^{n}t^2)^2}\end{cases} \tag{2-9}$$

c. 指数曲线模型。若预测序列遵循指数曲线增长规律，可使用指数曲线进行预测。指数曲线模型如式（2–10）所示，即

$$x_t=ae^{bt},a>0,b>0 \tag{2-10}$$

式中：x_t 为需要预测的时间序列指标；t 表示时间；a、b 为待确定参数。

式（2–10）两端同时取对数得式（2–11），即

$$\ln x_t=\ln a+bt \tag{2-11}$$

式（2–11）可看作序列 $\ln x_t$ 对时间序列 t 的一元线性回归，利用式（2–12）可估计出 $\ln a$ 和 b，即

$$\begin{cases}\hat{b}=\dfrac{12\sum\limits_{t=1}^{n}t\ln x_t-6(n+1)\sum\limits_{t=1}^{n}\ln x_t}{n(n+1)(n-1)}\\ \ln\hat{a}=\dfrac{1}{n}\sum\limits_{t=1}^{n}\ln x_t-\dfrac{\hat{b}(n+1)}{2}\end{cases} \tag{2-12}$$

2）时间序列法。时间序列预测法依据用电量历史数据呈现出的惯性变动、时间延续等特征规律，建立时间序列模型，在时间序列模型基础上预测用电量未来值。时间序列预测方法主要包括自回归模型 AR(p)、移动平均模型 MA(q)、自回归移动平均模型 ARMA（p，q）等。

时间序列法和趋势外推法都是对历史资料延伸预测，两者均从指标自身出发，不考虑对指标有影响的外部因素，但两种方法也存在较为显著的差异，趋

势外推法将预测对象设定为随时间变化的特定函数形式，而时间序列预测法往往将预测对象设定为其历史值（滞后期）与随机项的模型形式。

a. 自回归模型 AR（p）。自回归模型 AR（p）是最常用的一种时间序列线性模型，它能描述“当前”时刻的数据与此前若干数据之间的线性依赖关系。

设时间序列 $\{x_t\}$，t=1，2，…，n 为平稳零均值序列，x_t 是它的前期值和随机项的线性函数，即

$$x_t = \phi_0 + \phi_1 x_{t-1} + \phi_2 x_{t-2} + \cdots + \phi_p x_{t-p} + \varepsilon_t \tag{2-13}$$

称式（2-13）为 p 阶自回归模型，记作 x_t~AR（p）。ϕ_0 是常数项，系数 ϕ_1，ϕ_2，…，ϕ_3 为自回归参数，是模型的待估参数。x_{t-1}，x_{t-2}，…，x_{t-p} 分别为时间序列 $\{x_t\}$ 滞后 1 期，2 期，…，p 期的值。随机项 ε_t 是白噪声序列，而且与 x_{t-1}，x_{t-2}，…，x_{t-p} 不相关。

AR（p）模型形式简单、直观，而且便于建模与预测，应用非常广泛。当样本充分大时，随着阶数 p 的提高，AR（p）模型还可以逼近后面将会介绍的 ARMA 等模型。

b. 移动平均模型 MA（q）。若时间序列 $\{x_t\}$ 为它的当前与前期的误差项和随机项的线性函数，则

$$x_t = \varepsilon_t + \theta_1 \varepsilon_{t-1} + \theta_2 \varepsilon_{t-2} + \cdots + \theta_q \varepsilon_{t-q} \tag{2-14}$$

称式（2-14）为 q 阶滑动平均序列，记作 x_t~MA（q）。系数 θ_1，θ_2，…，θ_q 为滑动平均参数，是模型的待估参数。随机项 ε_t 是白噪声序列，ε_{t-1}，ε_{t-2}，…，ε_{t-q} 为随机误差项的 t–1 期，t–2 期，…，t–q 期的移动平均值。

c. 自回归移动平均模型 ARMA（p，q）。ARMA（p，q）模型要求 ε_t 为白噪声，有时，残差量 ε_t 虽不是白噪声，但能由白噪声的线性组合表示，即

$$x_t - \phi_1 x_{t-1} - \phi_2 x_{t-2} - \cdots - \phi_p x_{t-p} = \varepsilon_t + \theta_1 \varepsilon_{t-1} + \theta_2 \varepsilon_{t-2} + \cdots + \theta_q \varepsilon_{t-q} \tag{2-15}$$

式（2-15）即为 ARMA（p，q）模型，记为 x_t~ARMA（p，q）。

3）产值单耗法。产值单耗，即万元产值电耗，是通过单位产值用电量以及一段时间内增加的产值，得到总用电量，产值一般采用地区生产总值（GDP）或分产业增加值，产值计算时需要采用可比价总量而非名义总量。产值单耗计

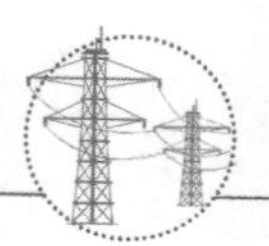

算公式为

$$E=bg \tag{2-16}$$

式中：E 为用电量；b 为产值；g 为单位产值耗电量。

单位产值耗电量和产业结构密切相关，根据对产业结构调整与产值单耗变化关系，合理设定未来产值单耗，或根据产值单耗自身变化特点采用时间序列或趋势外推法预测未来产值单耗，再结合未来地区生产总值或分产业增加值，预测未来用电量（或分产业用电量）。

产值单耗预测法比较简单方便，若产值单耗呈现规律性变动，则该方法可以得到较为准确的预测值，但随着经济进入新常态，产值单耗波动较大，使得难以估计其未来预测值，进而无法准确预测用电量。

4）GDP 回归法。GDP 回归法，以可比价 GDP 作为解释变量，以用电量作为被解释变量，建立一元线性或非线性回归模型，在合理预测未来 GDP 的基础上，预测未来用电量。模型形式可选择线性或非线性模型，包括：

a. 线性模型为

$$E_t=\alpha+\beta GDP_t+\mu_t \tag{2-17}$$

式中：参数 β 表示当 GDP 每增加 1 单位，全社会用电量将增加 β 单位；μ_t 为随机误差项。

b. 半对数模型为

$$\log(E_t)=\alpha+\beta GDP_t+\mu_t \tag{2-18}$$

式中：参数 β 表示当 GDP 每增加 1 单位，全社会用电量将增长 100 β%。

c. 半对数模型为

$$E_t=\alpha+\beta\log(GDP_t)+\mu_t \tag{2-19}$$

式中：参数 β 表示当 GDP 每增加 1%，全社会用电量将增长 β/100 个单位。

d. 双对数模型为

$$\log(E_t)=\alpha+\beta\log(GDP_t)+\mu_t \tag{2-20}$$

式中：参数 β 表示当 GDP 每增加 1%，全社会用电量将增长 β%。

上述模型中 E_t 为全社会用电量，GDP_t 为可比价地区生产总值，μ_t 为随机扰动项。通过观察变量间的散点图、相关图，分析两者之间是否存在非线性关系，若呈现明显的非线性关系则可考虑使用非线性模型。基于模型设定形式及样本数据，使用最小二乘估计即可得到参数估计值及模型方程。

5）用电量与城镇化率关系法。部分学者从全国角度研究了用电量与城镇化进程关系，得出全国用电量与城镇化率高度正相关，全国城镇化率每提高 1 个百分点，用电量平均提高 4.6%。在省级或市级区域，全社会用电量与城镇化率也应存在高度正相关关系，可作为全社会用电量预测方法之一。

全社会用电量为总量指标，城镇化率为比率指标，根据建模经验，采用一元非线性回归方法，对全社会用电量取对数后作为被解释变量，直接以城镇化率作为解释变量，建立回归方程为

$$\log(E_t)=\alpha+\beta CZH_t+\mu_t \tag{2-21}$$

式中：E_t 为全社会用电量；α 和 β 为待确定参数，β 表示城镇化率每提高 1 个百分点，全社会用电量平均提高 β 个百分点；CZH_t 为城镇化率。

结合对未来城镇化发展判断，合理预测城镇化率，并代入回归方程，即可得到未来全社会用电量。

（2）新型方法。全社会用电量增长，除了受经济增长影响外，还受到天气条件因素（如热夏、凉夏等），同时随着经济进入发展新常态，产业结构和工业（服务业）内部结构调整明显加速，也是用电量增长的主要影响因素，各行各业传统稳定的经济电力关系（用电量与增加值关系）被打破，导致基于经济总量和分产业预测方法失效，迫切需要综合考虑这些因素后构建全社会用电量新型预测方法。根据多年实践经验，构建了基于气温、经济增长与经济结构调整预测法以及基于行业经济电力关系预测方法两种新型实用化方法。

1）基于气温、经济增长与经济结构调整预测法。用电量增长与经济增长高度相关，根据区域经济发展特点，经济增长指标可选择 GDP、工业增加值或服务业增加值等指标。

极端天气和经济结构调整也是重要的影响因素。极端天气对用电量影响主要表现在气温的变化，气温指标可选择平均气温、最高气温和最低气温等指标。对用电量具有显著影响的是夏季气温，当夏季出现异常高温时，空调使用率会明显提高，导致用电量增加，因而构建模型时气温指标可考虑选择 7、8 月气

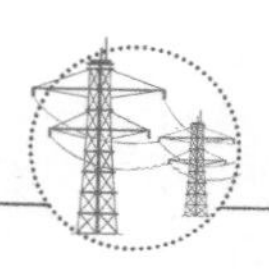

温或三季度气温。

产业结构调整对用电量影响前述模块已阐述，除了产业结构调整外，工业（或服务业）内部结构变化对用电量也存在较大影响（由于内部各行业产值电耗存在差异），产业结构指标可包含二产比重、服务业比重等指标，工业（或服务业）内部结构可包含高耗能行业占工业比重、商业住宿餐饮业占服务业比重等指标，将产业结构和工业（或服务业）内部结构调整因素综合形成经济结构调整指标，如二产比重和高耗能行业占工业比重之乘积、服务业比重和商业住宿餐饮业占服务业比重之乘积等。

全社会用电量预测中常用的工具是回归分析，同时也可以采用智能算法工具。由于智能算法工具无法获知各因素对用电量的影响大小，而回归分析可兼顾模型的经济意义与指标系数的可解释性，因而通常情况下多选择回归分析工具。以区域全社会用电量为被解释变量，以经济增长指标、气温指标（通常为三季度或 7、8 月气温）和经济结构调整指标为被解释变量，建立多元非线性回归方程，考虑总量指标和比率指标差异，通常采用形式为

$$\log(E)=C_0+C_1\times\log(JJZZ)+C_2\times JGTZ+C_3\times WD \qquad (2\text{-}22)$$

式中：E 表示全社会用电量；C_0 为常数项；C_1、C_2、C_3 为相应解释变量的系数；$JJZZ$ 表示经济增长指标；$JGTZ$ 表示经济结构调整指标；WD 表示气温指标。

2）基于行业经济电力关系预测法。经济进入新常态后传统的行业经济电力稳定关系（行业用电量与行业增加值稳定关系）被打破，导致基于经济总量和分产业预测方法失效，迫切需要从行业角度，识别与行业用电量高度耦合的行业经济指标，构建基于行业经济电力关系预测方法。该方法采用季节性分解和多元线性回归等工具，分别构建工业内部各行业、服务业和居民生活用电量预测回归方程，最终形成全社会用电量预测方程。

a. 工业用电预测。通过前述模块行业经济电力关系分析方法的分析，经济新常态以来行业用电量与通常理解的行业经济指标——行业增加值之间增速走势关联性已经明显减弱，基于各行业增加值建模预测各行业用电量的思路已不能满足当前工业行业用电量预测的实际需要，需要将表征行业用电的经济指标切换至行业的实物量（产品产量）或投资量指标。

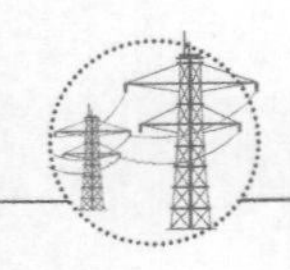

工业分为采矿业、制造业和电力燃气水生产供应业三大板块，各板块中又包含了多个行业。通过对采矿业、制造业和电力燃气水生产供应业用电的预测，加总就形成对工业用电量的预测。以下分析阐述基于行业经济电力关系的采矿业、制造业和电力燃气水生产供应业内部各行业用电量预测方法。

a）采矿业用电预测。采矿业内部包括煤炭开采和洗选业（简称煤炭行业）、黑色金属矿采选业、非金属矿采选业、有色金属矿采选业和其他及辅助性采矿业。上述模块对工业内部多个行业经济电力关系分析表明，行业用电量表征指标尽量选择实物量（产量产品），考虑数据可获取性，在没有实物量指标情况下选择行业投资指标。表 2–2 给出了采矿业内部各细分行业及其用电量的经济表征指标，在具体研究中，需要根据被研究区域行业用电体量大小合理归并部分体量小的多个行业。

表 2–2　　采矿业内部细分行业及其用电量的经济表征指标

类型	内部细分行业	表征行业用电量的经济指标
采矿业	煤炭行业	原煤产量
	黑色金属矿采选业	铁矿石产量
	非金属矿采选业	磷矿产量、原盐产量
	有色金属矿采选业	行业投资
	其他及辅助性采矿业	行业投资

基于表征行业用电的经济指标构建行业用电量预测模型，可以采用多元线性回归方法，也可以采用智能算法，为了确保预测模型的直观性和可解释性，建议采用多元线性回归方法。考虑月度指标波动较大，可以从季度层面，按照逐季（即一季度、二季度、三季度、三季度）或逐季累计（即一季度、上半年、前三季度、全年）两种方式形成指标时间序列数据进行建模。

表 2–3 给出了采矿业内部行业用电量及其经济表征指标的变量表示，先对各指标进行季节性分解，然后采用多元线性回归方法，分别构建采矿业内部各行业用电量趋势项预测回归方程（方程中根据需要增加自回归或移动平均项

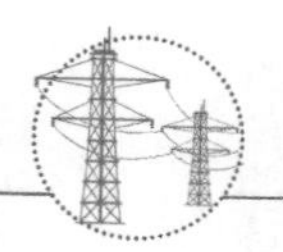

AR、MA），见式（2–23）~式（2–27），由于行业投资指标为现价数据，需要采用价格指数（定基）平减后形成可比价行业投资，价格指数可选择消费价格指数（CPI）等。

表 2–3　　采矿业内部行业用电量及其经济表征指标的变量表示

类型	变量表示	趋势项	季节性因素项	表征行业用电量的经济指标	变量表示	趋势项	季节性因素项
煤炭行业	C_{M}	C_{TCM}	S_{FM}	原煤产量	L_{M}	L_{TCM}	S_{FLM}
黑色金属矿采选业	C_{H}	C_{TCH}	S_{FH}	铁矿石产量	L_{T}	L_{TCT}	S_{FT}
非金属矿采选业	C_{F}	C_{TCF}	S_{FF}	磷矿产量、原盐产量	L_{L}、L_{Y}	L_{TCL}、L_{TCY}	S_{FL}、S_{FY}
有色金属矿采选业	C_{Y}	C_{TCY}	S_{FY}	行业投资	T_{Y}	T_{TCY}	S_{FTY}
其他及辅助性采矿业	C_{Q}	C_{TCQ}	S_{FQ}	行业投资	T_{CQ}	T_{TCQ}	S_{FTQ}

煤炭开采和洗选业为

$$C_{\mathrm{TCM}t}=\hat{\alpha}_{\mathrm{M0}}+\hat{\alpha}_{\mathrm{M1}}L_{\mathrm{TCM}t} \quad (2\text{–}23)$$

黑色金属矿采选业为

$$C_{\mathrm{TCH}t}=\hat{\alpha}_{\mathrm{H0}}+\hat{\alpha}_{\mathrm{H1}}L_{\mathrm{TCT}t} \quad (2\text{–}24)$$

非金属矿采选业为

$$C_{\mathrm{TCF}t}=\hat{\alpha}_{\mathrm{F0}}+\hat{\alpha}_{\mathrm{F1}}L_{\mathrm{TCL}t}+\hat{\alpha}_{\mathrm{F2}}L_{\mathrm{TCY}t} \quad (2\text{–}25)$$

有色金属矿采选业为

$$C_{\mathrm{TCY}t}=\hat{\alpha}_{\mathrm{Y0}}+\hat{\alpha}_{\mathrm{Y1}}T_{\mathrm{TCY}t}/P_t \quad (2\text{–}26)$$

其他及辅助性采矿业为

$$C_{\mathrm{TCQ}t}=\hat{\alpha}_{\mathrm{Q0}}+\hat{\alpha}_{\mathrm{Q1}}T_{\mathrm{TCQ}t}/P_t \quad (2\text{–}27)$$

式中：$\hat{\alpha}$ 为待估计参数；P_t 表示定基价格指数。

根据表征采矿业内部各行业经济指标本期（t 期）趋势项预测本期各行业用电量趋势项，由于本期用电量季节性因素项未知，但其与上年同期（t–4 期）基本相同，采用上年同期各行业用电量季节性因素项与本期趋势项预测结果之

乘积预测本期各行业用电量，加总各行业本期用电量预测结果，形成本期采矿业用电量 C_t 预测结果，即

$$C_t=C_{\mathrm{TCM}t}S_{\mathrm{FM}(t-4)}+C_{\mathrm{TCH}t}S_{\mathrm{FH}(t-4)}+C_{\mathrm{TCF}t}S_{\mathrm{FF}(t-4)}+C_{\mathrm{TCY}t}S_{\mathrm{FY}(t-4)}+C_{\mathrm{TCQ}t}S_{\mathrm{FQ}(t-4)} \tag{2-28}$$

b）制造业用电预测。制造业内部包括化学原料及化学制品制造业（简称化工行业）、非金属矿物制品业（简称非金属行业）、黑色金属冶炼及压延加工业（简称黑色金属行业）、有色金属冶炼及压延加工业（简称有色金属）、石油加工炼焦和核燃料加工业等高耗能行业，装备制造业（金属制品业、通用设备制造业、专用设备制造业、汽车制造业、铁路船舶航空航天和其他运输设备制造业、电气机械和器材制造业、计算机通信和其他电子设备制造业、仪器仪表制造业 8 个行业合计），造纸和纸制品业、纺织业、橡胶和塑料制品业、医药制造业、农副食品加工业等行业。

制造业内部行业较多，各行业用电体量大小各异，需要根据被研究区域制造业内部各行业用电体量大小决定本区域需要单独研究的重点行业，对于用电体量小的多个行业可放在一起形成其他剩余制造业进行研究。表 2-4 给出了区域制造业用电量预测时可能选择重点研究的内部细分各行业及其用电量的经济表征指标，行业用电量的经济表征指标尽可能从行业产品中电耗高且产量大的产品产量中选择，比如化工行业的高耗电产品主要有烧碱、合成氨、乙烯、电石，被研究区域需要根据自身产品产量规模选取符合本区域的行业用电经济表征指标。

表 2-4　　制造业内部细分行业及其用电量的经济表征指标

类型	内部细分行业	表征行业用电量的经济指标
制造业	化工行业	烧碱、合成氨、乙烯、电石产量
	非金属行业	水泥、平板玻璃产量、房地产开发投资
	黑色金属行业	生铁、粗钢、钢材产量
	有色金属行业	铜材、氧化铝、铝材、十种有色金属产量
	装备制造业	行业投资

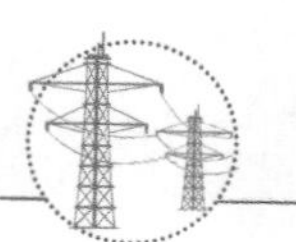

续表

类型	内部细分行业	表征行业用电量的经济指标
制造业	石油加工炼焦和核燃料加工业	石油加工量
	造纸和纸制品业	纸制品、机制纸及纸板产量
	纺织业	纱、布、绒线、毛机织物、生丝产量
	橡胶和塑料制品业	橡胶轮胎外胎、塑料制品产量
	剩余其他制造业	行业投资

c）电力燃气水生产供应业用电预测。电力燃气水生产供应业内部包括电力热力生产和供应业（线路损失电量、厂用电量、抽水蓄能抽水耗用电量之和）、燃气生产和供应业、水的生产和供应业，而电力热力生产和供应业占绝对比重。电力燃气水生产供应业用电服务于整个社会用电，无法找到合适的经济指标与之匹配，但其占全社会用电比重往往存在一定的规律性。

表 2–5 给出制造业内部需重点研究的各行业用电量与经济表征指标的变量表示。建立各行业用电量中期预测方程参照上述采矿业各行业。给出了各行业用电量趋势项回归方程（方程中根据需要增加自回归或移动平均项 AR、MA），见式（2–29）~式（2–34）。

表 2–5　　制造业内部行业用电量与经济表征指标的变量表示

	变量表示	趋势项	季节性因素项	表征行业用电量的经济指标	变量表示	趋势项	季节性因素项
化工行业	Z_X	Z_{TCX}	S_{FX}	烧碱、合成氨产量	L_S、L_H	L_{TCS}、L_{TCH}	S_{FS}、S_{FLH}
非金属行业	Z_F	Z_{TCF}	S_{FZF}	房地产开发投资	T_F	T_{TCF}	S_{FTF}
黑色金属行业	Z_H	Z_{TCH}	S_{FH}	钢材产量	L_G	L_{TCG}	S_{FG}
有色金属行业	Z_Y	Z_{TCY}	S_{FZY}	十种有色金属产量	L_Y	L_{TCYS}	S_{FLY}
装备制造业	Z_Z	Z_{TCZ}	S_{FZ}	行业投资	T_Z	T_{TCZ}	S_{FTZ}
剩余其他制造业	Z_Q	Z_{TCQ}	S_{FZQ}	行业投资	T_{ZQ}	T_{TCZQ}	S_{FZQ}

化工行业为

$$Z_{\mathrm{TCX}t}=\hat{\beta}_{\mathrm{X0}}+\hat{\beta}_{\mathrm{X1}}L_{\mathrm{TCS}t}+\hat{\beta}_{\mathrm{X2}}L_{\mathrm{TCH}t} \tag{2-29}$$

非金属行业为

$$Z_{\mathrm{TCF}t}=\hat{\beta}_{\mathrm{F0}}+\hat{\beta}_{\mathrm{F1}}T_{\mathrm{TCF}t}/P_t \tag{2-30}$$

黑色金属行业为

$$Z_{\mathrm{TCH}t}=\hat{\beta}_{\mathrm{H0}}+\hat{\beta}_{\mathrm{H1}}L_{\mathrm{TCG}t} \tag{2-31}$$

有色金属行业为

$$Z_{\mathrm{TCY}t}=\hat{\beta}_{\mathrm{Y0}}+\hat{\beta}_{\mathrm{Y1}}L_{\mathrm{TCYS}t} \tag{2-32}$$

装备制造业为

$$Z_{\mathrm{TCZ}t}=\hat{\beta}_{\mathrm{Z0}}+\hat{\beta}_{\mathrm{Z1}}T_{\mathrm{TCZ}t}/P_t \tag{2-33}$$

剩余其他制造业为

$$Z_{\mathrm{TCQ}t}=\hat{\beta}_{\mathrm{Q0}}+\hat{\beta}_{\mathrm{Q1}}T_{\mathrm{TCZQ}t}/P_t \tag{2-34}$$

式中：$\hat{\beta}$ 为待估计参数。

根据表征该省制造业内部各行业经济指标本期（t 期）趋势项预测本期各行业用电量趋势项，以其与上年同期各行业用电量季节性因素项的乘积预测本期各行业用电量，加总各行业本期用电量预测结果，形成本期制造业用电量 Z_t 预测结果，即

$$\begin{aligned}Z_t=&Z_{\mathrm{TCX}t}S_{\mathrm{FX}(t-4)}+Z_{\mathrm{TCF}t}S_{\mathrm{FZF}(t-4)}+Z_{\mathrm{TCH}t}S_{\mathrm{FH}(t-4)}\\&+Z_{\mathrm{TCY}t}S_{\mathrm{FZY}(t-4)}+Z_{\mathrm{TCZ}t}S_{\mathrm{FZ}(t-4)}+Z_{\mathrm{TCQ}t}S_{\mathrm{FZQ}(t-4)}\end{aligned} \tag{2-35}$$

上述已构建采矿业和制造业用电量预测模型，再结合下述服务业和居民生活用电量预测模型，由于一产和建筑业用电比重很小，所以可采用趋势外推、时间序列等常用方法预测，加总形成“采矿业用电量 + 制造业用电量 + 服务业用电量 + 居民生活用电量 + 一产用电量 + 建筑业用电量”，即“全社会用电量 – 电力燃气水生产供应业用电量”。根据已经预测出的“全社会用电量 – 电力燃气水生产供应业用电量”，以及合理设定的本期电力燃气水生产供应业用电占全社会比重同比变化量 Δk_t 和同期比重 k_{t-4}，按式（2–36）计算得到本期电力燃气水生产供应业用电结果。

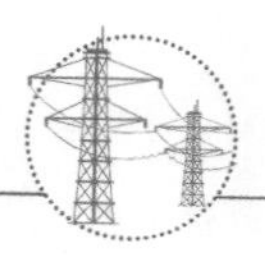

$$D_t=\frac{k_t}{1-k_t}(C_t+Z_t+F_t+M_t+Y_t+J_t)=\frac{k_{t-4}+\Delta k_t}{1-(k_{t-4}+\Delta k_t)}(C_t+Z_t+F_t+M_t+Y_t+J_t) \tag{2-36}$$

式中：D_t、F_t、M_t、Y_t 和 J_t 分别表示本期电力燃气水生产供应业、服务业、居民生活、一产和建筑业用电预测结果。

b. 服务业用电预测。多数省份近年来服务业用电量和增加值增速出现了明显不一致情况，显然表明基于服务业增加值预测服务业用电量的思路不可行。服务业内部包括 5 大用电行业，5 大用电行业结构因区域而异，因而在开展特定区域服务业用电量预测时，需要考察服务业结构，通过挖掘服务业用电中占比高的行业用电主要影响因素，建立服务业用电量与这些影响因素的计量经济回归方程。

以某省为例，该省服务业用电中比重最大的是商业住宿和餐饮业，该行业发展趋势的变化直接导致近几年服务业用电强度的变化，为反映商业住宿和餐饮业的变化，这里构建商业使用面积指标，商业使用面积为前 10 年累计商业销售面积，商业销售面积 = 商品房销售面积 – 住宅销售面积。该省服务业用电量与商业使用面积相关系数高达 0.998。

同时考虑气温因素对服务业用电影响极为显著，而各季气温对用电影响方向不尽相同，因而可构建以服务业用电量为被解释变量、商业使用面积和季度平均气温为解释变量的逐年同季多元线性回归方程，见式（2–37），方程可以根据实际需要，使用对数方式和增加移动平均或自回归项 MA、AR。

$$F_t=\hat{\gamma}_0+\hat{\gamma}_1 S_{\mathrm{YM}t}+\hat{\gamma}_2 J_{\mathrm{W}t} \tag{2-37}$$

式中：F_t、$S_{\mathrm{YM}t}$、$J_{\mathrm{W}t}$ 分别表示本季度服务业用电量、商业使用面积和平均气温；$\hat{\gamma}$ 为待估计参数。

c. 居民生活用电预测。居民生活用电量的主要影响因素一般包括居民收入、气温和阶梯电价政策等因素，与服务业用电量预测相同，考虑气温在各季度影响方向不尽相同，需构建逐年同季多元线性回归方程。

城乡居民人均可支配收入指标需根据城镇居民人均可支配收入、农村居民人均可支配收入以及城镇化率计算得到，即城乡居民人均收入 = 城镇居民人均可支配收入 × 城镇化率 + 农村居民人均可支配收入 ×（1– 城镇化率），居民收入指标为现价指标，需要采用居民消费价格指数 CPI（定基）平减后形成可比价收入指标。

如前述模块分析，居民阶梯电价政策因素对居民用电的抑制影响逐步减弱，考虑该因素后，可对阶梯电价哑元变量 $J_{\mathrm{T}t}$ 设计系数（具有递减特性）：（ $\hat{\omega}+\hat{\mu}\mathrm{e}^{-\sqrt[k]{T_t}}$ ）或（ $\hat{\omega}+\hat{\mu}T_t^k$ ），其中：T_t 表示历史期 t 年某季居民阶梯电价政策实施的总季度数（实施前取 0）；k 为根据模型最佳拟合效果而确定的参数；ω 和 μ 均为根据最小二乘估计法待确定的系数。

构建以居民生活用电为被解释变量，以城乡居民人均可支配收入、季度平均气温和阶梯电价政策为解释变量的多元线性回归方程，即

$$M_t=\hat{\varphi}_0+\hat{\varphi}_1 J_{\mathrm{SR}t}+\hat{\varphi}_2 J_{\mathrm{W}t}+|(\hat{\omega}+\hat{\mu}\mathrm{e}^{-\sqrt[k]{T_t}}),\ (\hat{\omega}+\hat{\mu}T_t^k)|J_{\mathrm{T}_t} \tag{2-38}$$

式中：M_t、$J_{\mathrm{SR}t}$、$J_{\mathrm{W}t}$ 和 $J_{\mathrm{T}t}$ 分别表示本季度居民生活用电量、城乡居民人均可支配收入、平均气温和阶梯电价政策哑元变量（实施前取 0，实施后取 1）；$\hat{\varphi}$ 为待估计参数；$|x, y|$ 表示取 x 或取 y。

d. 全社会用电预测。上述已构建采矿业用电、制造业用电、电力燃气水生产供应业用电预测方程，加总形成工业用电预测方程，再加上建筑业用电预测方程，得到二产用电预测方程；汇总一产、二产、服务业和居民生活用电预测方程，形成全社会用电预测方程，见式（2-39），从而将预测期各解释变量数值代入方程，可得到预测期全社会用电预测结果，即

$$Q_t=Y_t+(C_t+Z_t+D_t)+J_t+F_t+M_t \tag{2-39}$$

2. 统调用电量和售电量预测的理论与方法

统调用电量和售电量均是全社会用电量的一部分，很难直接找到合适的经济指标作为预测依据，常用的预测思路是直接基于全社会用电量建立回归方程。如前述模块，全社会用电量与统调用电量、售电量差值并不稳定，因而基于推算关系建立统调用电量和售电量预测方程可大幅提升预测准确性。

（1）基于推算关系的统调用电量预测方法。上述模块已介绍全社会用电量与统调用电量推算关系，以某省为例，两者差值主要包括非统调发电量（火电、水电和太阳能发电）、外送火力发电厂用电和网调抽水蓄能机组抽水耗用电量，由于差值分项不多，可采取差值分项全部预计方式。在预测出全社会用电量后，通过预计两者差值分项计算总差值，全社会用电量减去总差值，即为统调用电量。

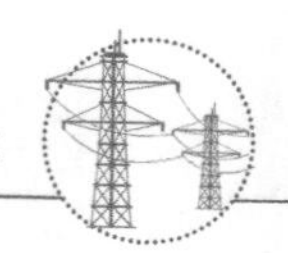

在预计差值分项过程中，需要针对不同类型的分项采用不同的方式。对于非统调发电量，需要按照发电类型，根据机组投产安排和历史利用小时数变化规律预计；对于外送火力发电厂用电，根据装机、历史利用小时数变化规律及厂用电率预计；对于网调抽水蓄能机组抽水耗用电量，根据网调抽水蓄能机组发电和抽水历史规律预计。

（2）基于推算关系的售电量预测方法。上述模块已介绍全社会用电量与售电量推算关系，以某省为例，两者差值主要包括自发自用电量（含省调自备机组和非统调自备机组）、厂用电（含外送火电、省调机组和非统调）、网调抽水蓄能机组抽水耗用电量以及线损电量，考虑售电量与全社会用电量不同期，导致线损电量月度 / 季度存在一定波动性，因而可先基于全社会用电量与供电量推算关系预测供电量，再考虑线损率变化后预测售电量。由于全社会用电量与供电量差值分项较多，采用全部预计方式不仅工作量大，且结果精确度难以保证，一般采用考虑波动较大的差值分项后建立供电量和全社会用电量回归方程的方式，即

$$GDL_t=\alpha+\beta(QSH_t-CZ_{1t}-CZ_{2t}-\cdots)+\mu_t \tag{2-40}$$

式中：GDL 表示供电量；QSH 表示全社会用电量，CZ_{1t}、CZ_{2t}、…表示全社会用电量与供电量波动较大的几个差值分项；μ_t 为随机误差项。

在预测全社会用电量基础上，预计波动较大的几个差值分项后，代入方程，即可求得供电量；再考虑线损率后，预测售电量，售电量 = 供电量 ×（1−线损率）。

2.2.2.2 最大负荷预测的理论与方法

本节主要阐述最大负荷预测过程中经常采用的常用方法，同时结合多年实践，提出了两种新型实用化预测方法。

1. 最大负荷预测的常用方法

除上述介绍的时间序列法、趋势外推法等外，最大负荷预测的常用方法还包括与用电量回归法、最大负荷利用小时数法（负荷电量增速比较）、大用户 + 自然增长率法等。

（1）用电量回归法。最大负荷与用电量高度相关，因而最大负荷预测可基于用电量，构建最大负荷与用电量回归方程。考虑最大负荷属于瞬时值，而

用电量属于期间累计值，最大负荷更易受气象因素影响，因而在以用电量作为解释变量的同时，可根据被研究区域特点，筛选一些关键的气象指标，如气温、人体舒适度等，作为解释变量，有助于提高最大负荷预测准确性。

（2）最大负荷利用小时数法。最大负荷利用小时数是用电量与最大负荷之比，反映负荷特性。最大负荷利用小时数的增减变化与用电量和最大负荷增速关系存在着一致关系，当用电量增速快于最大负荷增速时，最大负荷利用小时数提高；当用电量增速低于最大负荷增速时，最大负荷利用小时数下降。而最大负荷利用小时数的变化与经济结构调整有关，如经济处于快速工业化阶段，二产经济比重不断提高，则负荷特性改善，最大负荷利用小时数提高；经济新常态以来经济结构调整加速，二产经济比重不断下降，则负荷特性变差，最大负荷利用小时数下降。

最大负荷利用小时数除受经济结构调整因素影响外，还受到天气因素和需求侧管理等因素影响，如热夏对最大负荷影响远远大于对用电量影响，从而最大负荷利用小时数下降；采用需求响应等需求侧管理后，可削减高峰负荷，从而提高最大负荷利用小时数。因而最大负荷利用小时数法一般用于中长期预测，预测时需要结合经济结构调整趋势以及最大负荷利用小时数历史变化趋势（或用电量与最大负荷增速历史关系）和需求侧管理等因素，合理设定中长期最大负荷利用小时数。

（3）大用户＋自然增长率法。大用户＋自然增长率法是将最大负荷分为大用户负荷和自然负荷，自然负荷根据历史自然增长率合理设定增速，大用户负荷需要结合市场调研确定未来大用户负荷水平，两者相加，得到最大负荷预测结果。

大用户负荷法核心是按照一定标准（如报装容量5万kVA以上）梳理出本地区历史大用户及其负荷水平，并结合市场调研，预计未来存量大用户增减容量和新增大用户报装容量，报装容量与用电负荷并非100%对应，各行业均存在一定的折算系数，这也是需要关注的。自然负荷增长率的设定不仅要考虑自然负荷历史增长水平，还要结合未来经济社会发展水平。

2. 最大负荷预测的新型方法

根据实际工作经验，构建了基于用电增长、气温及其累积效应预测法与最

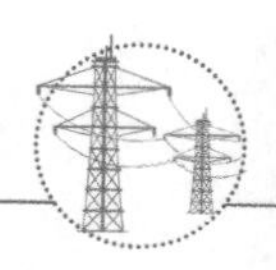

大负荷分解预测法两种新型实用化最大负荷预测方法。

（1）基于用电增长、气温及其累积效应预测法。最大负荷与用电增长高度相关，年度最大负荷的直接决定因素为年度用电量，但最大负荷更易受天气因素影响。以夏季为例，天气因素对最大负荷影响体现在两个方面：一是气温因素，最大负荷发生日最高气温越高，则最大负荷越大；二是高温累积因素，最大负荷发生前35℃以上高温持续天数越长，则最大负荷越大。

基于用电增长、气温及其累积效应预测法的关键是预测最大负荷发生日用电量，再结合最大负荷日历史负荷率特点，合理设定负荷率，得到最大负荷（=最大负荷发生日用电量/24/负荷率）。需注意的是，当选取的最大负荷指标为统调口径时，且非统调发电出现迅猛增长（如某省非统调光伏高速增长）时，因非统调发电挤占统调用电量，且不受天气、用电量等因素影响，因而需要对最大负荷发生日统调用电量进行相应调整以提高模型效果。

为获知各因素对最大负荷率用电量影响大小，通常采用回归分析工具，也可以选择智能算法工具，以最大负荷发生日用电量为被解释变量，以用电量、气温及其累积效应指标为解释变量，建立多元非线性回归方程，模型形式与上述对应的用电量方法类似。

（2）最大负荷分解预测法。前述模块已阐述最大负荷分解方法，基础负荷和空调负荷影响因素差别较大，基础负荷主要受经济社会发展方面的因素影响，而空调负荷主要受居民和服务业因素、气象因素以及电网供电能力因素影响，因而有必要分别研究基础负荷和空调负荷的多维度影响因素。

针对基础负荷，主要影响因素来自经济增长和城镇化进程两个维度，经济增长维度可选取GDP、工业增加值或服务业增加值三项指标中的一项，具体需要根据地区经济结构的实际情况，对工业占绝对比重的地区，可选择工业增加值指标，相反选择服务业增加值指标，对工业和服务业比重相当的地区，可选择GDP指标；城镇化进程维度选择城镇化率指标。

针对空调负荷，取决于需求和供给两方面共三个维度。在需求方面：一类是居民和服务业需求维度，主要包括人口、居民收入、空调拥有量、商业使用面积等指标，其中：居民收入可采用城乡居民人均可支配收入指标，城乡居民

人均可支配收入 = 城镇居民人均可支配收入 × 城镇化率 + 农村居民人均可支配收入 ×（1- 城镇化率），商业使用面积指标为历史各年（商品房销售面积 - 住宅销售面积）的累计值，考虑销售与投入使用存在一定的时间差，商业使用面积可按上年及之前历史年份（商品房销售面积 - 住宅销售面积）的累计值计算，该维度决定了空调负荷正常的增长水平；一类是气象维度，主要包括最大负荷发生日最高气温和高温累积效应（可考虑最大负荷发生日前 35℃以上高温持续天数），该维度决定了正常的负荷增长能否释放以及释放程度，即达不到或超过正常的负荷增长水平。在供给方面：主要是电网供电能力维度，由居民和服务业需求维度和气象维度决定的空调负荷需求能否最终释放取决于电网供电能力，该维度指标包括地区、城、农网户均配电变压器容量指标。地区最大负荷多维度影响因素与指标见表 2–6。

表 2–6　　地区最大负荷多维度影响因素与指标

类型	影响因素维度	影响指标
基础负荷	经济增长维度	GDP、工业增加值或服务业增加值
	城镇化进程维度	城镇化率
空调负荷	居民和服务业需求维度	人口
		居民收入
		空调拥有量
		商业使用面积
	气象维度	最大负荷发生日最高气温
		最大负荷发生日前 35℃以上高温持续天数
	电网供电能力维度	地区户均配电变压器容量
		城网户均配电变压器容量
		农网户均配电变压器容量

考虑基础负荷与空调负荷的主要影响维度因素不同，因而有必要分别开展基础负荷和空调负荷建模预测，最终加总合成最大负荷。由于影响空调负荷的维度因素较多，为避免直接建立回归方程而存在多重共线性，可采用主成分分析方法。

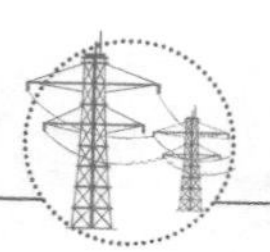

1）基础负荷预测。基础负荷主要受经济增长和城镇化进程两个维度影响，可建立以基础负荷为被解释变量、经济增长和城镇化率两项指标作为解释变量的多元线性回归方程，经济增长指标需要进行可比价处理，则

$$F_{Jt}=\hat{\alpha}_0+\hat{\alpha}_1 J_{Zt}+\hat{\alpha}_2 C_{Ht} \tag{2-41}$$

式中：F_{Jt} 表示历史年 t 地区基础负荷；J_{Zt} 表示历史年 t 地区经济增长指标，可比价 GDP、工业增加值或服务业增加值；C_{Ht} 表示历史年 t 地区城镇化率；$\hat{\alpha}$ 均为待估参数（基于最小二乘估计）。

2）空调负荷预测。空调负荷受三个维度因素影响，可能的影响因素合计约 9 个，首先需要对地区空调负荷与各维度中的指标进行相关性分析，计算相关系数，在各维度中选择相关性最强的关键指标，作为解释变量，并形成解释变量集 $X=[J_F Q_X D_W]$，J_F、Q_X 和 D_W 分别表示选取的居民和服务业需求维度指标、气象维度指标以及电网供电能力维度指标。

居民和服务业需求、气象以及电网供电能力三个维度是从不同角度解释地区空调负荷增长的原因，但这三个维度中选取的指标之间存在相关性高的情况容易出现，从而导致直接基于这些指标建立多元线性回归方程容易出现多重共线性，不得不剔除部分指标，从而降低了模型的实际意义。

可采用主成分分析方法，先对选取的三个维度中的指标进行主成分提取，提取 1~2 个能够高度反映原始指标的主要成分，再以主成分作综合解释变量、以地区空调负荷为被解释变量建立多元或一元线性回归方程，既可消除直接建立回归方程产生的多重共线性，还可以确定各原始指标对地区空调负荷影响程度大小。

首先对解释变量集 X 中各指标进行如式（2-42）所示的标准化处理，然后计算 x_i 序列形成的变量集 x 的相关系数矩阵 R。

$$x_{it}=\frac{X_{it}-\overline{X}_i}{S_{xi}} \tag{2-42}$$

式中：X_{it} 表示解释变量集 X 中第 i 个指标历史 t 期原始数值；$\overline{X}_i$ 和 S_{xi} 分别表示 X_i 序列的均值和标准差，x_i 表示 X_i 序列经标准化处理后得到的新序列。

利用 Matlab 求得 R 的特征值 R_i 及其对应的特征向量，按式（2-43）计算

各特征值的贡献度 λ_i，确定贡献度最大的 1~2 个特征值对应的特征向量与变量集 x 各指标对应相乘加总得到 1~2 个主成分。如贡献度最大的特征值对应的特征向量 $\beta=[\beta_1, \beta_2, \cdots, \beta_N]$，则该特征值对应的主成分 $y_t=\beta_1 x_{1t}+\beta_2 x_{2t}+\cdots+\beta_N x_{Nt}$。

$$\lambda_i = \frac{R_i}{\sum_{i=1}^{N} R_i} \tag{2-43}$$

式中：N 表示特征值数量，与变量集 X 和 x 指标个数相同。

以选取一个主成分 y_t 为例，以该主成分为综合解释变量，以地区空调负荷为被解释变量，建立回归方程，并通过回推，可确定原始解释变量集 X 中各指标对地区空调负荷影响大小，即

$$\begin{aligned} F_{\mathrm{K}t} &= \hat{\gamma}_0 + \hat{\gamma}_1 y_t \\ &= \hat{\gamma}_0 + \hat{\gamma}_1 \sum_{i=1}^{N} \beta_i x_{it} \\ &= \hat{\gamma}_0 + \hat{\gamma}_1 \sum_{i=1}^{N} \frac{\beta_i}{S_{Xi}} (X_{it} - \overline{X}_i) \end{aligned} \tag{2-44}$$

式中：$\hat{\gamma}$ 均为待估参数（基于最小二乘估计）。

3）最大负荷预测。将基础负荷和空调负荷预测方程加总，合成形成地区最大负荷 F_t 预测方程，即

$$\begin{aligned} F_t &= F_{\mathrm{J}t} + F_{\mathrm{K}t} \\ &= (\hat{\alpha}_0 + \hat{\alpha}_1 J_{\mathrm{Z}t} + \hat{\alpha}_2 C_{\mathrm{H}t}) + (\hat{\gamma}_0 + \hat{\gamma}_1 y_t) \\ &= (\hat{\alpha}_0 + \hat{\alpha}_1 J_{\mathrm{Z}t} + \hat{\alpha}_2 C_{\mathrm{H}t}) + [\hat{\gamma}_0 + \hat{\gamma}_1 \sum_{i=1}^{N} \frac{\beta_i}{S_{Xi}} (X_{it} - \overline{X}_i)] \end{aligned} \tag{2-45}$$

本模块系统介绍了多种全社会用电量和最大负荷的常用预测方法以及结合实践经验提出的新型实用化预测方法，并根据全社会用电量与统调用电量、售电量推算关系，形成用电量一套预测方法体系。

3 适应新型城镇化的配电网协调规划技术

通过深入发掘城市、城镇、乡村不同地区的新型城镇化电力特征对配电网提出的新要求，研究新型城镇化推进进程中配电网的协调性发展与评估，并基于现行标准进一步细化深化，提出具有针对性的协调规划技术原则以指导配电网建设改造全面支撑新型城镇化发展。与此同时，着眼于新型城镇化的城乡基础设施一体化和公共服务均等化核心目标，开展城乡电力设施协同布局与通道资源综合利用规划，解决新型城镇化发展进程中配电网规划建设凸显和亟需解决的问题。

3.1 新型城镇化与配电网发展的适应性分析

3.1.1 新型城镇化过程中用电结构发展现状及差异化特点

3.1.1.1 当前人口布局下的全国经济结构与用电结构发展现状

我国国家行政区划分共计 31 个，并根据国家相关文件划分为东部、中部、西部地区，其中东部、中部、西部的省（市、区）数量分别为 11、8、12 个，具体见表 3-1。

表 3-1 全国东部、中部、西部行政区划分

地区划分	所含省（市、区）
东部地区	北京、天津、河北、辽宁、上海、江苏、浙江、福建、山东、广东、海南
中部地区	山西、吉林、黑龙江、安徽、江西、河南、湖南、湖北
西部地区	内蒙古、广西、重庆、四川、云南、贵州、西藏、陕西、甘肃、青海、宁夏、新疆

通过抽取 2010—2022 年样本分析产业结构与用电量结构的变化趋势。12 年间全国总体经济产业结构呈现一产、二产比例下降，三产比例明显上升的优化升级局面，其中三产结构提高了 9.8 个百分点，见表 3-2。从用电量结构来看，同样呈现三产与居民用电比例逐步提高的趋势，2010—2022 年三产与居民用电合并占比提高了 9.8 个百分点。

表 3-2 2010—2022 年全国产业结构与用电量结构发展状况 %

经济结构占比	一产	二产	三产
2010 年	10.20	46.80	43
2015 年	9.0	40.5	50.5
2022 年	7.3	39.9	52.8
用电量结构占比	**一产**	**二产**	**三产与居民用电合并**
2010 年	2.3	74.8	22.9
2015 年	1.8	72.2	26.0
2022 年	1.3	66.0	32.7

从大区情况看，东部、中部、西部地区整体经济结构与用电结构趋势差异化并不十分明显，两者之间的结构趋势基本上是呈 A 字形特征，其中二产 GDP 占比 50% 左右，二产用电量占比 70% 以上。

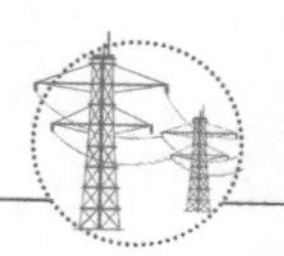

3.1.1.2 东部、中部、西部经济与用电结构差异化特点

分别选取东部、中部、西部典型省份，从经济与用电结构变化、人口发展变化两个维度进行差异化分析。其中东部选取上海、江苏、浙江、广东4省，中部选取安徽、江西、河南、湖南4省，西部选取广西、四川、云南、陕西4省。

通过对东部、中部、西部12省份的调研分析，东部、中部、西部省份产业结构方面：第三产业占比东部地区接近50%，中西部地区第三产业占比小于50%，第二产业占比东部地区42%、中西部地区分别达到49%、46%；用电结构方面：总体随着经济结构调整而正向调整，西部地区第二产业用电量随着第二产业GDP升高而下降的原因是西部地区基础建设拉动二产GDP结构的提高，而基础建设用电增长相对于生产具体产品而言增长幅度相对稳定；人口流动方面：在2010—2020年间，东部地区常住人口增长年均1%以上，其中北京、上海、广东分别高达3.4%、2.6%、1.6%，新型城镇化进程较快的天津市则高达3.6%，属于全国常住人口增速最快的地区。中部地区人口相对稳定，并在各省间呈现小幅流入或流出的特征；西部地区人口总体呈现人口流出趋势。

3.1.1.3 城镇化演化过程中东部、中部、西部典型县域差异化特点

1. 不同经济发展水平下各类典型城镇人均用电及需求差异化分析

研究表明新型城镇化未来的发展重心在中小城镇发展，包括农村居民就地城镇化发展。2013—2015年，不同产业结构典型城镇的年人均用电量的平均值从大到小依次为工业驱动型、旅游拉动型、综合型、商业带导型、传统文化保留型、美丽生态宜居型。经预测，2016—2020年间，工业驱动型城镇的年人均用电量的平均值增速最快，传统文化保留型增速最慢，两者相差5.1个百分点。到2020年，工业驱动型、旅游拉动型、综合经济型、商业带动型、传统文化保留型、美丽生态宜居型典型城镇年人均用电量的平均值将分别达到10930、5558、4748、4223、3037、2878kWh。

2. 各类城镇人均用电需求特征

（1）统计数据显示，城镇居民生活用电需求增长幅度与当地经济发

展水平密切相关。2015年，Ⅰ、Ⅱ、Ⅲ三类典型城镇的年人均用电量分别为4755、3200、2703kWh，其中居民生活用电量平均值分别为583、380、330kWh。

（2）按照预测，2016—2020年，Ⅰ类工业驱动型、旅游拉动型、综合型、商业带动型、传统文化保留型、生态宜居型典型城镇的居民生活用电量的年均增长率分别约为4.5%、6.6%、6.5%、5.8%、3.6%，7.1%。

其中，生态宜居型城镇满足人们对环境舒适程度要求，居民生活用电量增速较快；而旅游拉动型典型城镇为满足游客对环境舒适度较高的要求，其家用电器配置水平高，且多为一次到位，因此居民生活用电水平增速也相对较快，其他类型典型城镇的居民生活用电量仍处于不同发展阶段。

（3）处于同一经济发展水平的典型城镇，产业结构对城镇居民生活用电量有一定影响，但规律性不强。经预测，到2020年，Ⅰ类典型城镇的年人均居民生活用电量介于460~1205kWh之间，其中工业驱动型典型城镇的年人均居民生活用电量最高，传统文化保留型城镇的年人均居民生活用电量最低；Ⅱ类典型城镇的年人均居民生活用电量介于322~1098kWh之间，其中工业驱动型典型城镇的年人均居民生活用电量最高，美丽生态宜居型典型城镇的年人均居民生活用电量最低；Ⅲ类典型城镇的年人均居民生活用电量介于295~985kWh之间，其中工业驱动型典型城镇的年人均居民生活用电量最高，生态宜居型典型城镇的年人均居民生活用电量最低。全国各典型城镇差异化电力特征汇总表见表3-3。

表3-3　全国各典型城镇差异化电力特征汇总表

典型城镇类型 / 名称		2015年人均用电量（kWh/人）	2015年人均生活用电量（kWh/人）	2016—2020年人均用电量增速（%）	2020年人均用电量（kWh/人）	2020年人均生活用电量（kWh/人）	2016—2020人均生活用电增速（%）	2020年人均用电量相对2015年增长幅度（%）
一、工业驱动型								
Ⅰ类	广东佛山北滘镇	8100	968	6.7	11210	1205	4.5	1.38

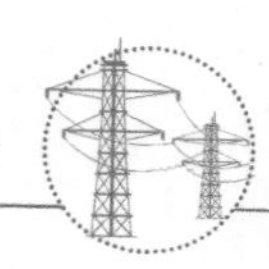

续表

典型城镇类型/名称		2015年人均用电量（kWh/人）	2015年人均生活用电量（kWh/人）	2016—2020年人均用电量增速（%）	2020年人均用电量（kWh/人）	2020年人均生活用电量（kWh/人）	2016—2020人均生活用电增速（%）	2020年人均用电量相对2015年增长幅度（%）
Ⅱ类	浙江金华新能源小镇、机器人小镇等	6150	710	12.3	10995	1098	9.1	1.79
Ⅲ类	沧州渤海新区等	5835	620	12.6	10585	985	9.7	1.81
平均值		6695	766	10.5	10930	1096	7.8	1.66
二、旅游拉动型								
Ⅰ类	江苏湖父镇	5700	800	6.5	7809	1100	6.6	1.37
Ⅱ类	河北赵北口镇等	3260	423.8	8.5	4905	613	7.7	1.50
Ⅲ类	安徽汤口镇等	2610	352.35	8.7	3960	515	7.9	1.52
平均值		3857	525	7.6	5558	743	7.2	1.44
三、综合型								
Ⅰ类	贵州茅台镇、浙江西塘等镇	4750	570	15.0	9540	780	6.5	2.01
Ⅱ类	四川苏稽等镇	2990	358.8	8.2	4435	532	8.2	1.48
Ⅲ类	安徽高河、尤集等镇	2183	283.79	8.4	3270	425	8.4	1.50
平均值		3308	404	7.5	4748	579	7.5	1.44

续表

典型城镇类型/名称		2015年人均用电量（kWh/人）	2015年人均生活用电量（kWh/人）	2016—2020年人均用电量增速（%）	2020年人均用电量（kWh/人）	2020年人均生活用电量（kWh/人）	2016—2020人均生活用电增速（%）	2020年人均用电量相对2015年增长幅度（%）
四、商业带动型								
Ⅰ类	江苏芳桥镇等	4030	443.3	5.8	5340	587	5.8	1.33
Ⅱ类	四川辉山镇等	2950	339.25	7.1	4156	475	7.0	1.41
Ⅲ类	四川东湖乡等	2220	266.4	7.4	3175	380	7.4	1.43
平均值		3067	350	6.6	4224	481	6.6	1.38
五、传统文化保留型								
Ⅰ类	山东曲阜吴村镇等	3050	386	5.5	3990	460	3.6	1.31
Ⅱ类	浙江同里镇、江苏安丰镇等	1990	238.8	6.4	2713	330	6.7	1.36
Ⅲ类	西藏扎囊县桑耶、安徽瀛洲镇等	1750	227.5	6.6	2410	315	6.7	1.38
平均值		2263	284	6.1	3038	368	5.3	1.34
六、美丽生态宜居型								
Ⅰ类	浙江宁波溪口镇、同里古镇等	2900	330	5.7	3825	465	7.1	1.32
Ⅱ类	湖南张家界等	1860	223.2	6.6	2559	322	7.6	1.38
Ⅲ类	安徽西递宏村等	1620	210.6	6.8	2250	295	7.0	1.39
平均值		2127	255	6.2	2878	361	7.2	1.35

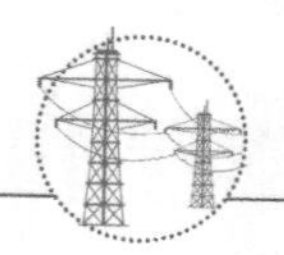

3.1.1.4 典型乡镇、村人口与电量迁移现状

本节采取抽样形式，先后选取安徽、江苏、贵州省部分区、县、乡、镇、村开展负荷与人口迁移调研趋势分析。江苏选取苏南、苏北的代表地区；安徽选取皖西南代表地区，贵州选取中北部代表地区（遵义县、开阳县、息烽县）。通过研究总结出我国典型乡镇、村人口与电量迁移主要有如下特点。

1. 典型代表地区农村人口及负荷迁移

人口集聚及负荷迁移的足迹表现为两种典型特征：一种是人口与负荷逐级归集，定义为“逐级归集模式”；另一种表现为从县乡镇村直接阶跃式迁移至周边大中小城市，报告定义为“阶跃迁移模式”。报告将住户的经济条件分为Ⅰ~Ⅴ五个等级，其中Ⅰ表示经济条件较差，Ⅱ表示经济条件一般，Ⅲ表示经济条件稍好，Ⅳ表示经济条件较好，Ⅴ表示经济条件最好。

2. 负荷迁移呈现自下而上特点

普通自然村落的人们，即Ⅰ类住户将继续待在自然村中过着传统的农村生活，总负荷量几乎没有变化，经济条件一般的Ⅱ类住户则搬迁至村村通公路的两侧，会略微改善生活条件，负荷会有所增加；经济条件稍好的Ⅲ类住户则搬迁至省道两侧或者直接搬到附近镇所在地落户，导致负荷迁移的跨度及跟踪分析只能归结到附近集镇的负荷显著性特点分析其迁移集聚的效应；至于Ⅳ、Ⅴ类农村住户基本上会搬迁至其所在地区的地市所在地城市，而地市所在地城市或相对富裕的县城区域的住户则会往省会或者其他风景名胜地搬迁，因此这两类用户的负荷迁移量无法通过部分样本反映其迁移特性。

3.1.2 新型城镇化建设对电力需求的影响分析

3.1.2.1 总体影响

我国新型城镇化对电网发展有以下三个层面影响。

（1）宏观层面：我国区域经济、城镇化及人口流动从总体上影响了我国电力消费区域的总量消费水平及分布，并且不同发展阶段对于配电网设施的需求以及迁改要求均存在差异。

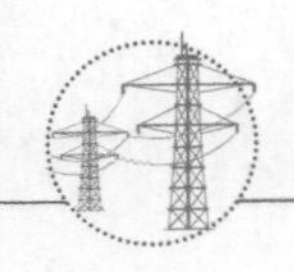

（2）中观层面：我国差异化的城镇格局对在省域尺度内的电力负荷分布模式存在影响，例如单核集中的城镇格局下电力负荷高度集中在核心城市上；而均匀分散的城镇格局下，电力负荷相对更为分散，这就给配电网供电安全及可靠性提出了新要求。且各个城镇群不同的能级、规模、经济水平等也影响了电力设施布局与供给。

（3）微观层面：不同的城市在发展目标、发展速度、未来的城乡增长模式、未来的经济结构上均存在差异，同时新型农村社区等乡村建设新模式，都会对具体的城乡用电需求及城乡电网一体化规划提出新的要求。

3.1.2.2 具体影响

1. 新型城镇化将促进电力需求持续稳定增长

城镇化将成为拉动内需的重要引擎，促进用电平稳增长。为了保障农村人口落户城市后能够享受到相同的公共服务，在交通等基础设施方面的建设需要投入相应的资金进行保障。按照落户一人需 13 万元的口径计算，每年将拉动固定资产投资 2.3 万亿元。根据固定资产投资与用电量的关系计算，预计用电量每年至少将增加 897 亿 kWh，增速提高 1.7 个百分点。

与此同时，城镇化将大大提高居民电气化水平，保障居民用电的快速增长。随着越来越多的农村人口落户城市，生活条件的改善将使家用电器的数量增多，电气化水平得到提高。按照 2015 年全国城市人均用电量与农村人均用电量的差距计算，城镇化将使用电量每年至少增加 16 亿 kWh。

2. 新型城镇化将使电力需求分布呈现新特征

中部、西部地区人口集聚程度提高将导致用电增速进一步超越东部地区。中部、西部地区的四大城市群将承接国际及沿海地区产业转移，依托优势资源发展特色产业，发挥吸纳东部返乡和就近转移农民工的作用，预计人口由西向东转移的趋势将有所减缓；东部地区的产业结构将逐渐以服务业为主，用电增长进一步减缓，预计中部、西部地区的用电量增速将进一步超越东部地区。

城市与农村电力需求差距将进一步缩小。城乡一体化将提高现代农业发展水平，并逐步实现基础设施和公共服务设施的共建共享，使农民在生产和生活

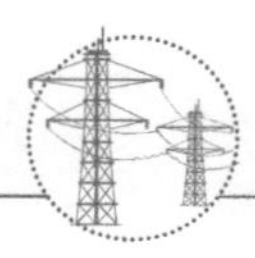

上的电力需求都将有明显提高，城乡电力需求差距进一步缩小。

3. 新型城镇化对配电网提出智能化和协同化的新要求

国家新型城镇化规划强调城镇化发展从数量向质量转变，主要体现在公共服务均等化的要求上。供电服务是公共服务的重要内容，而配电网则是提供供电服务的主要载体。

新型城镇化从两个层面对配电网提出智能化的新要求：一是要推进新能源示范城市建设和智能微电网示范工程建设，支持分布式能源的接入；二是发展智能配电网，推进居民和企业用电的智能管理。

新型城镇化从两个层面对配电网提出协同化的新要求：一是配电网规划要与城市规划协同推进，相互衔接；二是配电网要与水、路、气等其他基础设施协同发展，形成城乡联网、共建共享的格局。

4. 配电网供电能力、建设标准的新要求

随着农村电气化水平不断提升，现代农业及配套农产品加工规模不断发展，要求农村电网网架结构有效改善，供电能力不断增强。目前，中部、西部地区的大多数县域电网以35~110kV为主网架，放射式电网结构占有相当比例。35kV及以上电源点乡镇覆盖率东部平均不到80%，西部不到65%。而且35kV变电站仍没有形成双源供电的仍存在很大的占比，农村10kV电网互联率普遍较低。随着国家新型城镇化建设的稳步推进，中部、西部地区农村电网供电能力及供电可靠性将面临较大挑战。

在电网建设方面，有效兼顾配电网发展建设的差异化和标准化。一方面要根据不同地区发展特点，实施配电网差异化投资和建设；另一方面统筹配电网建设与改造现行管理要求，按照新型城镇化发展下农村人口迁移及用电水平提升的特点，适当修订调整行业标准、企业标准，有效处理规范标准与国家大政方针政策之间的矛盾。

5. 供电可靠性、供电质量的高要求

新型城镇化深入推进和城乡基本公共服务均等化对提高农村电网供电可靠性、供电质量提出新的需求。随着越来越多的农村人口落户城镇，生活条件的改善将使家用电器的数量增多，电气化水平将大大提高，具有新型城镇化特征的农村电网用电负荷和用电量将快速增长。

3.2 新型城镇化经济发展与配电网发展水平的适应性评估

3.2.1 经济发展与用电水平匹配度评估

3.2.1.1 评估体系

新型城镇化的本质是以人为本、城乡统筹和集约高效可持续，新型城镇化经济发展及用电水平综合评估主要从城乡统筹、资源环境及用电水平三个方面评价区域新型城镇化水平，基于常住人口城镇化率、人均 GDP、人均居民可支配收入、人均居民生活用电量和单位国内生产总值能耗 5 项主要指标予以评估，评估指标全部基于被评估行政区在核算期内的数据，其指标体系如表 3-4 所示。

表 3-4　新型城镇化经济发展用电水平综合评估指标

评估指标	指标计算方法
常住人口城镇化率（%）	$常住人口城镇化率=\frac{常住城镇人口}{总人口}\times 100\%$
人均 GDP（万元）	$人均\ GDP=\frac{国内生产总值}{常住人口}$
人均居民可支配收入（万元）	$人均居民可支配收入=\frac{居民可支配收入}{居民人口总数}$
人均居民生活用电量（kWh）	$人均居民生活用电量=\frac{年居民生活用电总量}{常住人口}$
单位国内生产总值能耗（t 标准煤 / 万元）	$单位国内生产总值消耗=\frac{能源消耗折标准煤}{国内生产总值}$

3.2.1.2 评估方法

使用因式分析法计算新型城镇化发展水平综合评估得分 G_a，即

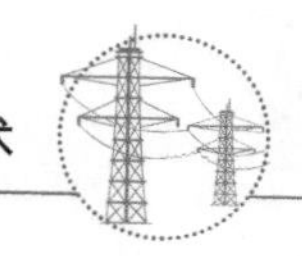

$$G_a=\sum_{i=1}^{5}T_i y_i \quad (3-1)$$

式中：y_i 为表 3–4 中各指标评估得分；T_i 为 y_i 对应评估指标的权重（i=1，2，…，5），各指标评分计算方法及权重见表 3–5。

表 3–5　评估指标评分计算方法及权重

评估指标名称	指标评分计算方法	权重 T
常住人口城镇化率（%）	$y=x$	0.2
人均 GDP（万元）	$y=\begin{cases}5.59x+32.4, & x<12.9\\ 100, & x\geqslant 12.9\end{cases}$	0.2
人均居民可支配收入（万元）	$y=\begin{cases}0, & x<0.36\\ 32.6x-11.74, & 0.36\leqslant x<3.43\\ 100, & x\geqslant 3.43\end{cases}$	0.2
人均居民生活用电量（kWh）	$y=\begin{cases}0.09x+8.34, & x<1018\\ 100, & x\geqslant 1018\end{cases}$	0.2
单位国内生产总值能耗（t 标准煤 / 万元）	$y=\begin{cases}100, & x<0.17\\ 100-57.6x, & 0.17\leqslant x<1.91\\ 0, & x\geqslant 1.91\end{cases}$	0.2

注　引自 T/CEC 103—2016《新型城镇化配电网发展评估规范》。

根据新型城镇化发展水平综合评估得分，将新型城镇化发展水平分为Ⅰ类、Ⅱ类和Ⅲ类。考虑各地区、各阶段新型城镇化发展差异，各类型的划分标准见表 3–6。

表 3–6　新型城镇化发展水平划分标准

类型	新型城镇化发展及用电水平综合评估得分（G_a）
Ⅰ类	$G_a<30$
Ⅱ类	$30\leqslant G_a<65$
Ⅲ类	$65\leqslant G_a$

3.2.2 配电网发展水平适应度评估

3.2.2.1 评估体系

新型城镇化配电网发展评估应从适应城镇化发展和特色城镇差异化需求两个方面开展评估工作，基于供电质量、供电能力、电网结构、装备水平、绿色智能等23项指标予以评估，其指标体系如图3–1所示，该指标体系反映了城镇化过程中人均用电量、负荷密度、供电可靠性和清洁能源使用等相关需求，与新型城镇地区经济发展密切相关。

3.2.2.2 评估方法

（1）新型城镇化配电网发展指标评估采用评分制，考虑各阶段、各评估区域配电网发展水平的差异性，各项配电网发展评估指标的参考分类系数和权重可参考T/CEC 103—2016《新型城镇化配电网发展评估规范》的相关规定，也可根据不同时期、不同地区城镇化发展情况调整计算方法和权重。

（2）用基于因式分析法计算供电质量、供电能力、电网结构、装备水平和绿色智能5类评估内容得分 X_i，即

$$X_i=\sum_{j=1}^{n} y_j\times T_j\times C_j \tag{3-2}$$

式中：y_j 为各类评估内容下属评估指标得分；T_j 为对应评估指标权重；C_j 为 y_j 对应分类系数（j=1，2，…，23）。

（3）用加权平均法计算配电网发展评估得分 G_b，即

$$G_\mathrm{b}=\frac{\sum_{i=1}^{5} x_i}{5} \tag{3-3}$$

新型城镇化配电网发展评估指标评分方法、分类系数及权重见表3–7。

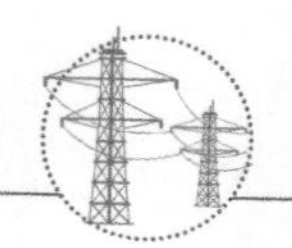

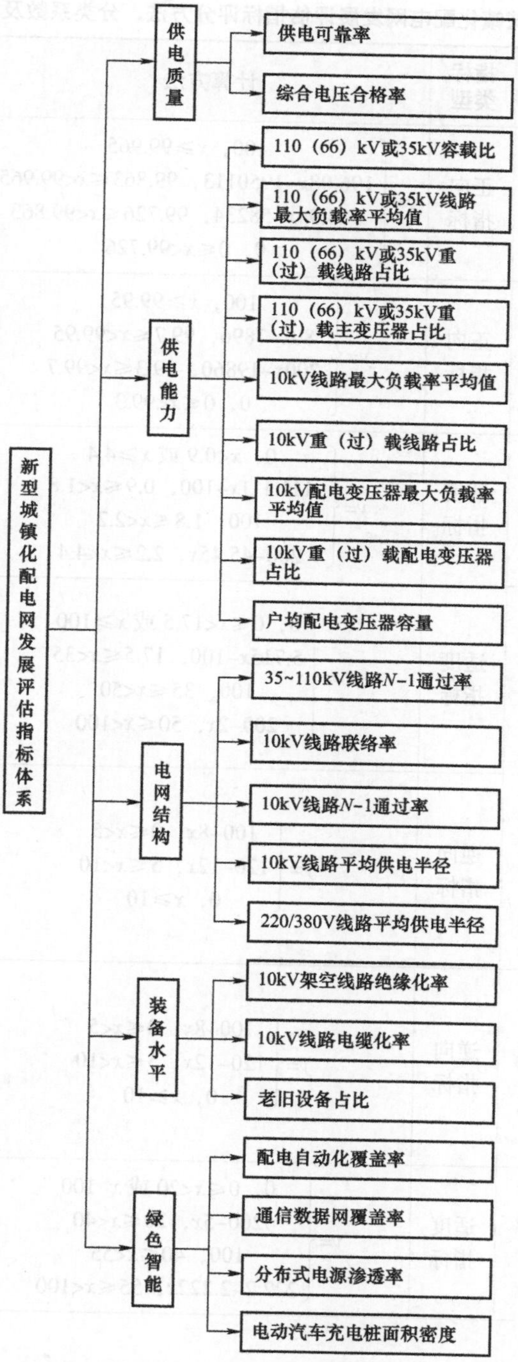

- 新型城镇化配电网发展评估指标体系
  - 供电质量
    - 供电可靠率
    - 综合电压合格率
  - 供电能力
    - 110（66）kV或35kV容载比
    - 110（66）kV或35kV线路最大负载率平均值
    - 110（66）kV或35kV重（过）载线路占比
    - 110（66）kV或35kV重（过）载主变压器占比
    - 10kV线路最大负载率平均值
    - 10kV重（过）载线路占比
    - 10kV配电变压器最大负载率平均值
    - 10kV重（过）载配电变压器占比
    - 户均配电变压器容量
  - 电网结构
    - 35~110kV线路N-1通过率
    - 10kV线路联络率
    - 10kV线路N-1通过率
    - 10kV线路平均供电半径
    - 220/380V线路平均供电半径
  - 装备水平
    - 10kV架空线路绝缘化率
    - 10kV线路电缆化率
    - 老旧设备占比
  - 绿色智能
    - 配电自动化覆盖率
    - 通信数据网覆盖率
    - 分布式电源渗透率
    - 电动汽车充电桩面积密度

图 3-1　新型城镇化配电网发展评估指标体系

表 3-7　　新型城镇化配电网发展评估指标评分方法、分类系数及权重

指标类别	评估指标名称	指标类型	计算方法	分类系数 C	权重 T
供电质量	供电可靠率（%）	正向指标	$y=\begin{cases}100, & x\geqslant 99.965\\ 196.08x-1950113, & 99.863\leqslant x<99.965\\ 583.94x-58234, & 99.726\leqslant x<99.863\\ 0, & 0\leqslant x<99.726\end{cases}$	GY，SY:0.97 其他：1.0	0.5
	综合电压合格率（%）	正向指标	$y=\begin{cases}100, & x\geqslant 99.95\\ 80x-7896, & 99.7\leqslant x<99.95\\ 200x-19860, & 99.3\leqslant x<99.7\\ 0, & 0\leqslant x<99.3\end{cases}$	1.0	0.5
供电能力	110kV 或 35kV 变电容载比	适度指标	$y=\begin{cases}0, & x<0.9 \text{ 或 } x\geqslant 4.4\\ 111.111x-100, & 0.9\leqslant x<1.8\\ 100, & 1.8\leqslant x<2.2\\ 200-45.45x, & 2.2\leqslant x<4.4\end{cases}$	1.0	0.1
	110kV 或 35kV 线路最大负载率平均值（%）	适度指标	$y=\begin{cases}0, & 0\leqslant x<17.5 \text{ 或 } x\geqslant 100\\ 5.715x-100, & 17.5\leqslant x<35\\ 100, & 35\leqslant x<50\\ 200-2x, & 50\leqslant x<100\end{cases}$	1.0	0.1
	110kV 或 35kV 重（过）载线路占比（%）	逆向指标	$y=\begin{cases}100-8x, & 0\leqslant x<5\\ 120-12x, & 5\leqslant x<10\\ 0, & x\geqslant 10\end{cases}$	GY:0.95 其他：0.97 NY:1.0	0.1
	110kV 或 35kV 重（过）载主变压器占比（%）	逆向指标	$y=\begin{cases}100-8x, & 0\leqslant x<5\\ 120-12x, & 5\leqslant x<10\\ 0, & x\geqslant 10\end{cases}$	GY:0.95 其他：0.98 NY:1.0	0.1
	10kV 线路最大负载率平均值（%）	适度指标	$y=\begin{cases}0, & 0\leqslant x<20 \text{ 或 } x>100\\ 200-5x, & 20\leqslant x<40\\ 100, & 40\leqslant x<55\\ 222.2-2.222x, & 55\leqslant x<100\end{cases}$	1.0	0.1

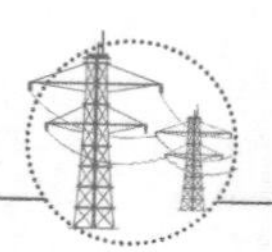

续表

指标类别	评估指标名称	指标类型	计算方法	分类系数 C	权重 T
供电能力	10kV重（过）载线路占比（%）	逆向指标	$y=\begin{cases}100-8x, & 0\leqslant x<5\\120-12x, & 5\leqslant x<10\\0, & x\geqslant 10\end{cases}$	GY:0.95 其他：0.97 NY:1	0.1
	10kV配电变压器最大负载率平均值（%）	适度指标	$y=\begin{cases}0, & x\geqslant 100\\150-1.5x, & 60\leqslant x<100\\180-2x, & 40\leqslant x<60\\2.5x, & 0\leqslant x<40\end{cases}$	1.0	0.1
	10kV重（过）载配电变压器占比（%）	逆向指标	$y=\begin{cases}100-13.33x, & 0\leqslant x<3\\120-20x, & 3\leqslant x<6\\0, & x\geqslant 6\end{cases}$	GY:0.95 其他：0.98 NY:1	0.1
	户均配电变压器容量（kVA/户）	适度指标	$y=\begin{cases}0, & x\geqslant 6\\200-33.3x, & 3\leqslant x<6\\26.67x+20, & 1.5\leqslant x<3\\40x, & 0\leqslant x<1.5\end{cases}$	LY:0.97 其他：1	0.2
电网结构	35~110kV线路“N-1”通过率（%）	正向指标	$y=\begin{cases}100, & x\geqslant 100\\x, & 90\leqslant x<100\\6x-450, & 75\leqslant x<90\\0, & 0\leqslant x<75\end{cases}$	1.0	0.2
	10kV线路联络率（%）	正向指标	$y=x,\ 0\leqslant x\leqslant 100$	1.0	0.2
	10kV线路“N-1”通过率（%）	正向指标	$y=\begin{cases}100, & x\geqslant 100\\0.5x+50, & 80\leqslant x<100\\4.5x-270, & 60\leqslant x<80\\0, & 0\leqslant x<60\end{cases}$	1.0	0.2
	10kV线路平均供电半径（km）	适度指标	$y=\begin{cases}0, & x\geqslant 15\\75-5x, & 5\leqslant x<15\\175-25x, & 3\leqslant x<5\\33.3x, & 0\leqslant x<3\end{cases}$	其他：0.95 NY:1.0	0.2

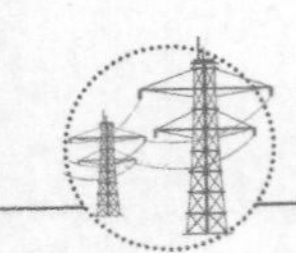

续表

指标类别	评估指标名称	指标类型	计算方法	分类系数 C	权重 T
电网结构	220/380V 线路平均供电半径（m）	适度指标	$y=\begin{cases}100-0.04x，0\leqslant x<250\\106.75-0.067x，250\leqslant x<400\\400-0.8x，400\leqslant x<500\end{cases}$	其他：0.95 NY:1.0	0.2
装备水平	10kV 架空线路绝缘化率（%）	适度指标	$y=\begin{cases}3x，0\leqslant x<20\\x+40，20\leqslant x<60\\140.2-0.67x，60\leqslant x<90\\800-8x，90\leqslant x\leqslant 100\end{cases}$	SY:0.95 其他：0.97 NY:1	0.4
	10kV 线路电缆化率（%）	适度指标	$y=\begin{cases}2x，0\leqslant x<30\\0.667x+40，30\leqslant x<60\\0.667x+20，60\leqslant x<90\\-20+1900x，90\leqslant x<95\\0，x\geqslant 95\end{cases}$	LY，SY:0.98 其他；1	0.4
	老旧设备占比（%）	逆向指标	$y=\begin{cases}100-6.67x，0\leqslant x<6\\120-10x，6\leqslant x<12\\0，x\geqslant 12\end{cases}$	1.0	0.2
绿色智能	配电自动化覆盖率（%）	正向指标	$y=\begin{cases}0.75x，0\leqslant x<80\\3x-180，80\leqslant x<90\\x，90\leqslant x<100\\100，x\geqslant 100\end{cases}$	1.0	0.3
	通信数据网覆盖率（%）	正向指标	$y=x，0\leqslant x\leqslant 100$	1.0	0.3
	分布式电源渗透率（%）	适度指标	$y=\begin{cases}0，x\geqslant 30\\-2.667x+140，15\leqslant x<30\\4x+40，5\leqslant x<15\\12x，0\leqslant x<5\end{cases}$	1.0	0.2
	电动汽车充换电站（桩）面积密度（座/km²）	适度指标	$y=\begin{cases}0，0\leqslant x<0.001\\-1000x+101，0.001\leqslant x<0.101\\0，x\geqslant 0.101\end{cases}$	LY:0.95 其他：0.98 NY，GY:1.0	0.2

注 1. 引自 T/CEC 103—2016《新型城镇化配电网发展评估规范》。

2. 新型城镇化地区分为工业主导型（GY）、商业贸易型（SY）、旅游开发型（LY）、特色农业型（NY）和综合型（ZH）。

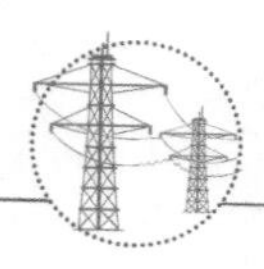

3.2.3 配电网发展需求分析与评估结论

城镇化发展水平较高的地区对配电网发展的水平要求相对较高，而相应的，城镇化发展水平较低的地区对配电网发展水平的要求相对较低，这就要求在制定规划方案时，必须考虑两者适应度的问题。

本小节将重点阐述评估结果与配电网发展需求间的关系，结合上述两个部分的具体结果，通过分析新型城镇化发展水平和配电网发展水平相互之间匹配程度，判断相应的发展阶段，从而为电网今后的规划建设提供参考。

3.2.3.1 需求分析

新型城镇化配电网发展的需求应结合新型城镇化经济发展及用电水平评估结果与配电网发展评估结果，进行横向比较，得出配电网发展水平与新型城镇化发展水平的匹配程度，进而提出相应电网建设的需求，具体步骤如下。

将配电网发展评估得分和新型城镇化发展水平综合评估得分做商得到适应度指标，即

$$C_a=\frac{G_b}{G_a} \tag{3-4}$$

根据两者之间适应度指数 C_a 所处区间（参考 T/CEC 103—2016 给出参考值，针对不同地区，评估人员可根据实际评估区域发展情况调整指数 C_a 的取值范围），获得本地区配电网发展与城镇化发展的整体匹配程度，如表 3-8 所示，若配电网发展滞后于新型城镇发展，则可由 3.2.2 各项指标计算结果得到配电网的薄弱环节，从而对配电网的规划建设提出相应需求；若配电网发展超前于新型城镇发展，则可根据各类城镇的差异化特征，结合地方对电力的需求适当建设，优化运行，减少配电网建设改造中不必要的投资浪费。

表 3-8 新型城镇化配电网发展整体匹配度划分

适应度指数 C_a 划分标准	适应度	特征
$C_a \leqslant 0.7$	滞后	配电网发展滞后于新型城镇化发展
$0.7<C_a \leqslant 0.9$	略有滞后	配电网发展略滞后于新型城镇化发展

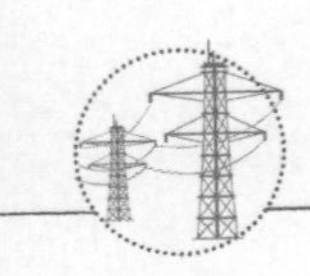

续表

适应度指数 C_a 划分标准	适应度	特征
$0.9<C_a\leqslant1.1$	适中	配电网发展与新型城镇化发展相适应
$1.1<C_a\leqslant1.3$	适度超前	配电网发展适度超前于新型城镇化发展
$1.3\leqslant C_a$	超前	配电网发展超前于新型城镇化发展

3.2.3.2 评估结论

配电网发展是否适应城镇化发展能够通过上述方法获得，对于适应度同为超前滞后的区域，由于超前滞后程度的不同，采取的措施也不完全相同，对于新型城镇化发展水平的不同阶段，其相应配电网的发展要求也不尽相同，结论如下：

（1）适应度为超前。当 $C_a\geqslant1.3$ 时，判断为过度超前，即配电网发展水平过度超前于新型城镇化发展水平；当 $1.1<C_a<1.3$ 时，判断为适度超前，即配电网发展水平适度超前于新型城镇化发展水平。对于新型城镇化发展阶段处于初级和中级阶段的区域，此状态为最佳状态。

（2）适应度为一致。当 $0.9\leqslant C_a\leqslant1.1$ 时，判断适应度为一致，即配电网发展水平与新型城镇化发展水平保持一致。对于新型城镇化处于高级阶段的区域，此状态为最佳状态。

（3）适应度为滞后。当 $0.7<C_a<0.9$ 时，判断为适度滞后，即配电网发展水平适度滞后于新型城镇化发展水平；当 $C_a\leqslant0.7$ 时，判断为过度滞后，即配电网发展水平过度滞后于新型城镇化发展水平。对于这两种滞后情况，建议相对应区域加大对配电网建设的投入，以使得配电网发展水平能够对新型城镇化建设起到促进作用。

（4）对于新型城镇化发展水平处于 A 类和 B 类的评估区域，配电网发展水平可适度超前于城镇化水平。

（5）对于新型城镇化发展水平处于 C 类的评估区域，为避免过度投资，配电网发展水平应与城镇化发展水平保持适中。

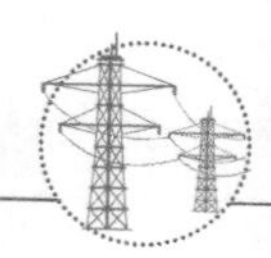

3.3 适应经济发展差异化形态的城乡配电网协调规划技术

配电网是经济社会发展的重要保障，是我国实现中国梦下人民实现对生活美好向往的重要基础。新型城镇化进程带来的新的城镇、乡村的差异化电力特征改变了城镇、乡村配电网的定位，对于城镇、乡村配电网提出了更高的供能需求、安全可靠需求以及智能化需求，如何规划建设新型城镇化下的城镇、乡村配电网，以什么样的协调规划技术原则指导规划建设，使城镇、乡村配电网发展能够契合“城市群”发展模式，是新形势下必须考虑和解决的问题。

3.3.1 配电网协调规划的基本原则

新型城镇化建设需充分考虑农村电网供电与服务特点，坚持“以人为本、四化同步、优化布局、生态文明、文化传承”的发展道路，以提高供电可靠性和服务水平为目标，贯彻资产全寿命周期管理理念，坚持电网建设改造与服务提升并举，遵循“统一规划、因地制宜、突出特色、先进适用、经济高效”的基本原则，针对性地解决农村供电及服务保障的重点问题，提升城乡供电保障和服务支撑能力。

3.3.2 现有配电网规划原则与新型城镇化的适应性分析

新型城镇化的核心是以人为本，强调在产业支撑、人居环境、社会保障、生活方式等方面实现由“乡”到“城”的转变，实现城乡统筹一体化发展。通过对照新型城镇化对配电网提出的新要求，结合 DL/T 5729—2016《配电网规划设计技术导则》梳理出面向新型城镇化发展需要调整完善的地方，具体如下。

DL/T 5729—2016 规定的六个供电电压供电序列需要结合新的问题全面系统进行研究，推荐提出科学合理的符合新的城镇分类的供电电压序列。

DL/T 5729—2016 提到“应根据城乡规划和电网规划，预留目标网架的廊道，以满足配电网发展的需要”，该条款仅提到了电力廊道资源的提前规划，却没给出可操作性的关于电力廊道资源与政府通道资源综合利用原则。

DL/T 5729—2016 提到“变电站的布置因地制宜、紧凑合理节约用地”对于电力设施协同布局基本原则（包括变配电主设备：变电站、开关站、配电室、箱式变电站、环网柜协同布局）没有提出可操作性的指导原则。

DL/T 5729—2016 提到“线路供电半径应满足末端电压质量的要求”，该条款仅从供电半径单要素对线路提出要求，没有统筹考虑负荷、用户、网架、设备选型等方面，操作性及适应性不足。DL/T 5729—2016 对新型城镇化发展适应度对照表见表 3-9。

表 3-9　DL/T 5729—2016 对新型城镇化发展适应度对照表

序号	DL/T 5729—2016《配电网规划设计技术导则》	与新型城镇化发展不适应的需求
4.1	以行政级别和负荷密度标准划分供电分区	按新型城镇化发展类别、人口密度，负荷密度标准划分供电分区
6.1	供电电压等级、供电电压序列选择	需要对应城镇化发展的分类研究合理的供电电压序列
7.3.7	应根据城乡规划和电网规划，预留目标网架的廊道，以满足配电网发展的需要	没有给出关于电力廊道资源与政府通道资源综合利用原则
8.2.3	仅列出变电站的布置因地制宜、紧凑合理、节约用地	需补充电力设施协同布局基本原则（包括变配电主设备：变电站、开关站、配电室、箱式变电站、环网柜协同布局）
8.4.2	为满足电能质量，对各类区域中压供电半径提出上限要求	标准仅考虑单一要素，没有统筹考虑负荷、电网、设备等要素，提出满足电能质量的建设标准及预判防治要求

3.3.3　适应经济发展差异化形态的配电网供电分区划分原则

DL/T 5729—2016《配电网规划设计技术导则》供电区域划分主要依据行政级别或者未来负荷发展情况确定，同时参考经济发达程度、用户重要性、用电水平、GDP 等因素，将供电区域划分为 A+、A、B、C、D、E 几大区域，其中

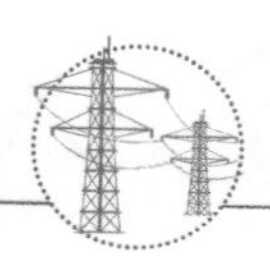

A+、A 类区域对应中心城市（区），B、C 类区域对应城镇地区，D、E 类区域对应乡村地区。

为适应新型城镇化发展，确保农村用电需求预测的准确性和典型供电模式制定的针对性，在现有供电分区原则基础上，依据新型城镇、乡村的用电特征，细化新型城镇和乡村地区的分类，将城镇分为工业驱动型、商业带动型、旅游拉动型、传统文化保留型、美丽生态宜居型和综合型 6 类，再按照城镇年人均 GDP 或居民年人均收入水平，划分为Ⅰ、Ⅱ、Ⅲ三个层次，统筹考虑供电分区及城镇功能分区，将城镇进一步细化为 13 类。

以 DL/T 5729—2016《配电网规划设计技术导则》为基础，结合国家对小城镇（中心村）、小康电示范县等供电需求。统筹考虑基于新型城镇化的各类供电区域对供电安全、电能质量的差异化要求，提出各类供电区域的差异化规划目标，有效指导各类区域的配电网规划建设工作。基于新型城镇的供电分区划分见表 3–10。

表 3–10　　基于新型城镇的供电分区划分

供电区域	功能分区	类型	用户构成	代表区域
A	商业带动型	Ⅰ	商务、服务、住宅	江苏芳桥镇等
	工业驱动型	Ⅰ	制造业、机械加工等	广东佛山北滘镇
	旅游拉动型	Ⅰ	旅游及居民生活	安徽汤口村镇等
	综合型	Ⅰ	园区、商业、住宅	贵州茅台、浙江西塘等
B	旅游拉动型	Ⅱ	旅游及居民生活	江苏湖父镇
	商业带动型	Ⅱ、Ⅲ	商业及居民生活	四川辉山镇等
	工业驱动型	Ⅱ、Ⅲ	制造业、机械加工等	浙江金华新能源小镇、机器人小镇
	综合型	Ⅱ、Ⅲ	小工业、小作坊、小商贸	四川苏稽等镇
	传统文化保留型	Ⅰ、Ⅱ	居民、服务、餐饮	山东曲阜吴村镇等
	美丽生态宜居型	Ⅰ、Ⅱ	居民、农田灌溉等	宁波溪口、同里古镇等

续表

供电区域	功能分区	类型	用户构成	代表区域
C	旅游拉动型	Ⅲ	居民、商业、餐饮、娱乐	安徽天堂寨镇等
	传统文化保留型	Ⅱ	居民、小作坊等	陕西高桥乡等
	美丽生态宜居型	Ⅱ	居民、服务、餐饮	重庆大观镇等
D	传统文化保留型	Ⅲ	居民、小作坊等	西藏扎囊县桑耶等
	美丽生态宜居型	Ⅲ	居民、服务、餐饮	安徽迪沟镇

3.3.4 适应经济发展差异化形态的负荷预测思路与方法完善

负荷预测是电力系统领域的一个传统研究问题，是指从已知的电力系统、经济、社会、气象等情况出发，通过对历史数据的分析和研究，探索事物之间的内在联系和发展变化规律，对负荷发展做出预先估计和推测。面向城镇化建设的条件，负荷预测需充分考虑分布式新能源电源发展和电动汽车充换电的应用等新因素，因此需要改进传统的负荷预测思路与方法，以适应新型城镇化发展。

3.3.4.1 传统负荷预测不适应性分析

1. 城镇特征不同

随着新型城镇化建设，各个城镇的产业发展特点不同。各个城镇的自然资源状况、经济发展水平及主导产业呈现不同特征，相应的居民用电水平、城镇负荷结构及主要用电特征不同，负荷趋于多元化发展。

2. 新能源接入以及负荷趋于多元化

国家新型城镇化对配电网提出智能化的新要求，要求推进新能源示范城市建设和智能微电网示范工程建设，支持分布式能源的接入。传统配电网负荷预测方法对于新型城镇化建设以及新能源大量发展不相适应，依据传统方法得出的预测结果开展的配电网规划，往往存在供电能力裕度预留不足、供电安全性

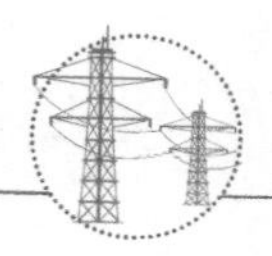

得不到保障等问题，而且无法适应配电网信息化和供需双向互动要求。

3.3.4.2 面向新型城镇化的负荷预测思路

配电网负荷预测的流程包括基本数据收集、数据预处理、建立预测模型、预测方法选择及负荷预测精度分析五个方面，负荷预测流程如图 3–2 所示。面向新型城镇的负荷预测应充分考虑其特点与发展要求，需要充分调研和分析本地区负荷特性出现的新的特征，全面分析掌握本地区分布式新能源电源现状及发展规划情况，包括分本地区电网接纳能力分析结论等。在预测中引入一些主要的相关因素来提高预测精度，对历史数据进行数据挖掘，从中找出影响预测精度的主要相关因素，构建相关预测模型。

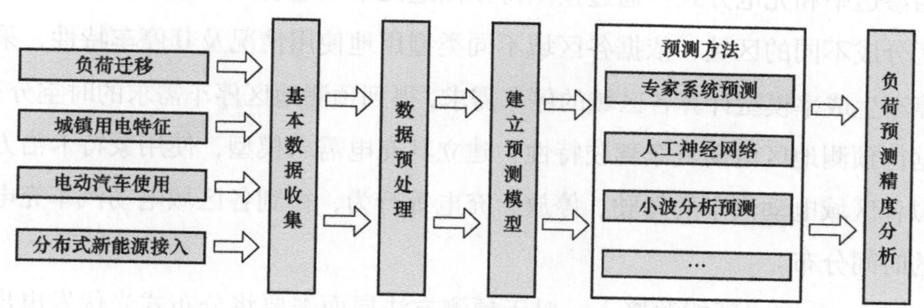

图 3–2 负荷预测流程

1. 基本数据收集

由于负荷受到社会、经济、环境、气候和随机干扰等不确定因素的影响，且各因素与负荷之间形成了复杂的、多元的、非线性的映射关系，从本质上讲配电网负荷是不可控的，因此进行完全准确的负荷预测是十分困难的。因此为了提高预测的精确性，结合城镇化建设特征，从负荷迁移、城镇用电特征、电动汽车使用、分布式新能源接入四个角度，选择预测样本，挖掘历史数据。

（1）负荷迁移。新型城镇化的本质是人的城镇化，因此新型城镇化发展下的电力消费预测的核心是对人口增长的预测以及人口迁移趋势的预测。人口集聚及负荷迁移的足迹表现为两种典型特征：一种是人口与负荷逐级归集，定义为“逐级归集模式”；另一种表现为从县乡镇村直接阶跃式迁移至周边大中小城市，报告定义为“阶跃迁移模式”。因此，仅通过单一地区历史负荷数据无法体现负荷变化规律，在挖掘历史数据过程中，扩大样本选择范围，将周边城乡负荷变化特性纳入负荷预测考察因素中。

（2）城镇用电特征。城镇类型不同，受季节气候、社会经济发展的影响程度不同。比如旅游拉动型城镇，旅游和居民生活量占总电量的比率大于 30%，用电负荷季节特征明显，旅游旺季用电负荷高，对电压质量、供电可靠性要求高。而商业带动型城镇，商业和居民生活用电量占总用电量的比率大于 40%，用电负荷季节波动较小，昼夜峰谷差明显。因此，对不同城镇负荷预测时，结合城镇用电特征，考虑季节、气候、经济、社会政策等外在因素对负荷曲线的影响。

（3）电动汽车使用。电动汽车的充电对配电网的影响主要取决于电动汽车的渗透率和充电方式。通过预测待预测地区未来电动汽车的总保有量，将该地区分成不同的区域，依据各区域不同类型用地使用情况及其停车特性，采用该停车生成率模型计算各区域的停车需求，得到预测地区停车需求的时空分布；根据待预测地区电动汽车驾驶特性，建立其充电需求模型，使用蒙特卡洛方法模拟各区域电动汽车的驾驶、停放、充电等行为，得到各区域电动汽车充电负荷的时间分布。

（4）分布式新能源接入。对于预测方法层面需要将分布式光伏发电出力的预测环节考虑进入配电网负荷预测工作流程，预测有以下两种模式。

模式一：先分别对光伏发电系统的出力和系统的负荷进行预测，然后再将预测得到的光伏出力作为负的随机负荷与预测得到的系统负荷进行代数叠加，得到‘实际负荷’的预测值。

模式二：先将光伏发电系统的出力作为负的随机负荷，与配电网的历史负荷数据进行代数叠加，得到新的‘实际负荷’数据，然后再以这部分“实际负荷”数据作为原始训练数据集来对系统的短期负荷进行预测。

2. 预测方法选择

通过分析负荷与社会、经济、环境、气候、随机干扰等不确定因素之间的关系，建立合适的预测模型。考虑面向新型城镇化的负荷预测的特点，选择合理的负荷预测方法。近年来，一些基于新兴学科理论的预测方法逐渐得到了成功应用。如专家系统预测法、人工神经网络预测法、小波分析预测法等。

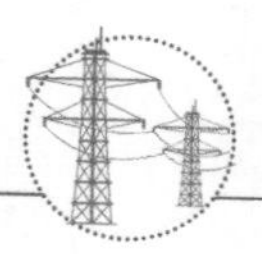

3.3.5 适应经济发展差异化形态的配电网协调规划主要技术原则

3.3.5.1 电压序列选择

尽管目前各个地区由于各自的经济发展情况、技术水平及地区政策等因素的不同，采用的电压等级标准和供电电压等级序列不尽相同，但是在选择电压等级时都遵循的一定的规律与原则。

1. “几何均值”规律

“几何均值”规律是指在相邻的三级电压中，中间一级的电压值近似是外层两级电压值的几何均值，电压等级系列中每个电压等级都是经济电压，最佳电压等级系列中的各电压等级间应互为“几何均值”规律。图 3-3 所示为我国现行的主要标准电压等级，其中弧线中间的数字为弧线两端数字的几何均值，从中可以看出，我国电压等级也能体现几何均值规律。

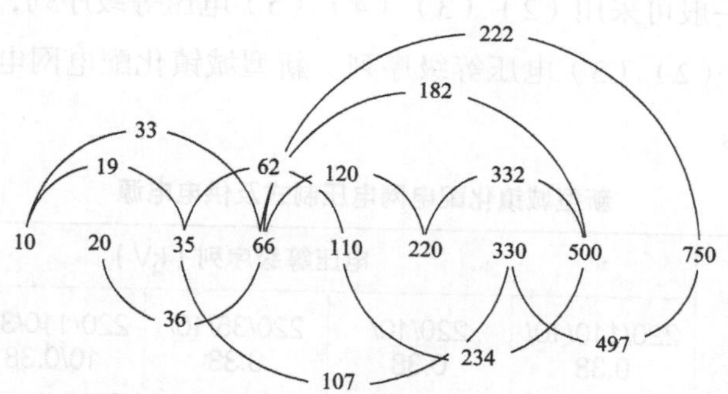

图 3-3　我国现行的主要标准电压等级

2. 级差合理原则

电网实际运行中，如果电压等级级差太大，必然造成变电困难和低压送出困难，导致出线回路数多且低压送电距离过长，损耗增大，或者造成供电范围不能联合。反之，若级差太小，则变电层次太多，造成不必要的重复变电，增加电网运行费用，同时也会造成供电范围重叠，不能充分发挥各电压等级的作用。为了避免各级电压变电容量重复和供电范围重叠，防止各级电压超合理送电距离的输送，降低电网的电力损耗，保证用户供电的电压质量，应当有效地

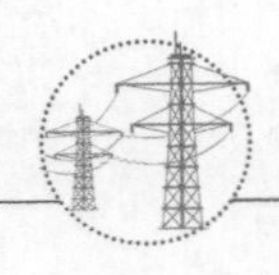

发挥各级电压应有的作用，从中取得良好的经济效益。

3. 电压序列选取

根据电压等级选取原则，初步确定五个电压序列备选方案。

（1）220/110/10/0.38kV。

（2）220/10/0.38kV。

（3）220/35/10/0.38kV。

（4）220/110/35/10/0.38kV。

（5）220/110/35/0.38kV。

结合新型城镇化建设需求以及配电网历史和现状，旅游拉动型城镇一般可采用（1）（2）（3）（4）电压等级序列，商业带动型城镇一般可采用（1）（2）（3）电压等级序列，工业驱动型城镇一般可采用（1）（2）（4）电压等级序列，传统文化保留型城镇一般可采用（1）（2）（4）（5）电压等级序列，美丽生态宜居型城镇一般可采用（2）（3）（4）（5）电压等级序列，综合型城镇一般可采用（1）（2）（3）电压等级序列。新型城镇化配电网电压制式及供电电源见表3-11。

表3-11 新型城镇化配电网电压制式及供电电源

城镇类型	电压等级序列（kV）				
	220/110/10/0.38	220/10/0.38	220/35/10/0.38	220/110/35/10/0.38	220/110/35/0.38
旅游拉动型	√	√	√	√	
商业带动型	√	√	√		
工业驱动型	√	√		√	
传统文化保留型	√	√		√	
美丽生态宜居型		√	√	√	
综合型	√	√	√		

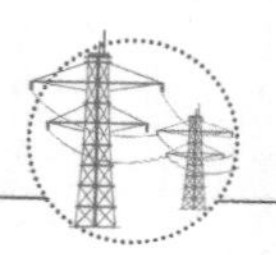

3.3.5.2 电网结构

高压配电网结构主要有链式、环网和辐射状结构；变电站接入方式主要有T接和 π 接；中压配电网结构主要有多分段适度联络、单环式、多分段单联络、双辐射、单辐射、含分布式电源接入等结构；低压配电网实行分区供电，低压主干线不宜跨区供电，且应结构简单、安全可靠，一般采用辐射式结构。35~110kV 电网目标网架结构推荐表见表 3-12。

表 3-12　　35~110kV 电网目标网架结构推荐表

电压等级	供电区域类型	链式			环网		辐射		适用范围
		单链	双链	三链	单环网	双环网	单辐射	双辐射	
110kV	A 类	√	√	√		√	√		旅游拉动型、商业带动型、工业驱动型、综合型
	B 类	√	√	√		√	√		旅游拉动型、商业带动型、工业驱动型、综合型、传统文化保留型、美丽生态宜居型
	C 类	√	√	√	√	√	√		旅游拉动型、传统文化保留型、美丽生态宜居型
	D 类				√		√	√	传统文化保留型、美丽生态宜居型
35kV	A 类	√	√	√		√	√		旅游拉动型、商业带动型、工业驱动型、综合型
	B 类	√	√		√		√		旅游拉动型、商业带动型、工业驱动型、综合型、传统文化保留型、美丽生态宜居型
	C 类	√	√		√		√		旅游拉动型、传统文化保留型、美丽生态宜居型
	D 类				√		√	√	传统文化保留型、美丽生态宜居型

注　1. A+、A、B 类供电区域供电安全水平要求高，35~110kV 电网宜采用链式结构，上级电源点不足时可采用双环网结构，在上级电网较为坚强且 10kV 具有较强的站间转供能力时，也可采用双辐射结构。

2. C 类供电区域供电安全水平要求较高，35~110kV 电网宜采用链式、环网结构，也可采用双辐射结构。

3. D 类供电区域 35~110kV 电网可采用单辐射结构，有条件的地区也可采用双辐射或环网结构。

根据各类城镇的发展形态、产业结构、用电特征等差异化需求，各类城镇典型场景推荐如下：①旅游拉动型；②商业带动型；③工业驱动型；④综合型；⑤传统文化保留型；⑥美丽生态宜居型。

10kV 配电网目标电网结构推荐表见表 3-13。

表 3-13 10kV 配电网目标电网结构推荐表

供电区域类型	推荐电网结构	适用范围
A 类	电缆网：双环式、单环式	商业带动型、综合型、旅游拉动型、工业驱动型
	架空网：多分段适度联络	
B 类	架空网：多分段适度联络	旅游拉动型、商业带动型、工业驱动型、综合型、传统文化保留型、美丽生态宜居型
	电缆网：单环式	
C 类	架空网：多分段适度联络	旅游拉动型、传统文化保留型、美丽生态宜居型
	电缆网：单环式	
D 类	架空网：多分段适度联络、辐射状	美丽生态宜居型、传统文化保留型

新型城镇化地区 10kV 配电网需结构清晰，且具备满足可靠性需求的转供互带能力，10kV 主干线的分段配置应综合考虑线路供电半径、负荷性质和供电可靠性要求，并结合设备投资成本及运维费用，确定最优分段数。分段配置应使供电模式的转供能力参照 DL/T 256—2012《城市电网供电安全标准》的要求，其中每个分段上的负荷不宜大于 2MW。分支线一般采用辐射式结构，架空网分支线不宜超过两级，电缆网仅设置一级分支线。

中压配电网目标网架具体要求如下：

（1）同一地区同类供电区域的电网结构应尽量统一。

（2）新型城镇化区域需按照远景年考虑 35~110kV 变电站双侧电源供电，近期以电网发展的过渡阶段为主，可同杆架设双电源供电，但应加强 10kV 配电网的联络。

（3）中压配电网应根据变电站位置、负荷密度和运行管理的需要，分成

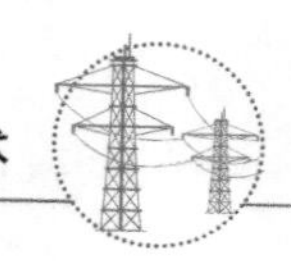

若干个相对独立的供电区。分区应有大致明确的供电范围，正常运行时一般不交叉、不重叠，分区的供电范围应随新增加的变电站及负荷的增长而进行调整。

（4）对于供电可靠性要求较高的区域，还应加强 10kV 主干线路之间的联络，在分区之间构建负荷转移通道。

（5）10kV 架空线路主干线应根据线路长度和负荷分布情况进行分段（一般不超过 5 段），并装设分段开关，重要分支线路首端亦可安装分段开关。

（6）10kV 电缆线路一般可采用环网结构，环网单元通过环进环出方式接入主干网。

（7）双射式、对射式可作为辐射状向单环式、双环式过渡的电网结构，适用于配电网的发展初期及过渡期。

（8）应根据城乡规划和电网规划，预留目标网架的廊道，以满足配电网发展的需要。

3.3.5.3 设备选型及设备能力

1. 变电站主变压器容量

应综合考虑负荷密度、空间资源条件，以及上下级电网的协调和整体经济性等因素，确定变电站的供电半径以及变电站主变压器的容量序列。同一规划区的配电网中，相同电压等级的主变压器单台容量规格不宜超过 3 种，同一变电站的主变压器宜统一规格。110kV 变电站主变压器台数一般不低于 2 台，单台容量不低于 31.5MVA，两台主变压器具备负荷转供能力；35kV 变电站主变压器台数一般不低于 2 台，单台容量分别不低于 20MVA 和 10MVA。

变电站最终容量配置推荐表见表 3-14。

表 3-14 变电站最终容量配置推荐表

电压等级	供电区域类型	台数（台）	单台容量（MVA）	适用范围
110kV	A 类	3~4	63、50	商业带动型、综合型、旅游拉动型、工业驱动型

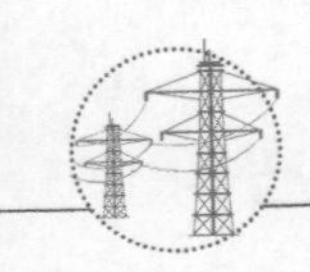

续表

电压等级	供电区域类型	台数（台）	单台容量（MVA）	适用范围
110kV	B类	2~3	63、50、40	旅游拉动型、商业带动型、工业驱动型、综合型、传统文化保留型、美丽生态宜居型
	C类	2~3	50、40、31.5	旅游拉动型、传统文化保留型、美丽生态宜居型
	D类	2~3	40、31.5	美丽生态宜居型、传统文化保留型
35kV	A类	2~3	31.5、20	商业带动型、综合型、旅游拉动型、工业驱动型
	B类	2~3	31.5、20、10	旅游拉动型、商业带动型、工业驱动型、综合型、传统文化保留型、美丽生态宜居型
	C类	2~3	20、10、6.3	旅游拉动型、传统文化保留型、美丽生态宜居型
	D类	1~3	10、6.3	美丽生态宜居型、传统文化保留型

2. 导线截面积供电半径

Ⅰ类工业驱动型、商业带动型、旅游拉动型、综合型城镇供电区域110kV架空线路截面积不宜小于240mm²，35kV架空线路截面积不宜小于150mm²；传统文化保留型、美丽生态宜居型城镇供电区域110kV架空线路截面积不宜小于185mm²，35kV架空线路截面积不宜小于150mm²。Ⅱ、Ⅲ类城镇可根据负荷发展需求合理选定高压线路导线截面积。

10kV配电网应有较强的适应性，主干线截面积宜综合饱和负荷状况、线路全寿命周期一次选定。导线截面积选择应系列化，同一规划区的主干线导线截面积不宜超过3种，主变压器容量与中压出线间隔及中压线路导线截面积的配合一般可参考表3–15选择。

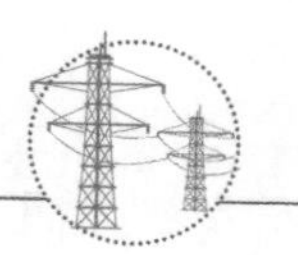

表 3-15 主变压器容量与中压出线间隔及中压线路导线截面积的配合推荐表

35~110kV 主变压器容量（MVA）	10kV 馈线数	10kV 主干线截面积（mm^2）		10kV 分支线截面积（mm^2）	
		架空	电缆	架空	电缆
63	10 及以上	240、185	400、300	150、120	240、185
50	8~10	240、185	400、300	150、120	240、185
40、31.5	8~10	185、150	300、240	120、95	185、150
20	6~8	150、120	—	95、70	—
12.5、10	4~8	120	—	70、50	—

10kV 线路供电半径应满足末端电压质量的要求。原则上工业驱动型、商业带动型、旅游拉动型城镇供电区域供电半径不宜超过 3km；传统文化保留型、美丽生态宜居型、综合型城镇不宜超过 5km。

380/220V 配电网应有较强的适应性，主干线截面积应按远期规划一次选定。导线截面积选择应系列化，同一规划区内主干线导线截面积不宜超过 3 种。各类城镇供电区域 380/220V 主干线路导线截面积一般可参考表 3-16 选择。

表 3-16 线路导线截面积推荐表

线路形式	城镇类型	主干线截面积（mm^2）
电缆线路	各类城镇	≥185
架空线路	工业驱动型、商业带动型、旅游拉动型	≥150
	综合型、传统文化保留型、美丽生态宜居型	≥120

380/220V 线路供电半径应满足末端电压质量的要求。原则上工业驱动型、商业带动型、旅游拉动型、综合型城镇供电半径不宜超过 400m，城镇核心区不超过 300m；传统文化保留型、美丽生态宜居型城镇供电半径不宜超过 500m，城镇核心区不超过 400m。

3. 配电设备

选择 S11 型及以上节能型变压器，应按“小容量、密布点、短半径”的原

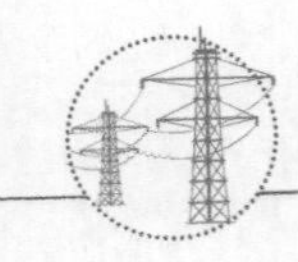

则配置，应尽量靠近负荷中心，根据需要也可采用单相变压器。柱上变压器容量不超过400kVA，单相变压器容量不超过50kVA，配电室单台容量不宜超过800kVA，箱式变电站不宜超过630kVA。

4. 开关设备

开关设备应遵循“紧凑型、集成化、智能化”的原则，选择真空型断路器、负荷开关等。规划实施配电自动化的地区，开关性能及自动化原理应一致，并预留自动化接口；对过长的架空线路，当变电站出线断路器保护段不满足要求时，可在线路中后部安装重合器，或安装带过电流保护的断路器；环网单元一般采取2路电缆进线、4路电缆出线，必要时可采取6路电缆出线；当10kV架空线路过长、电压质量不能满足要求时，可在线路适当位置加装线路调压器。

3.4 电力设施协同布局与通道资源综合利用优化规划

围绕新型城镇化“节约、集约”的核心理念，以城镇配电网典型供电模式的相关研究成果为边界条件，将“挖掘系统最大潜力，寻求资源需求的节约化”“围绕影响因素体系研究协同布局模式以及综合利用模式，寻求电力设施建设的集约化”分为两个阶段来开展研究，实现与新型城镇化“节约、集约”理念的全面契合。

3.4.1 面向需求节约化优化规划方法

3.4.1.1 基于最大供电能力的饱和网架需求节约化

随着新型城镇化的不断发展，在变电站布点和通道走廊资源紧张及供电需求日益提高的背景下，科学的计算评估配电系统的供电能力，已成为当前电网精细化评估与规划工作的关键一环，对于优化网络结构、指导城镇电网的规划和运行，具有巨大的经济效益和社会效益。

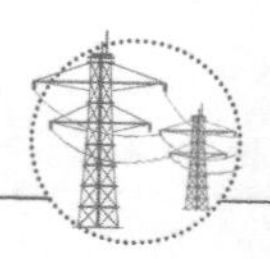

1. 基于主变压器互联关系的供电能力计算模型

基于主变压器互联关系的供电能力分析基本思路如下。

（1）网络拓扑简化：对复杂配电网络进行拓扑简化，突出关键联络信息。

（2）主变压器联络关系分析：基于拓扑简化结果得到以各主变压器为中心的联络单元，给出系统的主变压器联络关系矩阵 L_{link}，主变压器之间有联络关系的矩阵元素取值为 1，否则取值为 0。

（3）联络单元最大负载率分析：对各联络单元逐一进行“N-1”校验分析，计算得到与该中心主变压器联络的各台主变压器的最大负载率，从而得到系统的主变压器最大平均负载率矩阵 T。

（4）系统主变压器最大允许负载率分析：根据主变压器最大平均负载率矩阵 T 分析结果，综合得到系统各主变压器的最大允许负载率向量。

（5）系统最大供电能力综合分析：基于各主变压器最大允许负载率，计算得到该配电系统的最大供电能力 S。

2. 基于最大供电能力的饱和网架需求节约化典型方案

根据差异化城镇配电网配置原则，结合面向需求节约化的“一段”优化规划方法，总结出差异化城镇空间资源需求节约化典型方案。共提出针对Ⅰ、Ⅱ、Ⅲ类城镇的 9 种饱和网架典型方案，其中每种典型方案针对城镇类型、电压序列及主变压器规模的差异，细分为 12 种组网模式。以 110kV 变电站供电的Ⅰ类城镇为例，具体如下。

Ⅰ类城镇饱和网架规模需求节约化典型方案：

110kV 变电站终期主变压器台数为 3 台，对Ⅰ类城镇，单台容量可选择 63、50MVA；对Ⅰ、Ⅱ类城镇，宜发展三分段两联络结构；对Ⅰ类城镇中旅游拉动型、商业带动型、工业驱动型、综合型，若路由条件允许，可发展三分段三联络结构。

工业驱动型、商业带动型、旅游拉动型、综合型：主变压器容量为 63MVA 时饱和网架需求节约化配置方案见表 3-17，主变压器容量为 50MVA 时饱和网架需求节约化配置方案见表 3-18。

表 3-17　　主变压器容量为 63MVA 时饱和网架需求节约化配置方案

“变电站—主变压器”组合模型	系统总容量（MVA）	主变压器规划目标负载率（%）	理论最大供电能力（MVA）	主变压器间理论联络容量（MVA）	接线模式	饱和网架出线规模	饱和网架出线站间联络数
2×3	378	83.33	315	10.5	两联络	10	4
					三联络	9	6
3×3	567	88.89	504	7	两联络	11	6
					三联络	10	8
4×3	756	91.67	693	5.25	两联络	11	6
					三联络	10	9

表 3-18　　主变压器容量为 50MVA 时饱和网架需求节约化配置方案

“变电站—主变压器”组合模型	系统总容量（MVA）	主变压器规划目标负载率（%）	理论最大供电能力（MVA）	主变压器间理论联络容量（MVA）	接线模式	饱和网架出线规模	饱和网架出线站间联络数
2×3	300	83.33	250	8.33	两联络	8	4
					三联络	7	5
3×3	450	88.89	400	5.56	两联络	9	6
					三联络	8	6
4×3	600	91.67	550	4.17	两联络	9	6
					三联络	8	9

传统文化保留型、美丽生态宜居型：主变压器容量为 63MVA 时饱和网架需求节约化配置方案见表 3-19，主变压器容量为 50MVA 时饱和网架需求节约化配置方案见表 3-20。

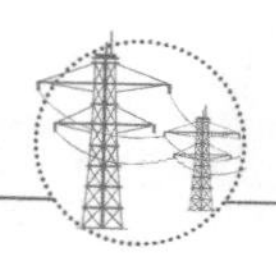

表 3-19　　主变压器容量为 63MVA 时饱和网架需求节约化配置方案

"变电站—主变压器"组合模型	系统总容量（MVA）	主变压器规划目标负载率（%）	理论最大供电能力（MVA）	主变压器间理论联络容量（MVA）	接线模式	饱和网架出线规模	饱和网架出线站间联络数
2×3	378	83.33	315	10.5	两联络	10	4
3×3	567	88.89	504	7	两联络	11	6
4×3	756	91.67	693	5.25	两联络	11	6

表 3-20　　主变压器容量为 50MVA 时饱和网架需求节约化配置方案

"变电站—主变压器"组合模型	系统总容量（MVA）	主变压器规划目标负载率（%）	理论最大供电能力（MVA）	主变压器间理论联络容量（MVA）	接线模式	饱和网架出线规模	饱和网架出线站间联络数
2×3	300	83.33	250	8.33	两联络	8	4
3×3	450	88.89	400	5.56	两联络	9	6
4×3	600	91.67	550	4.17	两联络	9	6

3.4.1.2　配电设施规划布局密度研究

1. 开关站布局密度研究

由于开关站的供电区域落在变电站的供电范围内，从几何的角度上当开关站的圆形供电区域与变电站的圆形供电区域相内切时，开关站与变电站的距离最远。同时，当 3 座以上开关站的圆形供电区域相切时，必然会造成一部分供电死区，因此还需进一步缩小开关站间的距离，但该距离也不能太小，以免造成大范围供电重叠。因此，必须寻求合适的距离区间来设置开关站间的相对位置，使得各开关站的供电重叠区域最小。开关站相对位置分析如图 3-4 所示。

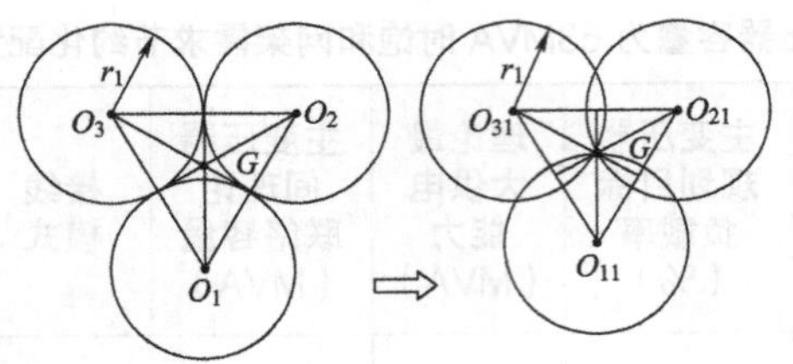

图 3-4　开关站相对位置分析

计算圆心 O_{11} 和三角形重心 G 之间的长度，得到开关站间所允许的最小距离为$\sqrt{3}r_1$，故开关站站间合理的距离区间为{ $\sqrt{3}r_1$，$2r_1$}。

通过研究，结合各类城镇的差异化需求，形成开关站节约化布局典型方案。对旅游拉动型、商业带动型、工业驱动型的Ⅰ、Ⅱ类城镇，宜选址在主要道路路口附近，与城镇建筑布局相适应，应预留进出线排管路径并与市政道路供电排管合理衔接，开关站外观设计应与环境协调。

开关站布局原则见表 3-21。

表 3-21　　开关站布局原则

负荷密度（MW/km^2）	开关站	
	布置密度（座·km^2）	站间距离（km）
旅游拉动型	1	1.2~1.4
商业带动型	1	1.0~1.2
工业驱动型	2	0.8~1
综合型	1	1.4~1.6

2. 环网柜布局密度研究

环网柜构成的电缆环网接线方式灵活，可根据用户发展的需要随时插入环网柜，并可灵活地接入电源。因此，环网柜接线方案已成为当前中心城市配电网建设的主流方案。这种接线方式通常采用“高压变电站－环网柜－配电变压器”的三级结构，由环网柜直接对各个配电变压器进行供电。合理确定其中环网柜的位置和数量，可以优化网络结构，减少未来不必要的主缆开断。

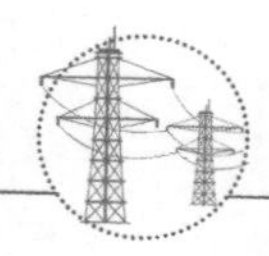

环网柜布局密度为

$$r_2=\sqrt{\frac{S_2T_2\cos\varphi_2}{\pi MN}} \tag{3-5}$$

式中：S_2 为线路容量；T_2 为线路负载率；$\cos\varphi_2$ 为线路功率因数；M 为供电区域内的平均负荷密度；N 为一条环网线上环网柜的数目。

结合各类城镇的差异化需求，形成环网柜节约化布局典型方案。对旅游拉动型、商业带动型、工业驱动型、综合型的Ⅰ类城镇，在架空廊道受限、线路入地要求强烈、资金充足的情况下，可采用开关站或环网单元（箱）进行电缆网组网。环网单元布局原则见表 3-22。

表 3-22

环网单元布局原则

负荷密度（MW/km²）	环网单元站间距离（km）
综合型	0.55~0.8
旅游拉动型	0.5~0.65
商业带动型	0.45~0.55
工业驱动型	0.35~0.45

3. 配电站布局密度研究

配电变压器的容量和台数的选择是配电站规划的主要内容。按照户均容量和规划的户数来计算规划地所需配电站的数量，即

$$N=\sum_{i=1}^{n}\frac{CF}{S_i} \tag{3-6}$$

式中：N 为规划地区配电站的建站数量；n 为配电站的类型总数；C 为规划地的户均容量；F 为规划地的户数；S_i 为第 i 类配电站的容量。

通过研究，结合各类城镇的差异化需求，形成配电室节约化布局典型方案。对综合型、传统文化保留型、美丽生态宜居型城镇，配电室应采用地上独立建设，外观应与环境协调；对旅游拉动型、商业带动型、工业驱动型城镇，若场地条件受限，配电室可设置在地下一层，但应避免设置在最底层。配电布局原则见表 3-23。

表 3-23　　配电布局原则

户均容量（kVA/户）	配电站（户/座）	户均容量（kVA/户）	配电站（户/座）
2.0	400~500	4.0	200~250
2.5	320~400	4.5	170~220
3.0	260~330	5.0	160~200
3.5	220~280	5.5	145~180

3.4.2　面向布置集约化的优化规划方法

3.4.2.1　城乡电力设施选址布局规划方法

电力设施布局建设不仅要满足本地区电力系统远景发展规划、电力设施迁改配合，还需要与城镇的总体规划、土地利用规划、控制性规划、各类基础设施专项规划相互配合、协调。结合城镇差异化电力特征的个性需求、设施布局影响因素指标体系及评价方法，确定设施选址的协同指标体系，见表 3-24。并运用模糊评价理论中的效用分析法及主观分析各协同情况的程度，计算新型城镇化下各协同情况的相对隶属度。

表 3-24　　影响变配电设施选址的协同指标

一级指标	二级指标	三级指标
布置集约化	电网设备与城市规划协同	城镇定位符合度
		变电设施与城镇发展水平匹配度
		环境指标满足度
	电网设备与土地规划协同	土地性质符合度
		土地价格费用指标
		拆迁赔偿费用指标
		政府态度

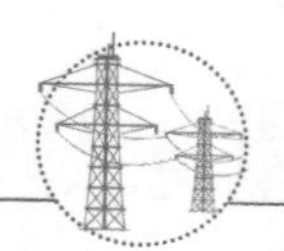

续表

一级指标	二级指标	三级指标
布置集约化	电网设备与土地规划协同	社会民众态度
		征地居民影响
		交通运输便利性
		进站道路便利性
		供水方式便利性
		站用电源便利性
		线路进出便利性
		与负荷中心距离
	电网设备与其他市政规划协同	与其他市政管线安全距离满足度
		综合廊道建设比例

（1）考虑协同布局的变配电站建设成本目标函数。协同布局变配电设施规划数学模型可以以变配电站建设成本最小化为目标函数。其中变配电站建设成本包括新建变配电站的全寿命周期成本、变配电站低压出线的全寿命周期成本以及变配电站高压出线的全寿命周期成本，各项成本均由前期投资成本、运营维护成本及报废成本构成。需要注意的是，当考虑分布式电源接入配电网时，分布式电源的接入会影响低压出线和高压出线的初始投资和运维成本计算。

（2）考虑协同布局的开关站建设成本目标函数。协同布局变配电设施规划数学模型也可以以开关站建设成本最小化为目标函数。

10kV 开关站的优化问题可以描述为：在规划水平年负荷和高压变电站分布已知的基础上，以开关站和网络近似最小的年投资和运行总费用为目标函数，以开关站的带负荷能力为约束条件，确定待建开关站的位置、容量和供电范围。实际上，开关站的布局落点建设和变电站的选址流程相同，因此都可以采用加权 Voronoi 图算法来求解。

3.4.2.2 基于加权 Voronoi 图算法的变配电设施规划

Voronoi 图算法是一种以图论为基础的算法。本节在常规 Voronoi 图算法的基础上加入了权值影响因子，通过权值调节来解决变电站选址定容的问题。

在城市电网规划中，变电站规划的首要工作是估算新建站个数。由负荷预测可得到目标年负荷总量，根据给定现状年已有站容量及个数，按照配电系统供电能力计算分析的方法，选择适合于规划地建设的方案组，并取得新建变电站的数量。

因此，可设计具体规划计算流程如下。

（1）根据规划地的负荷选择适宜供电能力下的变电站组合待选，并按新建变电站最大个数与最小个数排序。

（2）取 n 为变电站最小个数。

（3）确定容量组合，选择初始站址。

（4）利用加权 Voronoi 图算法划分变电站的供电范围。

（5）权值调节。

（6）站址调整，并对各变电站站址建设的协同度进行评价；以全生命周期成本最小为准则对新建站站址进行优化。

（7）判断全生命周期成本变化量是否小于所设定的阈值或循环次数是否达到设定值，如果是则进行流程（8）；否则，回到流程（4）。

（8）判断 n 是否小于或等于新建站最大个数，如果是则进行流程（9）；否则，回流程（3），且使 n 加 1。

（9）选择不同 n 个变电站下的全生命周期成本最小方案为规划结果。

3.4.2.3 不同主变压器组合配置下变电站空间布局形态

根据上文提出的变配电站规划数学模型及方法，以及适合在新型城镇下进行的“变电站 - 主变压器”组合建设模型，在理论形态下对其布局形态进行了计算分析。基于城镇空间形态和不同变电站组合配置下的布局形态见表 3-25。

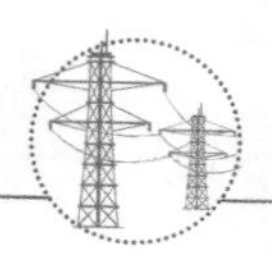

表 3-25 基于城镇空间形态和不同变电站组合配置下的布局形态

“变电站—主变压器”组合模型	整体布局形态	图形描述	空间描述
1×2	点状	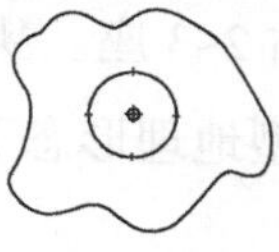	对于点状供电区域，由于该区域负荷较低，一座变电站就足以供给该区域全部负荷，则可将该变电站置于该区域负荷密度较大的区域
1×3	点状	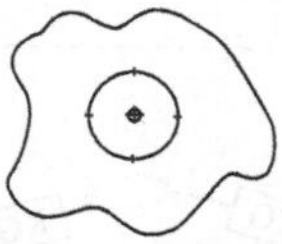	
2×2	狭长型	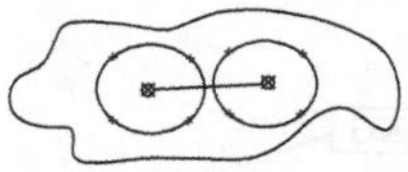	对于带状供电区域，如果区域内通道走廊顺畅，当该区域宽度只能容纳一座变电站时，则该区域内所布站点考虑选择带状供电布局
2×3	狭长型	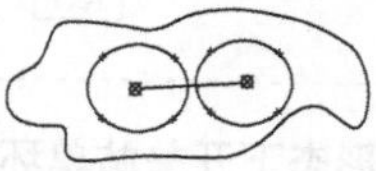	
3×2	环型	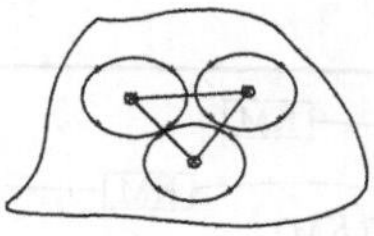	对于环型供电区域，如果变电站布点适中，区域内通道走廊顺畅，且该区域某一宽度足以容纳两座变电站，则该区域可选择三角形供电布局
3×3	环型	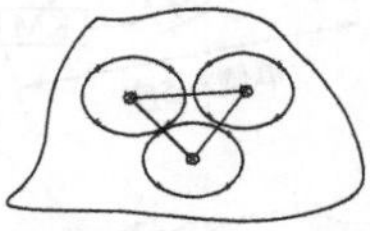	
4×2	棋盘型、环型	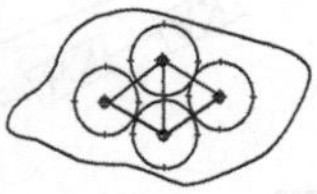 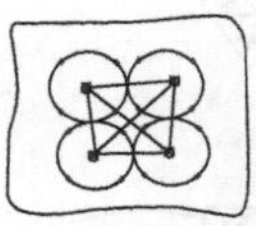	如果区域呈两头窄、中间宽的形状，且区域内通道走廊顺畅，中间区域宽度足以容纳两座变电站，则该区域可选择菱形供电布局。 对于棋盘型供电区域，如果变电站布点较多，区域内通道走廊顺畅，且该区域东西南北均足以容纳两座变电站，则该区域可选择矩形供电布局
4×3	棋盘型、环型	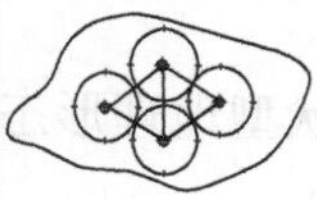 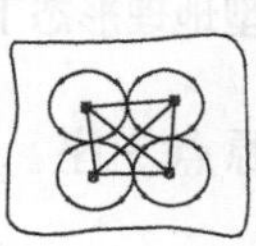	

3.4.2.4 配电设施空间布局形态

1. 开关站

（1）环网型布局。

1）单环布局形态，上级变电站 2~3 座。狭长型地理形态下开关站单环式空间布局形态如图 3–5 所示，环状型地理形态下开关站单环式空间布局形态如图 3–6 所示。

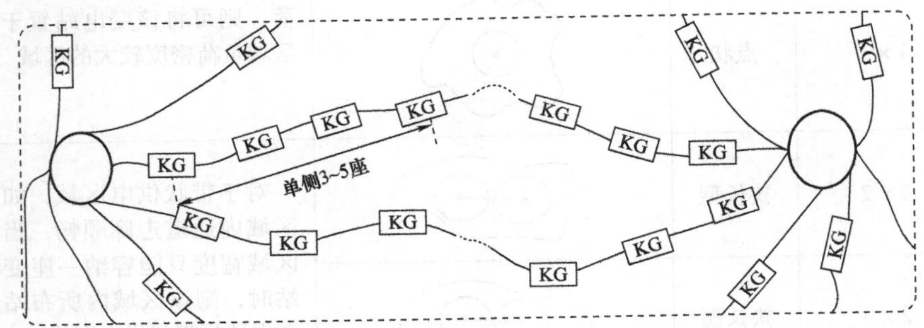

图 3–5 狭长型地理形态下开关站单环式空间布局形态

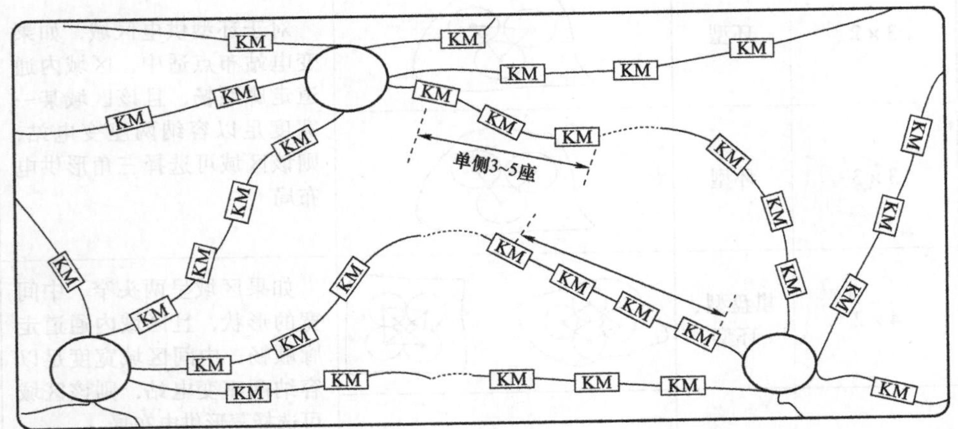

图 3–6 环状型地理形态下开关站单环式空间布局形态

2）双环布局形态，电源点 3 座。环状型地理形态下开关站双环式空间布局形态如图 3–7 所示。

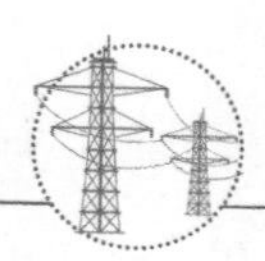

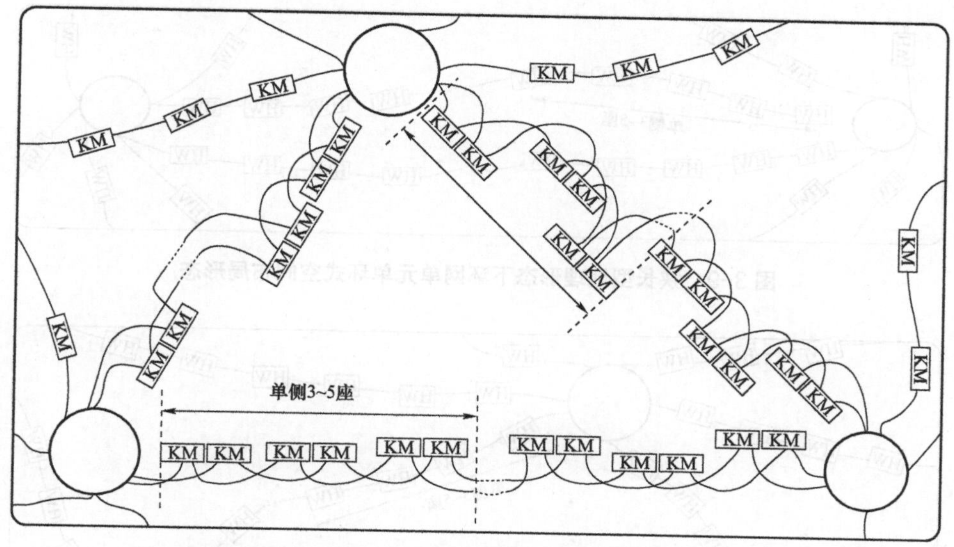

图 3-7 环状型地理形态下开关站双环式空间布局形态

（2）终端型布局。开关站终端型空间布局形态如图 3-8 所示。

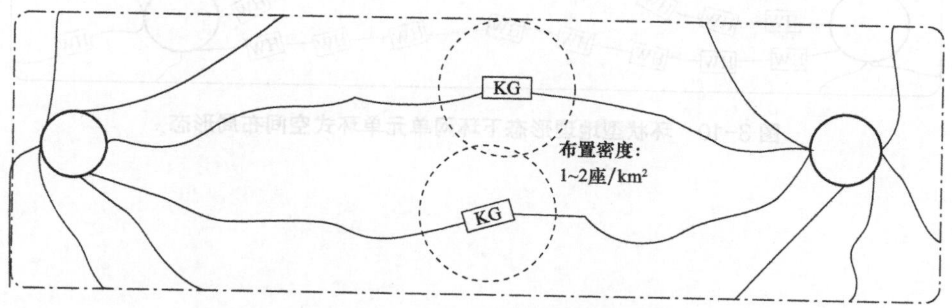

图 3-8 开关站终端型空间布局形态

2. 环网单元

单环布局形态，电源点 2~3 座。狭长型地理形态下环网单元单环式空间布局形态如图 3-9 所示，环状型地理形态下环网单元单环式空间布局形态如图 3-10 所示。

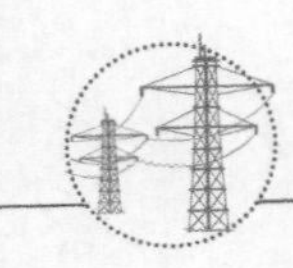

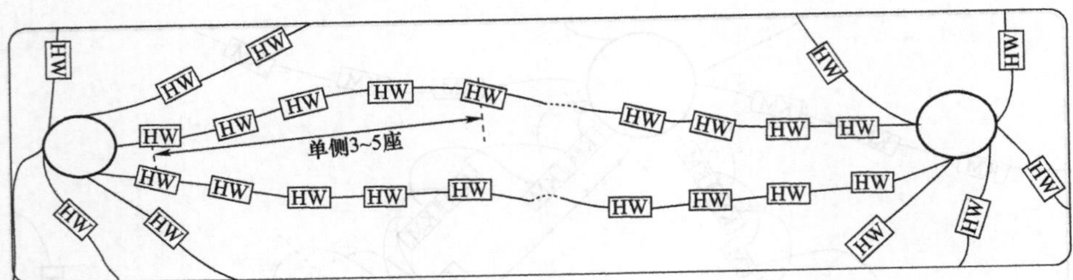

图 3-9　狭长型地理形态下环网单元单环式空间布局形态

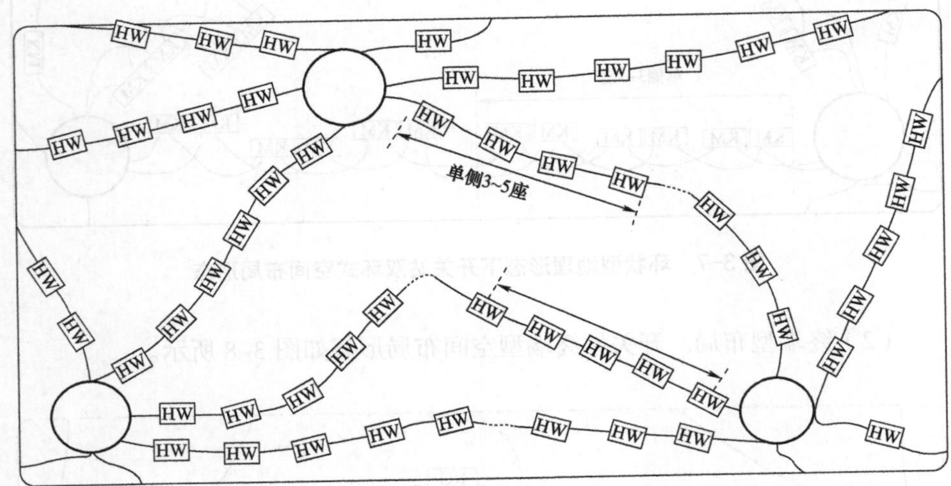

图 3-10　环状型地理形态下环网单元单环式空间布局形态

4 适应多场景建设的配电网协调规划技术

4.1 能源互联网规划技术

4.1.1 考虑“源－网－荷－储”的综合能源系统协同规划

4.1.1.1 传统“源－网－荷－储”运营模式

从传统意义上讲，“源－网－荷－储”协调优化模式与技术是指电源、电网、负荷与储能四部分通过多种交互手段，更经济、高效、安全地提高电力系统的功率动态平衡能力，从而实现能源资源最大化利用的运行模式和技术，该模式是包含“电源、电网、负荷、储能”整体解决方案的运营模式。该模式主要包含以下 3 个方面。

（1）源－源互补。源－源互补强调不同电源之间的有效协调互补，通过灵活发电资源与清洁能源之间的协调互补，克服清洁能源发电出力受环境和气象因素影响而产生的随机性、波动性问题，形成多能聚合的能源供应体系。

（2）源－网协调。源－网协调要求提高电网对多样化电源的接纳能力，利用先进调控技术将分散式和集中式的能源供应进行优化组合，突出不同组合之间的互补协调性，发挥微电网、智能配电网技术的缓冲作用，降低接纳新能源电力给电网安全稳定运行带来的不利影响。

（3）网－荷－储互动。网－荷－储互动要求把需求侧资源的定义进一步扩大化，将储能、分布式能源视为广义的需求侧资源，从而将需求侧资源作为与供应侧相对等的资源参与到系统调控运行中，引导需求侧主动追寻可再生能源出力波动，配合储能资源的有序（智能）充放电，从而增强系统接纳新能源的能力，实现减弃增效。

4.1.1.2 能源互联网“源－网－荷－储”协调优化运营模式基本架构

作为能源互联网的核心和纽带，电力系统的“源－网－荷－储”协调优化模式能够更为广泛地应用于整个能源行业，与能源互联网的技术与体制相结合，形成整个能源系统的协调优化运营模式。

在能源互联网背景下，“源－网－荷－储”协调优化有了更深层次的含义；“源”包括石油、电力、天然气等多种能源资源；“网”包括电网、石油管网、供热网等多种资源网络；“荷”不仅包括电力负荷，还有用户的多种能源需求；而“储”则主要指能源资源的多种仓储设施及储备方法。具体来讲，主要包含以下 2 个方面。

（1）横向多源互补。横向多源互补是从电力系统“源－源互补”的理念衍生而来，能源互联网中 1516 的“横向多源互补”是指电力系统、石油系统、供热系统、天然气供应系统等多种能源资源之间的互补协调，突出强调各类能源之间的“可替代性”，用户不仅可以在其中任意选择不同能源，也可自由选择能源资源的取用方式。

（2）纵向“源－网－荷－储”协调。纵向“源－网－荷－储协调”是从电力系统“源－网协调”和“网－荷－储互动”的理念中衍生而来。能源互联网中的纵向“源－网－荷－储协调”主要是指 2 个方面。

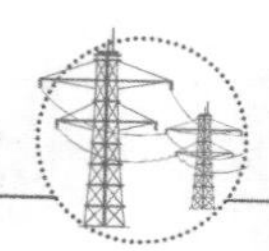

1）通过多种能量转换技术及信息流、能量流交互技术，实现能源资源的开发利用和资源运输网络、能量传输网络之间的相互协调。

2）将用户的多种用能需求统一为一个整体，使电力需求侧管理进一步扩大化成为全能源领域的“综合用能管理”，将广义需求侧资源在促进清洁能源消纳、保证系统安全稳定运行方面的作用进一步放大化。能源互联网“源－网－荷－储”协调优化运营模式的主要架构如图 4–1 所示。

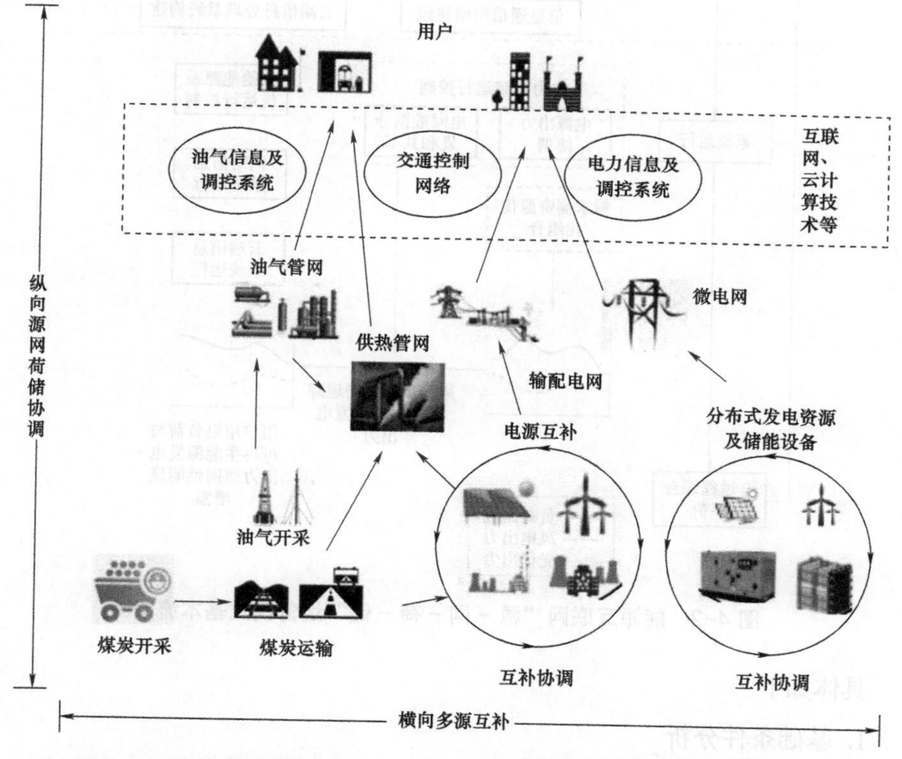

图 4–1　能源互联网“源－网－荷－储”协调优化运营模式的主要架构

4.1.1.3　能源互联网“源－网－荷－储”协调优化运营模式的基本流程

能源互联网广义“源－网－荷－储”协调优化运营模式主要分为 4 个部分，按照时间顺序如图 4–2 所示。本小节从能源互联网系统投资运营商的角度来阐述整个能源互联网“源－网－荷－储”协调优化运营模式的流程。

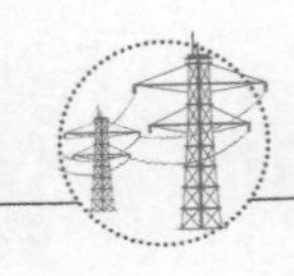

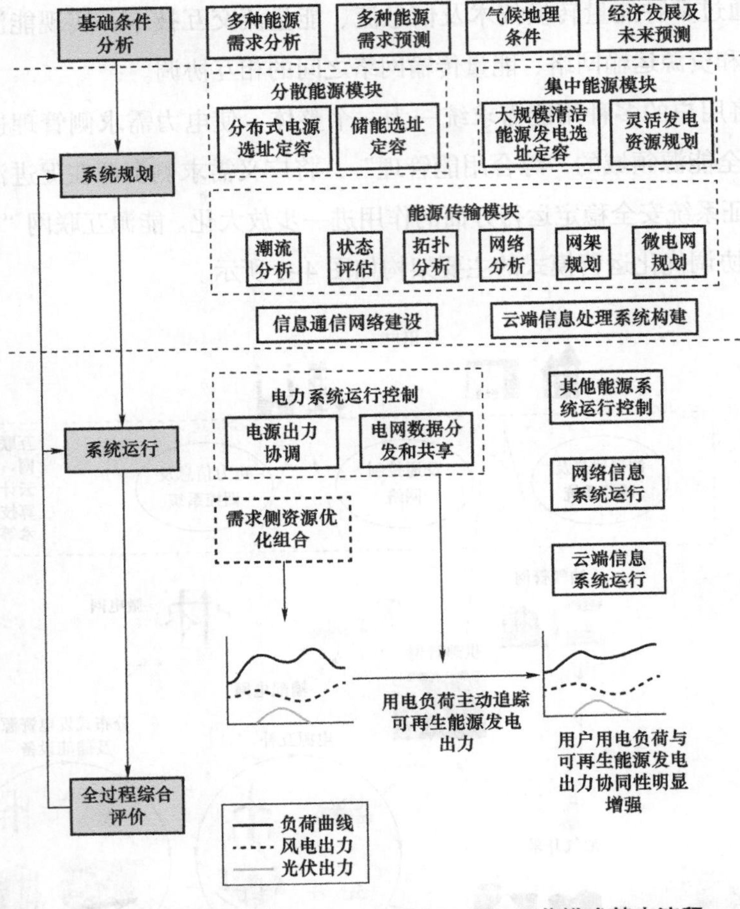

图 4-2　能源互联网“源－网－荷－储”运营模式基本流程

具体如下。

1. 基础条件分析

在系统规划方案设计前，系统运营商需对建设目标区域进行经济现状评估及未来发展趋势预测，在此基础上，结合 GIS 系统、信息物理融合系统（cyber physical system，CPS）等技术对用户的多种类能源需求做出预测，分析目前该地区已有的能源供应渠道和方式，这方面不仅包括用户的用电需求预测、负荷特征刻画及负荷发展特性预测，还包括用户供热需求、供水需求、天然气需求等多方面用能需求预测。此外，还应分析目标地区的气候地理条件，为集中式

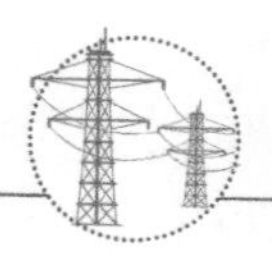

和分布式能源模块的选址提供数据信息支撑。

2. 系统规划

以基础条件分析所获取的数据信息为依据，选择合适的地点开展分散能源模块和集中能源模块的构建，分散能源模块以分布式电源及其配套设施为主，集中能源模块以大规模清洁能源发电及灵活发电资源为主。在规划阶段就要充分考虑未来的系统运营需求，分散能源模块要在能源供需内部自平衡的基础上，为集中能源模块提供有效补充作用；另外，集中能源模块的规划要为运行阶段清洁能源与灵活发电资源的互补协调提供基础。

同时，系统运营商需完成能源传输模块构建，为集中和分散能源模块提供连接用户的能源通道，分散能源模块应通过微电网与主能源系统相连，微电网技术在其中起到缓冲和优化作用。此外，还需建设信息通信网络及云端信息处理系统，计算系统规划方案的可行性并在多个方案中实现选择、优化，同时汇总能源信息并制定优化的系统运行方案。

3. 系统运行

在系统运行阶段，系统运营商通过信息通信网络采集用户的全部用能信息及能源供应侧的基础数据，通过云端信息处理系统的分析处理为用户提供优化的用能方案，通过合理的电价机制及需求侧响应措施引导用户用电主动追踪清洁能源发电出力；同时根据发电侧数据信息设计合理的调度排序和出力安排，结合分散能源模块“自发自用、余量上网”的模式，实现系统的双侧协调优化、双向自适应过程。同时，应充分发挥电力系统的纽带效应，优化其他能源模块（如供热、供水、燃气供应等）的运行。

在系统运营过程中，由于向用户承担了供电、供热、供气以及用电诊断、用能方案优化设计等职责，还为能源互联网覆盖区域内的用户提供了能源输送渠道，因此系统运营商的收益可包括电费、输配电费、能源信息服务费、供暖费及其他能源费用等。

4. 全过程评价

在能源互联网项目建成运营后的3~5年间，对该项目的运营情况进行评价分析，构建包括可再生能源使用效率、供电可靠性、设备使用率等多方面指标体系，运用综合评价方法进行对比分析，寻找项目缺陷并进行循环修正。从能源互联网“源－网－荷－储”协调优化模式的主要内容来看，这种优化模式能够将能源互联网的能源开发、能源输送、能源需求与使用等几个环节协调统一为一个有机整体，这样的协调优化不仅能够从更高的层面出发，实现能源资源的优化配置，同时能促进清洁能源的高效开发利用，提高清洁能源在终端能源消费中的比重。

4.1.1.4 “源－网－荷－储”协调优化关键技术

1. “源－网－荷－储”协调优化的技术框架

为支撑上述能源互联网协调优化模式的流畅运行，需要有一定的技术架构作为基础来实现能源互联网不同模块之间的能量流与信息流互联互通，根据能量流与信息流的流动方向，能源互联网“源－网－荷－储”协调优化模式的技术架构如图 4–3 所示。

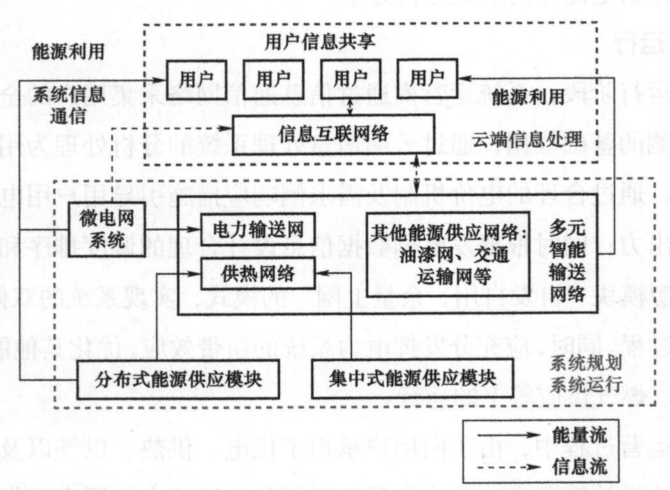

图 4–3 能源互联网“源－网－荷－储”协调优化模式的技术架构

如图 4–3 所示，为实现能源互联网在广域范围内的“源－网－荷－储”协调优化，技术框架包含 4 个主要部分。

（1）系统规划。在系统规划部分，需要有专项技术优化各类型电源（包括集中式与分布式）的选址定容、微电网及主网的规划设计，为“源－网－荷－

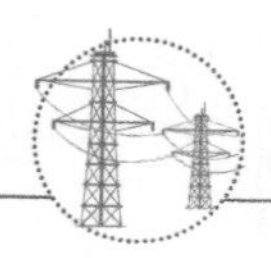

储”协调优化运行奠定基础。

（2）系统运行。在系统运行部分，需要有专项技术能够在微观层面上控制各分布式电源及储能设备的充放电，实现用户端各模块的内部自优化、自适应，提高各模块的可控性。在宏观层面上，形成新能源发电与传统化石能源发电出力的优化组合，通过分布式发电、储能设备等技术，引导用户用电负荷主动追踪发电侧出力。

（3）系统信息通信。在系统信息通信部分，需要有专项信息交互技术保证信息流在各个能源模块间的双向自由流动，收集各个模块的数据信息并进行初步的分类、处理，随时满足用户的初级数据需求，并且将收集来的数据输入云端信息处理部分。

（4）云端信息处理。在云端信息处理部分，需要有专项技术把能源供应模块、能源网络模块以及能源需求的数据信息进行集成、处理、分析，以对外公布，同时反馈到优化模块制定系统的优化运行计划，在较为长远的时间尺度上，将全能源系统的数据信息反馈到系统能源规划模块中，以进一步循环优化、修正系统规划设计。

2. “源－网－荷－储”协调优化关键技术

在“源－网－荷－储”协调运营的技术框架下，与4个技术部分相对应的包括四种协调优化关键技术。

（1）广域能源优化配置规划技术。广域能源优化配置规划技术要求能够统筹兼顾、因地制宜地协调一定能源区域内的各种能源资源，如太阳能、风能、水资源、燃气资源、煤炭等，在规划阶段，分析资源开发利用的具体模式，结合区域内铁路网、燃气供应网络、供热网络的整体情况，确定光伏发电、燃气发电、传统煤电的容量及选址，设计相应的能源规划方案及系统运行方案，通过模型测算保证规划的合理性、可靠性，实现电力系统、铁路网系统、油气网系统的统筹协调。这方面的研究重点主要是规划模型研究，未来将以现有的智能电网规划模型为基础进一步延伸，并且以模型为依据构建软件平台和信息处理分析系统。目前，这方面的模型研究包括多类型能源协调互补协调优化模型、能源互联网示范工程规划设计模型、考虑供需双侧能源需求的清洁能源并网消

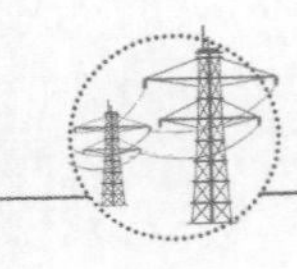

纳模型等。

（2）多能流互补控制技术。能源互联网是多能源网络的耦合，这表现在能源网络架构之间的相互耦合，同时也包括网络能量流动之间的互补协调、安全控制。在能源供应与输配环节，未来能源互联网通过柔性接入端口、能源路由器、多向能源自动配置技术、能量携带信息技术等，能够显著提高电网的自适应能力，实现多能源网络接入端口的柔性化、智能化，降低网络中多能源交叉流动出现冲突、阻塞的可能性。在系统出现故障时，能够加速网络的快速重构，重新调整能源潮流分布和走向。目前多能流互补控制技术主要聚焦于控制策略与控制技术方面，控制策略主要指多类型能源发电的优化调度模型、控制模型等；控制技术主要指以数字信号处理为基础的非传统控制策略及模型，包括神经网络控制、预测控制、电网自愈自动控制技术、互联网远程控制技术、模糊控制技术、接入端口控制技术等。

（3）多能源计量监测及信息交互技术。

1）计量监测技术方面，智能电网的高级量测体系（advanced metering infrastructure，AMI）系统是基础，其未来的研发过程要向着智能化、计量能力多元化、信息交互多向化方向发展，通过无线传感器技术、遥测技术等实现能源信息的自动采集、自动分析处理。

2）信息交互技术方面，未来需重点研发信息交互自动感知技术、通用信息接口技术、数据清洗技术、信息数据压缩技术、数据信息融合技术等，实现用户与用户之间、用户与各个能源互联网模块之间的自由信息交换与动态反馈。

（4）智能云端大数据分析处理技术。在能源互联网的技术框架下，云端信息处理技术将与大数据技术实现有机结合。在微观层面上，利用互联网营销技术、云存储和云计算技术，一方面，用户可以随时随地、按自身需求订制信息服务，便捷地获取能源资源信息；另一方面，大数据信息处理技术能够在精确分析用户综合用能习惯的基础上，在多个用户之间进行比较分析，为用户提供能源综合利用优化方案，引导用户用能与能源供应相协调。在宏观层面上，云端大数据技术将发挥数据汇总、分析、传输的职能，起到衔接各个技术模块

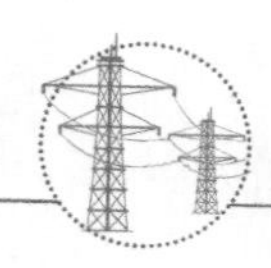

的关键作用。规划前期，能源规划的基础数据通过大数据采集技术汇总到云端，由大数据可视化技术、大数据分析及展现技术分析计算各个规划方案的经济指标，与广域能源优化配置规划技术相结合，制定优化的规划方案；在系统运行过程中，各个能源模块之间的实时运行数据也将上传至云端，通过大数据分析技术、大数据展现技术等模拟仿真技术，预测能源模块之间的能量流，与多能流互补控制技术相结合，实现能源资源的实时优化调度与合理化分配。

4.1.2 基于供需双侧协同优化的配电网规划技术

为落实“双碳”目标下构建新型电力系统的战略部署，提高配电网清洁低碳水平，保障配电网安全稳定运行，研究配电网“源－网－荷－储”供需双侧协调优化方法。根据电源的出力特性、用户的负荷特性，研究新能源发电互补特性和多元负荷互补特性。研究储能在电源侧、电网侧、负荷侧场景下的配置应用模式，分析储能在配电网供需平衡中发挥的作用。研究分析配电网供需双侧调节潜力，包括电源出力潜力和负荷调控潜力，并将供需双侧的调节潜力作为边界，结合电网运行现状，以配电网整体运行绿色、安全和经济为目标，针对不同的运行场景和需求，构建设备优化配置模型，开展配电网“源－网－荷－储”设备配置模式研究。配电网“源－网－荷－储”供需双侧协同优化研究技术路线如图 4–4 所示。

4.1.2.1 多元化源荷资源的互补特性及优化组合研究

配电网中的多元化分布式电源和负荷之间存在一定的关联性，电源之间、负荷之间存在互补特性，电源－负荷之间存在匹配特性，关联程度的大小对供需双侧的运行和协同产生差异化的影响，通过研究多元化源荷资源的互补特性及优化组合，可以优化分布式电源布局和多元化负荷接入。本章节主要从分布式电源互补特性、多元化负荷互补特性和电源－负荷匹配特性三个角度展开分析，示意图如图 4–5 所示。

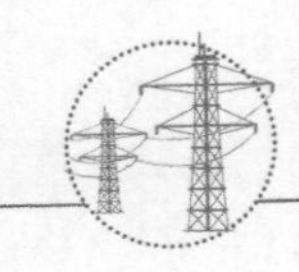

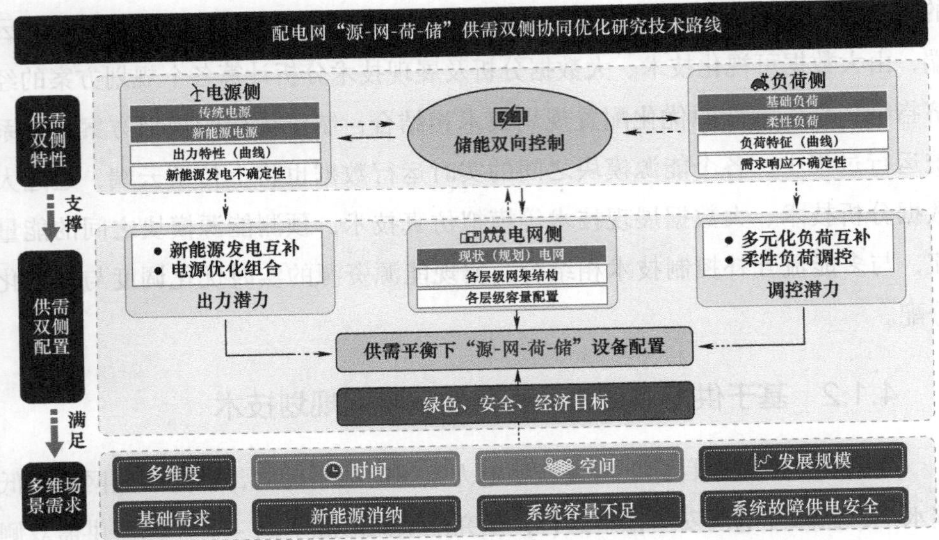

图 4-4　配电网"源－网－荷－储"供需双侧协同优化研究技术路线

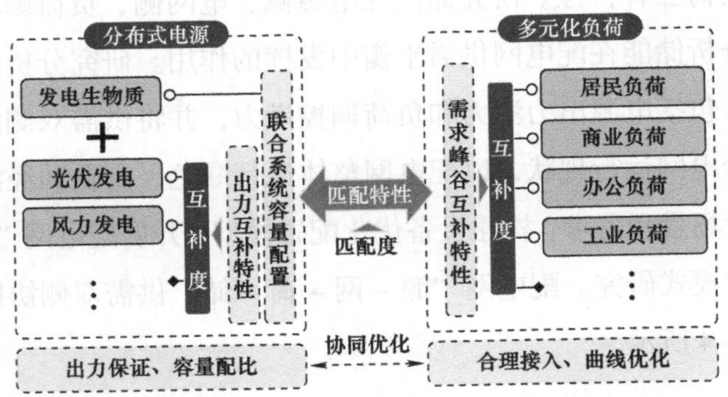

图 4-5　分布式电源－多元化负荷关联特性示意图

1. 供需双侧互补及匹配特性理论

（1）互补特性评估指标。

1）互补度定义。在电力系统中，不同类型的电源出力、负荷用电规律不同，其在时间尺度上的形态可以用典型日源荷曲线来描绘。不同特性的电源出力曲线、负荷曲线叠加之后，得到的新的曲线或许会比两者各自的曲线都要平滑，因为它们在出力、用电时间上具有一定的互补性。因此，为了定量地研究电源与电源、负荷与负荷之间的这种互补性，定义互补度为不同电源、用电设备的

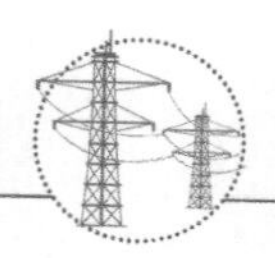

典型日出力曲线、负荷曲线之间的互补程度。不同源荷曲线的互补程度越低，互补度越小；互补程度越高，互补度越大；当源荷曲线能够峰和谷互补时，互补度最大。

2）多元源荷互补度计算方法。这里以负荷互补度的计算方法为例，电源互补度计算方法类似。电力负荷峰谷互补评估指标包含水平互补度及垂直互补度。水平互补度是指各时刻不同设备负荷大小之和的平均值与和的最大值之比，反映的是不同负荷曲线叠加后，新负荷曲线整体的平滑程度。其计算公式为

$$C_{\mathrm{A}}=\frac{\sum_{i=1}^{n}\Delta P_{1xi}}{t\cdot\Delta P_{1\max}} \tag{4-1}$$

式中：C_{A} 为水平互补度；n 为各时刻参与叠加的负荷数量；ΔP_{1xi} 为 i 时刻不同设备负荷大小之和；t 为统计周期的时刻数；$\Delta P_{1\max}$ 为各时刻不同设备的负荷大小之和的最大值。

垂直互补度是指各时刻不同设备负荷大小之和 $\Delta P_{1\min}$ 的最小值与最大值 $\Delta P_{1\max}$ 之比，反映的是不同负荷曲线叠加后新负荷曲线的峰谷差大小，其计算公式为

$$C_{\mathrm{F}}=\frac{\Delta P_{1\min}}{\Delta P_{1\max}} \tag{4-2}$$

式中：C_{F} 为垂直互补度。

互补度综合评估指标由水平互补度和垂直互补度两个指标组成，从而更加准确全面地描述负荷曲线间的互补程度。其计算公式为

$$C_{\mathrm{C}}=C_{\mathrm{A}}C_{\mathrm{F}} \tag{4-3}$$

式中：C_{C} 为综合互补度。

（2）匹配特性评估指标。

1）消纳匹配度定义。类似于分布式电源出力之间、负荷之间互补度关系，新能源出力与负荷之间也存在一种关联，即消纳匹配度，它反映了新能源出力与负荷需求之间的匹配消纳关系。不同地域、不同种类、不同渗透率的分布式电源出力特性差异较大，例如，光伏出力的峰值通常在日间；风电出力则取决

于所处季节和当地的气象条件，通常夜间出力比日间出力大。为了定量地研究负荷与分布式电源出力之间的这种匹配性，定义负荷与分布式电源的匹配度为用电设备的典型日负荷曲线和分布式电源平均出力特性曲线间的匹配程度。负荷曲线和分布式电源平均出力特性曲线匹配程度越高，新能源出力消纳越多，消纳匹配度越高；匹配程度越低，新能源出力消纳越少，消纳匹配度越低。

2）分布式电源与负荷匹配度计算方法。消纳匹配度由水平匹配度和垂直匹配度两个指标组成，水平匹配度是指各时刻负荷大小与分布式电源出力大小的差值的平均值与差值中的最大值之比，反映的是一段时间内负荷曲线与分布式电源出力曲线相减后，网供负荷曲线的平稳程度，能够较真实地衡量负荷与分布式电源出力的消纳匹配程度。其计算公式为

$$S_{\mathrm{A}}=\frac{\sum_{i=1}^{t}\Delta P_{1di}}{t\cdot\Delta P_{1\mathrm{dmax}}} \tag{4-4}$$

$$\Delta P_{1\mathrm{dmax}}=\max\{\Delta P_{1di}\} \tag{4-5}$$

式中：S_{A} 为水平匹配度；ΔP_{1di} 为 i 时刻负荷大小与分布式电源出力大小的差值；t 为统计周期的时刻数；$\Delta P_{1\mathrm{dmax}}$ 为负荷与分布式电源出力差值的最大值。

垂直匹配度是指各时刻负荷大小与分布式电源出力大小差值的最小值与最大值之比，反映的是一段时间内两者的最大差异程度。其计算公式为

$$S_{\mathrm{F}}=\frac{\Delta P_{1\mathrm{dmin}}}{\Delta P_{1\mathrm{dmax}}} \tag{4-6}$$

$$\Delta P_{1\mathrm{dmin}}=\min\{\Delta P_{1di}\} \tag{4-7}$$

式中：S_{F} 为垂直匹配度；$\Delta P_{1\mathrm{dmin}}$ 为负荷与分布式电源出力差值的最小值。

采用累乘法组合水平匹配度和垂直匹配度两个指标，构成负荷与分布式电源出力的匹配度，设各指标的最大值均为 1，则匹配度 S 的计算公式为

$$S=S_{\mathrm{A}}\cdot S_{\mathrm{F}} \tag{4-8}$$

匹配度 S 越大，说明负荷与分布式电源出力的消纳匹配度越高。

2. 分布式电源出力特性与互补特性

分布式电源出力特性指的是发电机组的输出功率，其输出功率的大小不仅

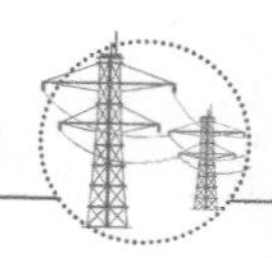

取决于地理位置、设备性能和排布方式等固定因素，还受到太阳辐射、温度、风速和环境的影响。其中，以风电和光伏发电机组为代表的可再生能源发电的输出功率存在着随机性和波动性，这将会对电网的安全稳定运行产生较大的影响。

（1）风电出力特性。受资源条件制约，从短时间尺度来说，风电出力具有较强的随机波动特性；从长时间尺度来说，风电出力具有明显的季节特性，会呈现出一定的变化规律。不同季节下日平均出力曲线具有相似性，夜晚均为出力低谷期，下午为出力高峰期，春、夏两季的平均出力为单峰，秋季呈现出双峰特性，而冬季出力相比其他三个季节的出力更为平均。

（2）光伏出力特性。光伏发电也同风力发电一样，具有间歇性、波动性以及随机性的特点，但太阳辐照的变化较风能有较强的规律性，因而光伏发电的规律性要强于风力发电。由于光伏发电是利用太阳能电池的光伏效应原理将太阳辐射能直接转换为电能，因此主要受太阳辐照度的影响，表现为白天发电，晚上停发，具有明显的日周期性。由于光伏出力主要受天气状况的影响，因此根据天气类型来拟合光伏出力。晴朗天气条件下光伏电站出力形状类似正弦半波，非常光滑，出力时间集中在 07:00—18:00 之间，中午时分达到最大；而多云天气下，由于受到云层遮挡，辐照度变化较大，导致光伏电站出力短时间波动较大，具有较大的随机性；阴雨天光照强度低，因而光伏整体出力水平更低。云彩的遮挡会导致光伏电池的出力急剧下降，秒级最大降幅可达 50% 以上。

（3）生物质、三联供出力特性。生物质气化热电联产（biomass gasification combined heat and power，BGCHP）系统是以生物质气化气为燃料的热电联产系统。由于生物质气化气具有低热值、焦油含量高等特点，不能直接采用常规热电联产的发电设备进行发电，必须对生物质气化气进行净化和对发电设备进行改装，才能达到适用生物质气化气为燃料的要求，对发电设备有较高的要求。

生物质气化热电联产系统大体可以分为两种：一种是将生物质气化气通过除尘除焦油技术进行净化，然后采用内燃机、燃气轮机等发动机来驱动发电机发电；另一种是在蒸汽锅炉中直接燃烧生物质气化气生产高压蒸汽，驱动蒸汽轮机、螺杆膨胀机等发动机来发电。综上所述，目前能够用于生物质气化热电联产系统商用运行的发动机主要是内燃机、燃气轮机、蒸汽轮机和螺杆膨胀机。

火力发电机组运行特性受汽轮机等机械设备和燃料特性的影响，机组启动后并网出力和停机后退出运行所需要的时间相对较长，同时频繁的启停机容易损坏设备，会严重影响机组的寿命。随着风力发电、太阳能发电等可再生能源电力并网规模的不断扩大，电力系统面临的随机性增多，对火电机组等常规调节电源的变负荷能力提出了更高的要求，主要体现在变负荷速率和变负荷范围两个方面。

（4）分布式电源互补特性。

1）分布式电源的互补目标。由于不同形式新能源在时间和地域上天然具有很强的互补性，不同种类的可再生能源联合发电，可以互相弥补各自能源间歇性带来的损失，提高电网对间歇性可再生能源的消纳能力。多能源互补发电的主要目标：实现增加可再生能源电力并网装机、平滑可再生能源发电的输出功率、减小系统出力的波动性等。

2）风/光与生物质发电系统优化组合。风/光与生物质发电联合出力可以降低电网消纳压力。生物质与新能源联合系统出力分析见表4-1。

表4-1　生物质与新能源联合系统出力分析

序号	生物质/新能源占比	生物质装机（MW）	新能源装机（MW）	生物质出力范围（MW）	联合系统出力下限（MW）	联合系统出力上限（MW）	出力/装机容量（%）
1	7：3	70	30	56~70	60.5	74.5	60.5~74.5
2	6：4	60	40	48~60	54	66	54~66
3	5：5	50	50	40~50	47.5	57.5	47.5~57.5
4	4：6	40	60	32~40	41	49	41~49
5	3：7	30	70	24~30	34.5	40.5	34.5~40.5

在分布式电源联合出力场景下，一方面，通过调节生物质发电机组的出力，可以在保障出力稳定的同时，促进新能源消纳；另一方面，通过调节生物质发电机组的出力，可以提高联合系统的出力稳定性，有效提高容量置信度。

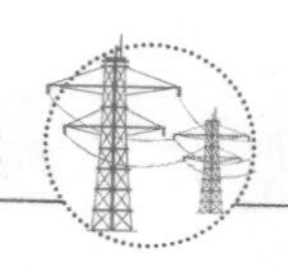

3）风光互补优化电源出力。选取同一区域内的风光联合系统，风力 / 光伏发电出力特征曲线如图 4-6 所示。

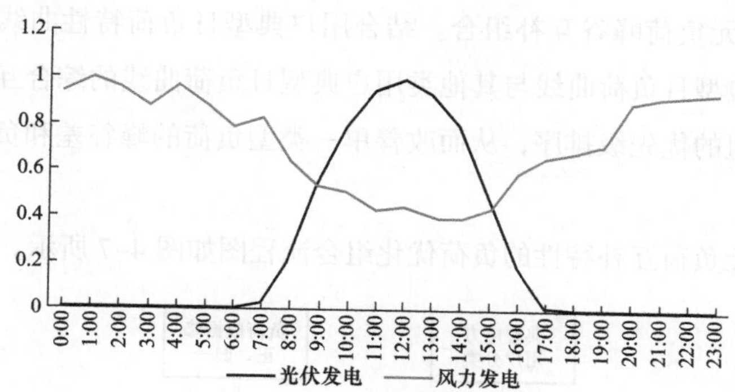

图 4-6　风力 / 光伏发电出力特征曲线

设定联合系统装机总容量为 100MW，在不同装机占比下，分析风电和光伏出力的互补度和联合系统的出力特性，见表 4-2。

表 4-2　　风光联合系统出力特性

序号	联合系统总装机（MW）	风 / 光占比	风 / 光发电互补度	联合系统出力（MW）	出力 / 总装机（%）
1	100	8 : 2	0.06	94	94
2	100	7 : 3	0.12	88	88
3	100	6 : 4	0.19	81	81
4	100	5 : 5	0.31	69	69
5	100	4 : 6	0.48	52	52
6	100	3 : 7	0.55	45	45
7	100	2 : 8	0.45	55	55

通过分析可知，联合系统在不同风光占比下，新能源出力之间存在不同的互补度：当互补度较高时，系统出力稳定性较高，电网承担新能源消纳的压力较低；互补度较低时，系统出力稳定性较低，电网承担新能源消纳的压力较高。在给定场景中，当风 / 光占比为 3 : 7 时，风 / 光发电互补度为 0.55，达到最高，

此时联合系统出力最低。

3. 多元化负荷互补特性

（1）多元负荷峰谷互补组合。结合用户典型日负荷特性曲线，对比分析每一类用户典型日负荷曲线与其他类用户典型日负荷曲线的综合互补度，可得到全部负荷组的优先级排序，从而改善单一类型负荷的峰谷差和负荷率，提升设备利用率。

基于多元负荷互补特性的负荷优化组合流程图如图 4–7 所示。

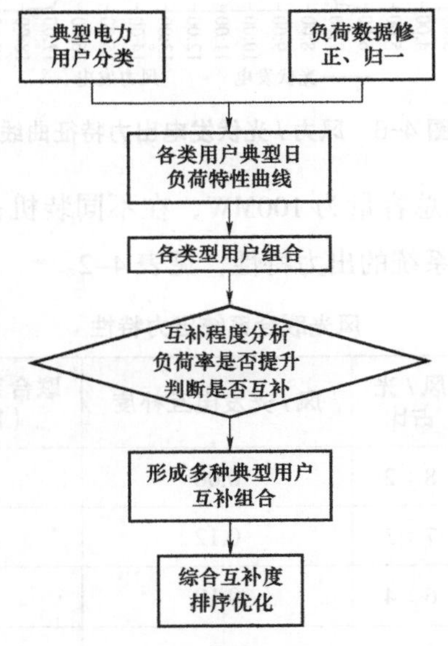

图 4–7　负荷优化组合流程图

按照典型电力用户分类情况，进行各类型用户负荷数据的收集、整理、校核及归一化处理，形成各类型用户典型日负荷特性曲线。

将各类型用户典型日负荷特性曲线叠加组合，基于互补度综合评估指标、电力负荷互补度辅助决策平台计算分析曲线叠加后组合的互补程度，形成多种典型用户互补组合。

根据综合互补度排序，优化典型用户互补组合。

应用峰谷互补组合方法，在不同类别负荷之间进行等权重峰谷互补，按互补度大小，选出互补效果较好的负荷组合 P_i（i=1，2，…，N）。

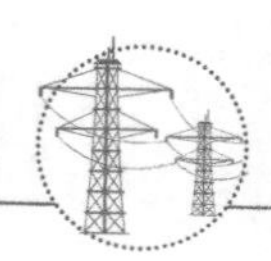

不考虑平直负荷曲线负荷，将各类用户从所有负荷组中，筛选出负荷率有提升的组合共计28种，按综合互补度从大至小排序后负荷互补结果见表4–3、图4–8。

表4–3　　负荷互补结果表

序号	复合组	水平互补度	垂直互补度	综合互补度
1	医疗卫生 + 物流仓储	0.79	0.54	0.43
2	物流仓储 + 行政办公	0.78	0.52	0.41
3	体育场馆 + 医疗卫生	0.78	0.49	0.38
4	体育场馆 + 行政办公	0.77	0.47	0.36
5	医疗卫生 + 居民生活	0.78	0.44	0.34
6	居民生活 + 行政办公	0.77	0.42	0.32
7	教育科研 + 行政办公	0.75	0.43	0.32
8	教育科研 + 体育场馆	0.75	0.42	0.31
9	交通场站 + 医疗卫生	0.77	0.40	0.31
10	体育场馆 + 社会福利机构	0.75	0.39	0.29
11	交通场站 + 行政办公	0.75	0.38	0.28
12	体育场馆 + 商业	0.73	0.38	0.28
13	居民生活 + 教育科研	0.75	0.36	0.27
14	居民生活 + 社会福利机构	0.74	0.33	0.25
15	居民生活 + 商业	0.72	0.32	0.23
16	公共设施营业网点 + 居民生活	0.71	0.31	0.22
17	文化设施 + 居民生活	0.69	0.31	0.21
18	交通场站 + 社会福利机构	0.72	0.28	0.20
19	商业 + 交通场站	0.70	0.28	0.20
20	娱乐康体 + 居民生活	0.68	0.28	0.19
21	公共设施营业网点 + 交通场站	0.70	0.27	0.19

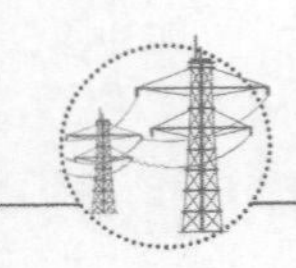

续表

序号	复合组	水平互补度	垂直互补度	综合互补度
22	交通场站 + 文化设施	0.69	0.27	0.19
23	商务 + 居民生活	0.67	0.26	0.18
24	娱乐康体 + 交通场站	0.68	0.25	0.17
25	综合交通枢纽 + 文化设施	0.60	0.23	0.14
26	综合交通枢纽 + 公共设施营业网点	0.63	0.21	0.13
27	综合交通枢纽 + 娱乐康体	0.59	0.21	0.12
28	商务 + 综合交通枢纽	0.59	0.17	0.10

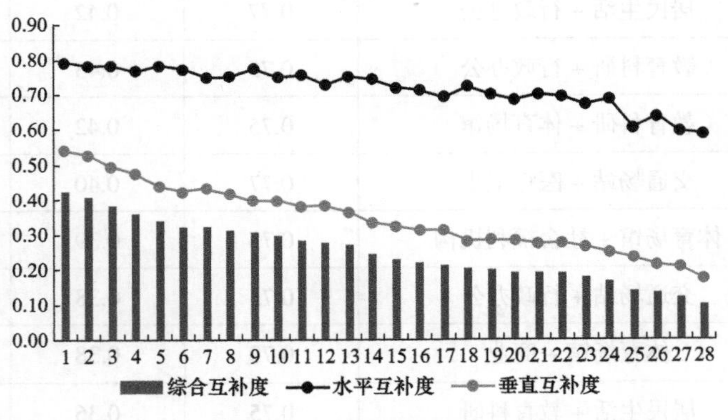

图 4-8　负荷互补结果示意图

负荷率优化结果：医疗卫生负荷曲线（水平互补度）的负荷率为 0.759，居民生活负荷曲线（综合互补度）的负荷率为 0.649，合并后的负荷组（垂直互补度）负荷率为 0.782。

（2）主要应用场景。传统电网规划方案制定过程中，仅考虑以不同电力用户最大电力负荷叠加作为负荷预测结果，用以确定电网设施建设规模及用户接入系统方案，未考虑不同电力用户间的负荷峰谷互补特性，导致电网设施投产后出现运行负荷曲线峰谷差增大、设备综合利用效率降低等问题。

传统电网切改方案制定过程中，仅考虑以重载线路或主变压器的最大负荷

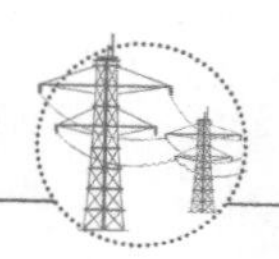

测算需切出负荷，以具备接入条件的线路或主变压器的最大负荷衡量可接入负荷，未考虑实际运行电网设备间的负荷峰谷互补特性，导致电网设施容量没有得到充分利用，降低电网工程投资运营综合效益。

通过研究分析各类型负荷峰谷互补特性，结合电网规划及运行需求，提出电网供电优化提升策略，为电力用户接入系统和电网运行风险解决提供新的思路和方法，对电力负荷削峰填谷、提升电网设施利用效率具有重要意义。

1）指导用户接入方案。针对不同用户之间差异化负荷峰谷特性，研究分析不同用户之间负荷互补程度，提出了峰谷互补优化组合方法，在用户接入时，可考虑将互补度较高的用户接入同一回线路，从而达到平滑负荷曲线的目的，以指导用户接入方案。

2）优化电网规划方案。在传统的网架电网规划方案中，未考虑峰谷互补特性，易造成负荷的峰峰叠加，增大电网设备的尖峰负荷，本项目提出基于电力设备负荷峰谷互补特性的电网运行风险解决策略，可以优化网架结构，提升设备利用率。

4. 分布式电源出力与多元负荷匹配特性分析

对新能源（以风电和光伏为代表）出力与负荷典型曲线的消纳匹配度进行分析，结果见表4–4。

表4–4　新能源出力与负荷典型曲线的消纳匹配度

负荷 电源	商业	居民	办公	学校
风电	0.05	0.15	0.13	0.18
光伏	0.1	0.07	0.19	0.27

设定生物质与风光联合系统的总装机容量为100MW，对于不同容量配比，考虑风光出力与负荷之间的消纳匹配度，分析联合系统的出力，结果见表4–5。

表 4-5　　生物质与风光联合系统出力分析

<table>
<tr><th>序号</th><th>生物质 / 风光占比</th><th>生物质装机（MW）</th><th>风光装机（MW）</th><th>生物质出力范围（MW）</th><th>源 – 荷消纳匹配度</th><th>联合系统出力下限（MW）</th><th>联合系统出力上限（MW）</th><th>出力 / 装机容量（%）</th></tr>
<tr><td>1</td><td rowspan="4">7 : 3</td><td rowspan="4">70</td><td rowspan="4">30</td><td rowspan="4">56~70</td><td>0.05</td><td>60.5</td><td>74.5</td><td>60.5~74.5</td></tr>
<tr><td>2</td><td>0.1</td><td>62</td><td>76</td><td>62~76</td></tr>
<tr><td>3</td><td>0.3</td><td>68</td><td>82</td><td>68~82</td></tr>
<tr><td>4</td><td>0.5</td><td>74</td><td>88</td><td>74~88</td></tr>
<tr><td>5</td><td rowspan="4">6 : 4</td><td rowspan="4">60</td><td rowspan="4">40</td><td rowspan="4">48~-60</td><td>0.05</td><td>54</td><td>66</td><td>54~66</td></tr>
<tr><td>6</td><td>0.1</td><td>56</td><td>68</td><td>56~68</td></tr>
<tr><td>7</td><td>0.3</td><td>64</td><td>76</td><td>64~76</td></tr>
<tr><td>8</td><td>0.5</td><td>72</td><td>84</td><td>72~84</td></tr>
<tr><td>9</td><td rowspan="4">5 : 5</td><td rowspan="4">50</td><td rowspan="4">50</td><td rowspan="4">40~50</td><td>0.05</td><td>47.5</td><td>57.5</td><td>47.5~57.5</td></tr>
<tr><td>10</td><td>0.1</td><td>50</td><td>60</td><td>50~60</td></tr>
<tr><td>11</td><td>0.3</td><td>60</td><td>70</td><td>60~70</td></tr>
<tr><td>12</td><td>0.5</td><td>70</td><td>80</td><td>70~80</td></tr>
<tr><td>13</td><td rowspan="4">4 : 6</td><td rowspan="4">40</td><td rowspan="4">60</td><td rowspan="4">32~40</td><td>0.05</td><td>41</td><td>49</td><td>41~49</td></tr>
<tr><td>14</td><td>0.1</td><td>44</td><td>52</td><td>44~52</td></tr>
<tr><td>15</td><td>0.3</td><td>56</td><td>64</td><td>56~64</td></tr>
<tr><td>16</td><td>0.5</td><td>68</td><td>76</td><td>68~76</td></tr>
<tr><td>17</td><td rowspan="4">3 : 7</td><td rowspan="4">30</td><td rowspan="4">70</td><td rowspan="4">24~-30</td><td>0.05</td><td>34.5</td><td>40.5</td><td>34.5~40.5</td></tr>
<tr><td>18</td><td>0.1</td><td>38</td><td>44</td><td>38~44</td></tr>
<tr><td>19</td><td>0.3</td><td>52</td><td>58</td><td>52~58</td></tr>
<tr><td>20</td><td>0.5</td><td>66</td><td>72</td><td>66~72</td></tr>
</table>

通过分析可知，不同类型分布式新能源出力与负荷之间的消纳匹配度差异较大，其中，风电 – 商业负荷消纳匹配度较低，光伏 – 学校负荷消纳匹配度较高。当区域内分布式新能源发电与负荷消纳匹配度较高时，供给侧优化组合联

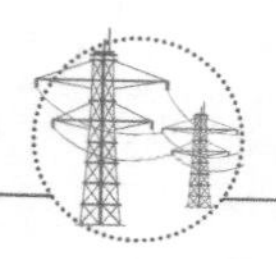

合出力时，可以适当地减少生物质电厂的装机占比；反之，则需要增加生物质发电装机占比，来保障区域供电的稳定性。

4.1.2.2 储能在电力系统运行优化中的应用

从整个电力系统的角度看，储能的应用场景可以分为发电侧储能、电网侧储能和用户侧储能三大场景。在发电侧，储能用于平滑新能源发电出力波动、参与调频调峰辅助服务、促进消纳等；在电网侧，储能主要应用于提供辅助服务、提升供电可靠性、延缓配电升级扩容、支持高渗透率分布式电源并网；在用户侧，储能主要参与需求响应、优化电能质量、促进新能源消纳，构建分布式电源 + 储能 / 微电网运行模式。同时，储能作为灵活资源参与电力平衡，能够有效提高区域规划的精准度。

4.1.2.3 基于多维需求场景的典型“源 – 网 – 荷 – 储”物理架构

结合现状配电网情况以及未来发展趋势，考虑电能供应的绿色、安全、经济需求，场景主要分为三种类型，包括新能源消纳场景、系统容量不足场景以及系统故障供电安全场景，不同类型场景在供需时空匹配程度可进一步细化，如图 4–9 所示。下面将针对三种类型场景进行详细介绍和论述。

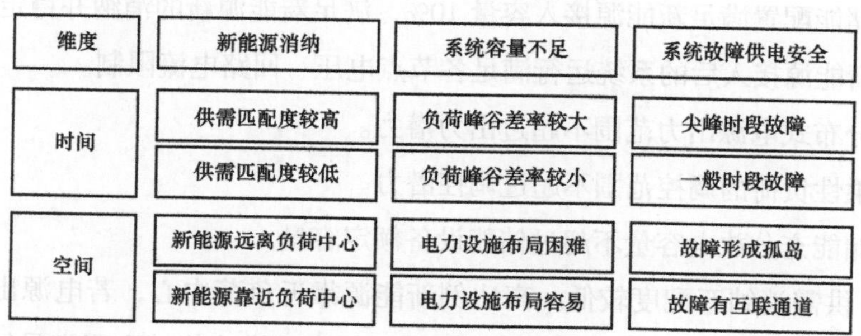

图 4–9 多维需求场景示意图

1. 新能源消纳场景

（1）高比例新能源远离负荷中心。高比例新能源远离负荷中心无法形成就地消纳模式，此场景结合新能源特性和装机容量考虑接入 35kV 及以上电源等级或通过 10kV 专线接入变电站 10kV 母线。生物质等稳定电源结合装机容量

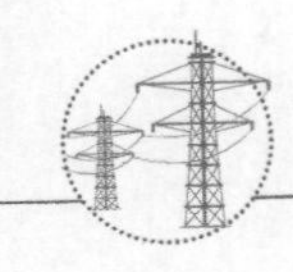

就近接入，风电、光伏等非稳定电源优先接入10kV母线，配置储能，用户侧多元柔性负荷资源调控主动追踪非稳定电源提升或降低负荷。

此场景下，给定设备配置的边界条件：

1）新能源接入容量不大于接入母线承载容量，并预留安全裕量。

2）储能配置满足新能源接入容量10%，满足新能源新的消纳和出力平衡。

3）新能源接入后的系统运行满足各节点电压、回路电流限制。

4）储能充分放电容量不超过储能设备额定容量。

（2）高比例新能源靠近负荷中心。

1）供需匹配度较高。高比例新能源靠近负荷中心，如果电源出力与用户负荷供需匹配度较高，优先考虑就地消纳模式，此场景结合负荷分布和新能源分布及装机容量选择接入点，优先考虑400V及以下电网接入，其余容量结合新能源分布和网架结构选取合理10kV并网点。用户侧多元柔性负荷资源调控主动追踪非稳定电源提升或降低负荷，统筹考虑新能源装机、中压线路承载能力用户侧和电网侧配置储能。

此场景下，配电网设备配置的边界条件：

a. 新能源接入容量不大于本地最大负荷。

b. 储能配置满足新能源接入容量10%，满足新能源新的消纳并稳定出力。

c. 新能源接入后的系统运行满足各节点电压、回路电流限制。

d. 分布式电源出力范围不超过出力潜力。

e. 柔性负荷的调控范围不超过调控潜力。

f. 储能充分放电容量不超过储能设备额定容量。

2）供需消纳匹配度较低。高比例新能源靠近负荷中心，若电源出力与用户负荷供需消纳匹配度较低，结合用户类型和商业模式能够实现充足储能配置的优先考虑就地消纳模式，此场景结合负荷分布和新能源分布及装机容量选择接入点，优先考虑400V及以下电网接入，其余容量结合新能源分布和网架结构选取合理10kV并网点。用户侧多元柔性负荷资源调控主动追踪非稳定电源提升或降低负荷，统筹考虑新能源装机、中压线路承载能力用户侧和电网侧配置储能。

此场景下，给定设备配置的边界条件：

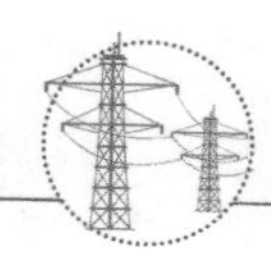

a. 新能源接入容量不大于本地最大负荷。

b. 储能配置满足新能源接入容量 10%，满足新能源新的消纳和出力平衡。

c. 新能源接入后的系统运行满足各节点电压、回路电流限制（其中，需重点关注因潮流上送引起的负荷点电压越限）。

d. 分布式电源出力范围不超过出力潜力。

e. 柔性负荷的调控范围不超过调控潜力。

f. 储能充分放电容量不超过储能设备额定容量。

g. 储能充放电功率不超过储能设备额定功率。

2. 系统容量不足

（1）负荷率较低（峰谷差较大）。电网系统容量不足情况，若负荷率较低（峰谷差较大）情形一般考虑负荷侧相似负荷较高，优先考虑调整用户负荷接入优化，利用用户侧负荷峰谷互补特性优化负荷曲线，缓解中压侧或主变压器侧重载问题，再考虑用户侧多元柔性负荷资源调控和配电网容量扩容，可转出负荷作为应急保障。

（2）负荷率较高。电网系统容量不足情景，若负荷率较高，结合用户负荷分布优先考虑配电网增容，若城市空间有限无法实现增容，考虑用户侧多元柔性负荷资源调控，可转出负荷作为应急保障。

此场景下，给定设备配置的边界条件：

1）系统中主变压器、线路等设备满足“N-1”校验。

2）系统运行满足各节点电压、回路电流限制。

3）转移负荷应满足联络线路、接入点负荷最大承载能力。

4）柔性负荷的调控范围不超过调控潜力。

5）储能充放电容量不超过储能设备额定容量。

6）储能充放电功率不超过储能设备额定功率。

3. 系统故障供电安全

（1）主变压器“N-1”场景。系统故障供电安全情景，若满足主变压器“N-1”，则优先考虑站内转切保障供电可靠；若不满足主变压器“N-1”，则考虑配电网站间负荷专切优先考虑站间峰谷互补负荷专切，再考虑用户侧多

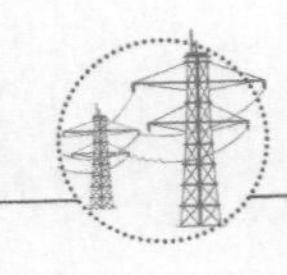

元柔性负荷资源调控和配电网容量扩容。

（2）中压线路“N–1”场景。

1）故障有互联通道。系统故障供电安全情景，若满足线路“N–1”，则优先考虑联络线路间负荷转切保障供电可靠；若不满足线路“N–1”，则考虑用户侧多元柔性负荷资源调控和配电网容量扩容。

2）故障形成孤网。系统故障供电安全情景，若中压线路故障形成孤网，优先考虑故障范围用户侧微电网集群控制潮流有限保障重要负荷恢复供电，再结合可移动式储能机制逐步恢复孤网区恢复供电。

此场景下，给定设备配置的边界条件：

a. 系统运行满足各节点电压、回路电流限制。

b. 转移负荷应满足联络线路、接入点负荷最大承载能力。

c. 柔性负荷的调控范围不超过调控潜力。

d. 储能充放电容量不超过储能设备额定容量。

e. 储能充放电功率不超过储能设备额定功率。

结合上述对不同类型场景的设备配置边界条件的分析，给出多维需求场景的配电网设备配置模式及策略，见表4–6~表4–8。

4.1.2.4 基于“源 – 网 – 荷 – 储”供需双侧协调优化规划方法

1. 规划思路

随着以新能源为主体的新型电力系统建设目标的明确，分布式电源受到研究人员的广泛关注，分布式电源具有提高电能质量、降低网络损耗和改善系统可靠性等作用，但也有间歇性、波动性、可控性差等特点。不论是集中投建的清洁能源电站，还是在配电网层面大规模接入的分布式电源，其出力不确定性都将给能源系统运行带来新的挑战。

随着分布式电源的广泛接入，多能互补技术的应用极大地提升了用户用能灵活性，新型电力系统能够通过多种供能方式满足用户负荷需求，即电源侧和用户侧的双向互补能力将进一步加强，输配协同技术的应用和用户侧各异质能流耦合程度的加深、新型电力系统源 – 网 – 荷间的双向能量信息互动将更加深入。

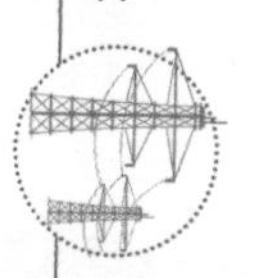

表 4-6 新能源消纳场景供需双侧配置模式及策略

<table>
<tr><th colspan="3">场景类型</th><th colspan="2">电源侧</th><th colspan="3">电网侧</th><th colspan="2">用户侧</th><th colspan="2">储能</th></tr>
<tr><td rowspan="5">新能源消纳场景</td><td colspan="2" rowspan="4">新能源远离负荷中心</td><td>新能源装机</td><td>按照资源禀赋合理开发</td><td colspan="2">间隔预留</td><td>通过35/10kV电网输送至负荷端：
（1）优先考虑接入10kV母线。
（2）超出承载能力部分的接入35kV及以上电网，做好间隔预留</td><td>柔性可控负荷占比</td><td>±15%</td><td>电源侧储能配置</td><td>储能充电，10%~20%</td></tr>
<tr><td>新能源出力优化潜力</td><td>结合风光互补特性以及集群控制优化实现稳定供给优化</td><td colspan="2">容量配置</td><td>（1）结合用户侧可控负荷配置，110（35）kV电网容载比为1.5~1.7。
（2）中压线路满足目标网架配置，负载率可控制在60%~80%</td><td>—</td><td>—</td><td>电网侧储能配置</td><td>0%</td></tr>
<tr><td>—</td><td>—</td><td rowspan="2">网架结构</td><td>110（35）kV</td><td>链式接线</td><td>—</td><td>—</td><td>用户侧储能配置</td><td>用户侧电源装机的10%~20%</td></tr>
<tr><td>—</td><td>—</td><td>10（20）kV</td><td>结合新能源装机配置站间纯联络线路</td><td>—</td><td>—</td><td>—</td><td>—</td></tr>
<tr><td>新能源靠近负荷中心</td><td>供需匹配度较高</td><td>主网侧新能源装机</td><td>结合光伏装机容量接入低压侧不能就地消纳容量</td><td colspan="2">间隔预留</td><td>（1）优先考虑接入10kV母线。
（2）超出承载能力部分的接入35kV及以上电网，做好间隔预留</td><td>柔性可控负荷占比</td><td>±15%</td><td>电源侧储能配置</td><td>10%~20%</td></tr>
</table>

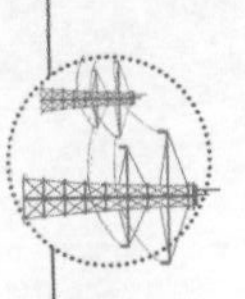

续表

场景类型			电源侧		电网侧			用户侧		储能	
新能源消纳场景	新能源靠近负荷中心	供需匹配度较高	10（20）kV及以下新能源装机	结合新能源装机与用户负荷接近匹配，优先考虑400V及以下电网接入，其余容量结合新能源分布和网架结构选取合理10kV并网点	容量配置		（1）结合用户侧可控负荷配置，110（35）kV电网容载比为1.5~1.7。 （2）中压线路满足目标网架配置，负载率可控制在60%~80%	—	—	电网侧储能配置	0~5%
			新能源出力优化潜力	—	网架结构	110（35）kV	链式接线	—	—	用户侧储能配置	用户侧电源装机的10%~20%
			—	—		10（20）kV	满足标准接线	—	—	—	—
		供需匹配度较低	主网侧新能源装机	结合光伏装机容量接入低压侧不能就地消纳容量	间隔预留		（1）优先考虑接入10kV母线。 （2）超出承载能力部分的接入35kV及以上电网，做好间隔预留	柔性可控负荷占比		电源侧储能配置	10%~20%
			10（20）kV及以下新能源装机	结合新能源装机与用户负荷接近匹配，优先考虑400V及以下电网接入，其余容量结合新能源分布和网架结构选取合理10kV并网点	容量配置		（1）结合用户侧可控负荷配置，110（35）kV电网容载比为1.5~1.7。 （2）中压线路满足目标网架配置，负载率可控制在60%~80%	—	—	电网侧储能配置	0~5%

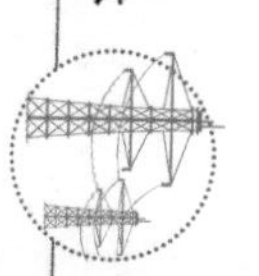

续表

场景类型			电源侧		电网侧			用户侧		储能	
新能源消纳场景	新能源靠近负荷中心	供需匹配度较低	新能源出力优化潜力	—	网架结构	110（35）kV	链式接线	—	—	用户侧储能配置	用户侧电源装机的不低于20%
			—	—		10（20）kV	加强负荷峰谷互补特性中压线路联络	—	—	—	—

表 4-7　　电网系统容量不足场景供需双侧配置模式及策略

场景类型			电源侧		电网侧			用户侧		储能	
电网系统容量不足	电力设施布局困难（成本高、施工难度大）	峰谷差率较大	10（20）kV及以下新能源装机	按照资源禀赋合理开发	间隔预留		中压侧间隔数量预留16~24个	柔性可控负荷占比	5%~15%	电源侧储能配置	10%~20%
			新能源出力优化潜力	结合风光互补特性以及集群控制优化实现稳定供给优化	容量配置		（1）结合用户侧可控负荷配置，110（35）kV电网容载比为1.5~1.7。 （2）中压线路满足目标网架配置，负载率可控制在60%~80%	多元化负荷互补	提升线路负荷接入互补度，提升设备利用率	电网侧储能配置	0
			—	—	网架结构	110（35）kV	链式接线	—	—	用户侧储能配置	用户侧电源装机的10%~20%

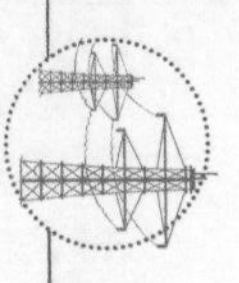

续表

场景类型			电源侧		电网侧			用户侧		储能	
电网系统容量不足	电力设施布局困难（成本高、施工难度大）	峰谷差率较大	—	—		10（20）kV	（1）结合用户侧负荷峰谷互补特性优化用户负荷接入。 （2）加强站间负荷峰谷互补特性中压线路联络	—	—	—	—
		峰谷差率较小	10（20）kV及以下新能源装机	结合新能源装机与用户负荷接近匹配，优先考虑400V及以下电网接入，其余容量结合新能源分布和网架结构选取合理10kV并网点	间隔预留		—	柔性可控负荷占比	5%~15%	电源侧储能配置	10%~20%
			—	—	容量配置		（1）结合用户侧可控负荷配置，110（35）kV电网容载比为1.5~1.7。 （2）中压线路满足目标网架配置，负载率可控制在60%~80%	—	—	电网侧储能配置	0~5%

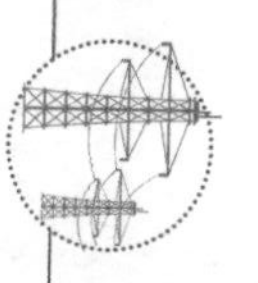

续表

场景类型			电源侧		电网侧			用户侧		储能	
电网系统容量不足	电力设施布局困难（成本高、施工难度大）	峰谷差率较小	—	—	网架结构	110（35）kV	链式接线	—	—	用户侧储能配置	—
			—	—		10（20）kV	加强站间负荷峰谷互补特性中压线路联络	—	—	—	—
	电力设施布局容易（成本低、施工难度小）	峰谷差率较大	10（20）kV及以下新能源装机	结合新能源装机与用户负荷接近匹配，优先考虑400V及以下电网接入，其余容量结合新能源分布和网架结构选取合理10kV并网点	间隔预留		—	柔性可控负荷占比	5%~15%	电源侧储能配置	10%~20%
			—	—	容量配置		（1）结合用户侧可控负荷配置，110（35）kV电网容载比为1.5~1.7。（2）中压线路满足目标网架配置，负载率可控制在60%~80%	—	—	电网侧储能配置	0
			—	—	网架结构	110（35）kV	链式接线	—	—	用户侧储能配置	用户侧电源装机的10%~20%

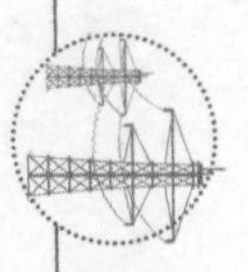

续表

场景类型			电源侧		电网侧			用户侧		储能	
电网系统容量不足	电力设施布局容易（成本低、施工难度小）	峰谷差率较大	—	—		10（20）kV	（1）结合用户侧负荷峰谷互补特性优化用户负荷接入。 （2）加强站间负荷峰谷互补特性中压线路联络	—	—	—	—
		峰谷差率较小	10（20）kV及以下新能源装机	结合新能源装机与用户负荷接近匹配，优先考虑400V及以下电网接入，其余容量结合新能源分布和网架结构选取合理10kV并网点	间隔预留		—	柔性可控负荷占比	5%~15%	电源侧储能配置	10%~20%
			—	—	容量配置		（1）结合用户侧可控负荷配置，110（35）kV电网容载比为1.5~1.7。 （2）中压线路满足目标网架配置，负载率可控制在60%~80%	—	—	电网侧储能配置	0~5%
			—	—	网架结构	110（35）kV	链式接线	—	—	用户侧储能配置	—
			—	—		10（20）kV	加强站间负荷峰谷互补特性中压线路联络	—	—	—	—

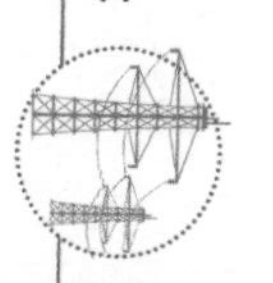

表 4-8　系统故障供电安全场景供需双侧配置模式及策略

场景类型			电源侧		电网侧		用户侧		储能	
系统故障供电安全场景	故障形成孤岛	中压线路“N-1”	10（20）kV 及以下新能源装机	结合新能源装机与用户负荷接近匹配，优先考虑 400V 及以下电网接入，其余容量结合新能源分布和网架结构选取合理 10kV 并网点	间隔预留	—	柔性可控负荷占比	15%~30%	电源侧储能配置	10%~20%
			—	—	容量配置	中压线路满足目标网架配置，负载率可控制在 60%~80%		优先考虑故障范围用户侧微电网集群控制潮流优先保障重要负荷恢复供电，再结合可移动式储能机制逐步恢复孤网区恢复供电	电网侧储能配置	0~5%
			—	—	—	—	—	—	用户侧储能配置	用户侧电源装机的 10%~20%
			—	—	—	—	—	—	—	—
	故障有互联通道	主变压器“N-1”	10（20）kV 及以下新能源装机	结合新能源装机与用户负荷接近匹配，优先考虑 400V 及以下电网接入，其余容量结合新能源分布和网架结构选取合理 10kV 并网点	间隔预留	—	柔性可控负荷占比	15%~30%	电源侧储能配置	10%~20%

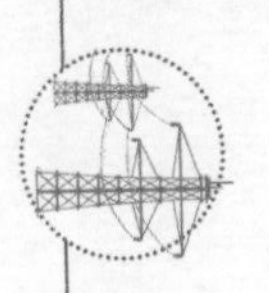

续表

场景类型			电源侧		电网侧		用户侧		储能	
系统故障供电安全场景	故障有互联通道	主变压器“N–1”	—	—	容量配置	结合用户侧可控负荷配置，110（35）kV 电网容载比为 1.5~1.7	—	—	电网侧储能配置	0
			—	—	10（20）kV 网架结构	—	—	—	用户侧储能配置	用户侧电源装机的 10%~20%
			—	—	—	—	—	—	—	—
		中压线路“N–1”	10（20）kV 及以下新能源装机	结合新能源装机与用户负荷接近匹配，优先考虑 400V 及以下电网接入，其余容量结合新能源分布和网架结构选取合理 10kV 并网点	间隔预留	—	柔性可控负荷占比	15%~30%	电源侧储能配置	10%~20%
			—	—	容量配置	中压线路满足目标网架配置，负载率可控制在 60%~80%	—	—	电网侧储能配置	0
			—	—	10（20）kV 网架结构	（1）结合用户侧负荷峰谷互补特性优化用户负荷接入。 （2）加强站间负荷峰谷互补特性中压线路联络	—	—	用户侧储能配置	用户侧电源装机的 10%~20%
			—	—	—	—	—	—	—	—

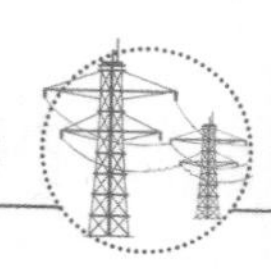

为提高这种源－荷匹配能力，供需双侧协调优化应充分考虑用户侧用能差异及柔性负荷对清洁能源的消纳潜力。合理的配电网规划对供电公司及用户都有重要的意义，既保证了供电的可靠性和电能质量，同时降低了电网建设和运营的成本。传统电网规划方法的优点是简单，但是对于资源无法充分利用，没有灵活控制的特性，特别是对于具有随机性、波动性的可再生能源发电等新型电源及负荷。在进行配电网规划时需要充分考虑来自分布式电源、柔性负荷等方面的不确定性。这些高度不确定性参数会对规划模型和求解方法产生巨大的影响。

"源－网－荷－储"供需双侧协调优化规划思路如下。

（1）电源侧。由于分布式电源的渗透率越来越高，分布式电源的优化配置已成为配电网规划的重要组成部分，合理配置分布式电源，保障清洁能源充分消纳，提高资源的利用率，可以减少网络损耗以及提高系统的可靠性。

（2）电网侧。电网构建主要包含容量配置和网架配置两方面。在容量配置方面，应充分考虑区域内电源、负荷特性，结合多元负荷峰谷互补、源荷匹配，合理优化配电网容量配置。在网架配置方面，规划远期结合直流负荷、分布式电源、储能等新元素合理配置交直流混合网架，同时结合负荷预测结果和变电站布局方案，以及相应的规划目标和技术原则，构建科学合理的目标网架，规划近期以目标网架为依托，以现状电网薄弱点为导向，远近结合，为电网向中远期目标发展打下基础。

（3）负荷侧。负荷接入时应充分考虑需求侧响应、柔性负荷对网架构建的影响，以提升电网设备利用效率为目标，通过提高负荷与负荷之间的峰谷互补程度、负荷与电源之间的匹配程度以及柔性负荷调控等优化方法，实现电网安全经济运行。

（4）储能侧。结合储能双向潮流特性、调峰调频能力，通过优化储能容量配置、空间布局以及建设形式，在电源侧，考虑电源出力特性及装机，实现新能源充分消纳；在电网侧，考虑电网负荷特性，实现电网运行经济性、安全性的提升；在用户侧，考虑负荷等级、负荷分布以及市场化机制，实现用户用电的科学引导以及可靠性提升。

2. 规划原则

“双碳”目标及新型电力系统的建设背景下，供给侧因大规模新能源接入，抗扰动能力低、出力不稳定等问题越发凸显；消费侧因电动汽车、储能设施等多元负荷的广泛接入，双向潮流、可调控负荷等形态呈多样化发展。传统规划技术原则已不能完全适应当前发展形势，具体见表 4–9。

表 4–9 新型电力系统发展对规划技术原则的影响情况表

技术原则类别	对规划技术原则的影响
电压等级	无影响
供电安全标准	无影响
供电可靠性	无影响
容载比	需要优化
网架结构	需考虑电源、负荷时空分布特性对配电网网架互倒互带的影响
设备选型	需考虑导线截面积对分布式电源消纳的影响
短路电流水平	分布式电源接入配电网后，应校验相邻线路的开关和电流互感器是否满足最大短路电流情况的要求
无功补偿和电压调整	因分布式电源等设备的不确定性，可能导致无功补偿和电压调整困难
电压质量	无影响
中性点接地方式	无影响
继电保护及自动装置	有影响
配电自动化及通信	有影响
用户接入	需考虑不同用户负荷互补特性、可调控特性
电源接入	随分布式电源规模的增加，应考虑分布式电源与负荷之间的匹配关系

通过表 4–9 可知，随着新型电力系统的建设，供需双侧协同优化规划对传统配电网规划技术原则主要有以下几方面影响。

（1）容载比。容载比是核算电网供电能力和电网规划宏观控制变电容量

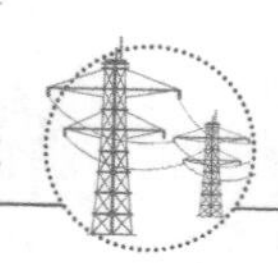

的依据。容载比过大，电网建设早期投资增大；容载比过小，又会使电网的适应性差，调度运行困难，负荷高峰期局部电网将发生过载现象。确定合理的容载比，是高压配电网规划首先要解决的问题，目前容载比的推荐范围为1.5~2.0。在供需双侧协同优化规划中，需要结合电源侧分布式电源的接入比例、负荷侧可调节资源的可开发利用比例，进一步优化容载比的取值范围。

1）当区域分布式电源出力比例、可调节负荷比例较小，分布式电源与负荷消纳匹配度不高，即对电力平衡结果影响较小时，容载比取值范围可参照传统范围1.5~2.0取值。

2）当区域分布式电源出力比例、可调节负荷比例较大，分布式电源与负荷消纳匹配度较高，即对电力平衡结果影响较大时，容载比取值范围在传统范围的基础上缩减至1.5~1.7取值。

（2）网架结构。传统的配电网网架结构仅考虑负荷的供带能力以及负荷的转带能力，根据不同供电区域供电可靠性的要求，从而制定适宜的目标网架及过渡方案。在供需双侧协同优化规划中，不仅要考虑负荷侧的供带能力，也需要考虑电源侧的出力特性以及出力比例，从而确定更合理的联络方式。

1）当分布式电源远离负荷中心、区域分布式电源出力比例较小或分布式电源与负荷消纳匹配度较低时，在构建网架时主要考虑在负荷互补度较高的线路之间构建联络。

2）当分布式电源靠近负荷中心、区域分布式电源出力比例较大或分布式电源与负荷消纳匹配度较高时，在构建网架时主要考虑在分布式电源与负荷消纳匹配度较高的线路之间构建联络，并结合不同季节分布式电源出力的变化情况合理布置分段点，实现分布式电源高比例就地消纳。

（3）设备选型。传统配电线路导线截面积的选择包含按经济电流密度选择、按导线长期允许电流选择、按电压损失选择三种方式，主要从供电能力及供电质量方面考虑。在供需双侧协同优化规划中，需要结合分布式电源装接容量来进一步选取导线截面积。

1）在分布式电源靠近负荷中心、区域分布式电源出力比例较大时，导线截面积应结合分布式电源装接容量校核。

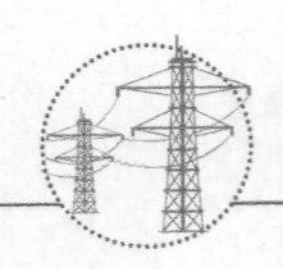

2）在分布式电源远离负荷中心时，配电线路导线截面积按照传统方法选定。

（4）短路电流水平。在供需双侧协同优化规划中，随着分布式电源容量的增加，分布式电源注入故障点的电流逐渐增大；当分布式电源在保护上游时，在保护下游发生故障，电流过保护的故障电流增大，分布式电源起增流作用，分布式电源离保护越近，增流作用越大，保护的灵敏度增加或保护范围增大；当分布式电源接在保护的下游时，在保护上游发生故障，有逆向短路电流出现，保护有可能失去选择性；当分布式电源接在保护的下游时，在分布式电源下游发生故障，电流过保护的故障电流减小，分布式电源起分流作用，保护的灵敏度减小或保护范围减小。

1）在分布式电源靠近负荷中心、区域分布式电源出力比例较大时，配电网各个节点短路电流容量配置应当满足规划终期分布式电源接入规模对短路电流水平的要求，并在过渡期根据分布式电源接入规模进行整定计算。

2）在分布式电源远离负荷中心时，短路电流容量配置按照传统方法选定。

（5）用户接入。传统电网规划方案制定过程中，仅考虑以不同电力用户最大电力负荷叠加作为负荷预测结果，用以确定电网设施建设规模及用户接入系统方案，未考虑不同电力用户间的负荷峰谷互补特性，导致电网设施投产后出现运行负荷曲线峰谷差增大、设备综合利用效率降低等问题。在供需双侧协同优化规划中，需要针对不同用户之间差异化负荷峰谷特性，计算不同用户之间负荷互补程度，以指导用户接入方案。

1）当分布式电源远离负荷中心时，主要考虑将互补度较高的用户接入同一回线路，从而达到平滑负荷曲线的目的。

2）当分布式电源靠近负荷中心、区域分布式电源出力比例较大时，主要考虑将用户与匹配度较高的分布式电源接入同一回线路，从而达到充分就地消纳分布式电源的目的。

（6）电源接入。传统电网规划方案中，分布式电源接入主要按照不同装机规模，接入不同电压等级，未考虑对分布式电源出力与供带负荷之间的匹配关系，在供需双侧协同优化规划中，需针对当地气候条件及资源禀赋进行分析，研判分布式电源出力特性，并分析计算分布式电源与不同用户之间匹配程度，

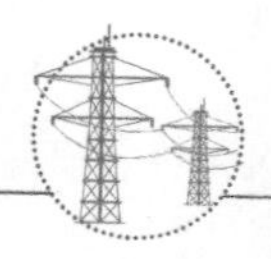

提升分布式电源消纳能力。

1）当分布式电源远离负荷中心时，主要考虑将互补度较高的各类分布式电源优化组合，从而实现稳定地供给侧电源出力。

2）当分布式电源靠近负荷中心、区域分布式电源出力比例较大时，主要考虑将分布式电源与消纳匹配度较高的用户接入同一回线路，从而达到就地充分消纳分布式电源的目的。

3. 规划流程

供需双侧协调优化规划不仅仅以满足负荷需求作为电网需求分析的唯一标准，即不仅仅基于最大负荷水平下，进行配电网容量配置和网架构建，而是在传统规划的流程基础上，考虑不同负荷特性、不同分布式电源出力特性，结合供给侧可再生能源消纳和需求侧资源的调控潜力，将规划流程划分为配电系统评估、电力需求预测、网荷协调规划、建模仿真校验等内容，如图 4-10 所示。

（1）配电系统评估。基于传统电网现状分析，本流程新增分布式电源、储能系统等内容的分析，结合历史发电特性曲线、典型日负荷曲线及电压质量等运行历史数据，判别分布式电源接入电压等级、装机容量是否合理。结合现状网架结构及容量配置，评估现状电网的分布式电源消纳能力及负荷承载能力，挖掘电网薄弱环节，为电网建设改造提供先决条件。

（2）电力需求预测。基于传统电力需求预测、负荷预测方面，本流程新增分布式电源规划，柔性负荷资源评估，电动汽车、储能等互动负荷趋势判断等内容。电力平衡方面，增加了考虑分布式电源特性出力潜力分析，增加了考虑需求侧响应的调控潜力分析，达到优化负荷曲线的目标。

（3）网荷协调规划。基于传统变电站空间布局及中压网架规划，考虑规划区域内分布式电源、多元化负荷、储能等新元素的发展需求，结合现状电网评估中电网薄弱环节，高压配电网规划方面，本流程新增了分布式电源、储能等资源的选址定容。中低配电网规划方面，增加了供需双侧协调优化的配电网设备配置模型，提出网架建设多套规划方案。

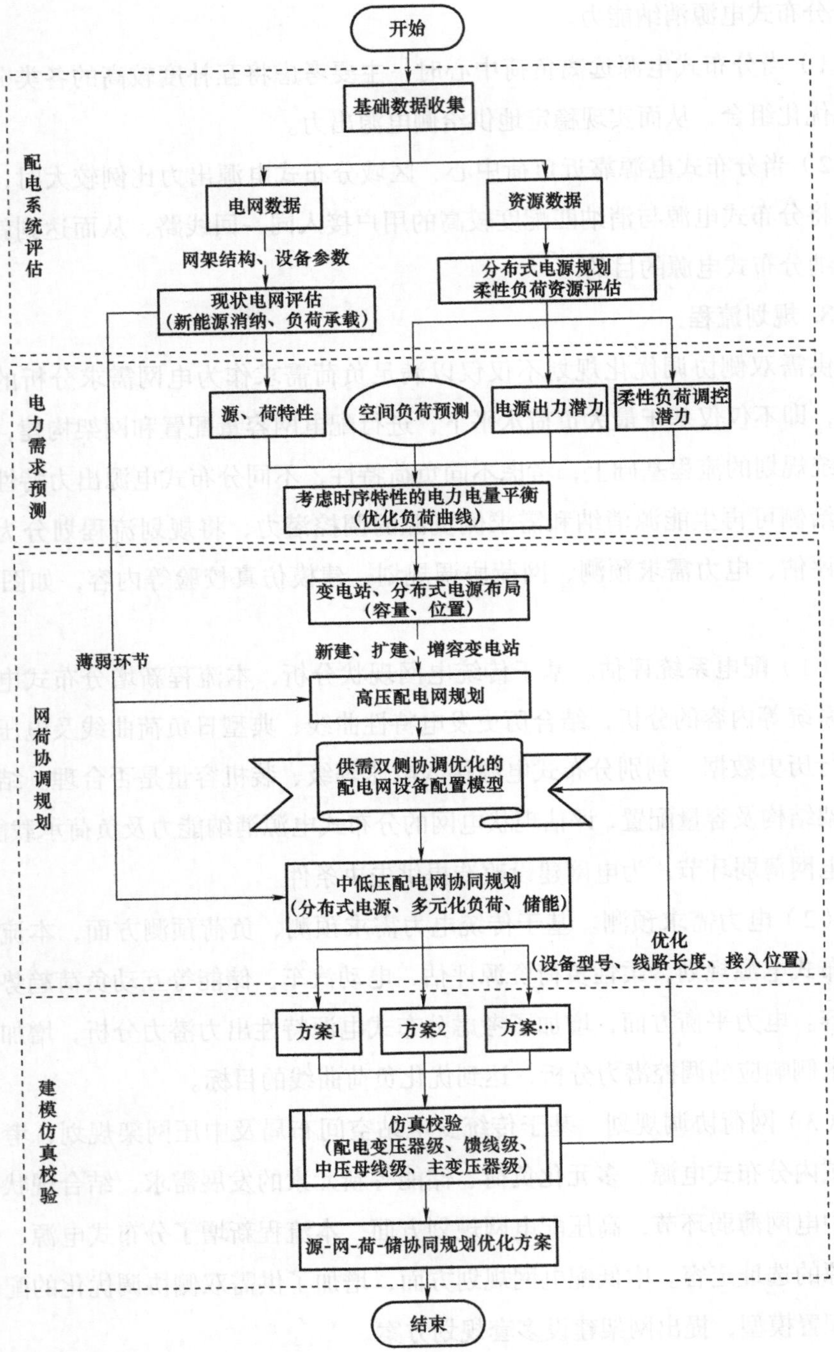

开始

配电系统评估

基础数据收集

电网数据

资源数据

网架结构、设备参数

分布式电源规划
柔性负荷资源评估

现状电网评估
（新能源消纳、负荷承载）

电力需求预测

源、荷特性

空间负荷预测

电源出力潜力

柔性负荷调控潜力

考虑时序特性的电力电量平衡
（优化负荷曲线）

网荷协调规划

变电站、分布式电源布局
（容量、位置）

新建、扩建、增容变电站

薄弱环节

高压配电网规划

供需双侧协调优化的
配电网设备配置模型

中低压配电网协同规划
（分布式电源、多元化负荷、储能）

优化
（设备型号、线路长度、接入位置）

建模仿真校验

方案1

方案2

方案…

仿真校验
（配电变压器级、馈线级、
中压母线级、主变压器级）

源-网-荷-储协同规划优化方案

结束

图 4-10 规划流程图

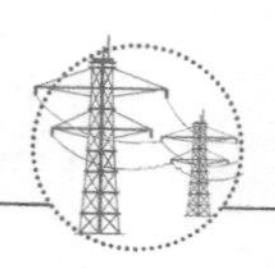

（4）建模仿真校验。突破传统规划，新增建模仿真校验流程，利用时序仿真平台，对规划方案进行数字化仿真模拟与运行分析，应用四级校验法（配电变压器级、馈线级、中压母线级、主变压器级），以分布式电源充分消纳、配电网资源配置最优为目标，结合仿真结果，优化配置模型中设备型号、线路长度、接入位置，提出"源、网、荷、储"协同规划优化方案，实现不同电压等级以及不同区域内分布式电源和负荷的最佳匹配。

4.2 多元主体规划技术

4.2.1 分布式光伏在城市中时空分布特性的分析

4.2.1.1 分布式光伏的时间分布特性

从宏观上来看，根据时间尺度的不同，分布式光伏出力的时间分布特性可分为长期特性和瞬时特性。长期特性包括周期性和间歇性等，是分布式光伏一天及一天以上较长时间内所展现出的特性，主要受太阳光照强度影响，通常较为稳定；瞬时特性包括随机性和波动性等，是由云层遮蔽或飞鸟经过等不可控因素造成的，一般来说很难预测。下面针对这几个特性进行分析。

1. 周期性

由于分布式光伏是将太阳能转换为电能，因此分布式光伏出力符合太阳光照强度变化规律。夜间和凌晨几乎无光照，故此时段分布式光伏出力为零。随着日出太阳光照强度逐渐增强，到12：00—14：00达到顶峰，随后逐渐下降直至日弱时变为零，分布式光伏出力亦表现出对应变化趋势。虽然晴天和阴雨天分布式光伏出力程度不同，某一天可能因为外界因素呈现或大或小的波动性，但总的变化曲线是同一类型的，体现出了很强的周期性。

2. 间歇性

分布式光伏出力具有间歇性，这是与传统火力发电显著的不同。传统火力

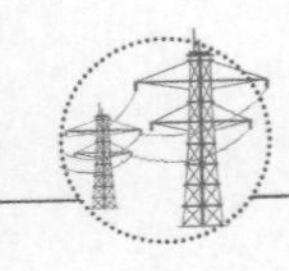

发电在燃料充足时可根据需要随时发电，而受太阳光照强度制约，分布式光伏出力时间主要集中在白天（通常为06:00—18:00），夜间分布式光伏出力几乎为零。

3. 随机性

分布式光伏出力受外界因素影响较大，任意两时刻光照强度、环境温度、空气湿度等都不可能完全相同，因此分布式光伏出力表现出一定程度的不确定性。据统计这种不确定性近似Beta概率分布，即分布式光伏出力在时间分布上具有一定随机性。

4. 波动性

不仅仅是光照强度会对分布式光伏出力大小产生影响，如果因其他原因造成阴影遮蔽光伏系统表面，其出力也会呈现瞬时的波动性。云层移动、漂浮物覆盖、飞鸟经过等原因都可能导致分布式光伏出力的不稳定，而这些因素往往是不可控的。

影响分布式光伏出力的最大因素是太阳光照强度，而太阳光照强度具有明显的日特性和季节特性，导致分布式光伏出力在一天内和不同季节内也呈现显著的时间分布特性。

（1）分布式光伏出力日特性。

1）随着光照强度变化，分布式光伏出力从06:00左右开始逐渐上升，在12:00—14:00达到顶峰，此后开始逐渐下降，直至18:00左右结束，夜间分布式光伏出力为零。

2）在阴天或雨雪天，天气因素对分布式光伏有较大影响，导致其出力表现出明显的波动性和随机性。

3）在相同的天气情况下，分布式光伏出力变化趋势大体上一致，具有较大程度的相似性，尤其是晴天时这种相似性更加显著。

（2）分布式光伏出力季节特性。太阳光照强度与太阳高度、云量、大气状况及天气等有着紧密联系，因而太阳光照呈现季节特性，分布式光伏出力由此也具有相同规律，夏季太阳光照强度高，日出早且日落晚，分布式光伏的运行时间相应较长，因此出力较大；冬季太阳光照强度低，日出晚且日落早，

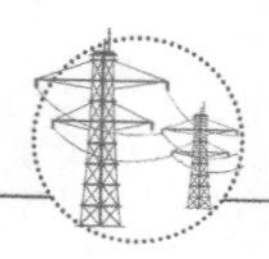

分布式光伏的运行时间较、春夏季节明显缩短，因此出力较小。一年之中夏季分布式光伏出力最大，春季和秋季次之，冬季分布式光伏出力明显小于其他季节。

4.2.1.2 分布式光伏的空间分布特性

分布式光伏目前有屋顶型和地面型两种。地面光伏电站主要分布在郊外、农业大棚、鱼塘等地，需占用一定面积且投入资金较大。出于安装成本和建设用地考虑，城市中分布式光伏的利用形式主要是屋顶型，实现就地消纳部分电量、剩余电量上网。以下讨论的都是屋顶型分布式光伏。由于分布式光伏建设时需要满足一定的选址要求，故其在城市中的空间分布具有一定的规律性。分布式光伏的空间分布主要与屋顶资源、建筑物资源等因素有关。

1. 屋顶的可利用面积

分布式光伏的容量与屋顶的可利用面积正相关。分布式光伏的容量要达到一定规模，否则经济效益低下，难以吸引建设投资。这就要求屋顶可利用建设面积不能过小，故要充分考虑屋顶布局、女儿墙高度、设备等因素。屋顶总面积过小、女儿墙过高、安装的设备如太阳能热水器和中央空调等较多时，一般不适宜建设分布式光伏。

2. 屋顶的类型及承载力

屋顶类型有混凝土和彩钢瓦两类。通常混凝土屋顶装机容量较小，满负荷发电小时数高，而彩钢瓦屋顶装机容量大，满负荷发电小时数低。不同类型的屋顶承载力不同，不仅要考虑屋顶结构自重，还要考虑外加负载，如设备、人员的重量。混凝土屋顶需要考虑防水问题，彩钢瓦屋顶需要考虑瓦片结构、瓦片朝向等问题。在不同类型的屋顶上，分布式光伏布局不尽相同，这是预测分布式光伏空间分布的一个重要参考点。

3. 建筑物类型

针对不同类型的建筑物，可以分别分析出相关的可利用面积、用电负荷特性、预期发电收益等，从而指导分布式光伏的科学分布。常见的建筑物包括工业园区、商业建筑、医院、学校、居民住宅等，它们是城市中分布式光伏所需屋顶的主要来源。

工业园区和商业建筑用电负荷大，且在时间上符合分布式光伏的出力特性，工商业用电价格高，预期收益因此十分可观，另外，工业园区屋顶可利用面积丰富，为分布式光伏的发展提供了足够的空间；而居民住宅虽然总体上可利用面积大，但是涉及所属权问题，协调成本高昂，实际操作较为繁杂，此外居民住宅用电负荷与分布式光伏出力特性不匹配，用电价格低，也制约了分布式光伏的大规模应用。目前，我国城市中分布式光伏的建设用地以工商业为主，居民为辅，工业园区是分布式光伏电站重要的屋顶资源基础，这是分布式光伏在城市中空间分布最显著的特点。

4. 建筑物高度

分布式光伏一般分布在高度较低的建筑上，因为如果建筑物过高会产生很多局限性。首先，安装难度大，人工成本高；其次，分布式光伏占地面积较大，楼层越高负荷越大，会对光伏运行造成不利影响；再次，日常检修和维护成本高，也不符合分布式光伏方便、灵活的特点。

5. 建筑物产权

如果建筑物产权不归分布式光伏投资者所有，那么就涉及产权问题，因此会有一定的谈判成本和使用成本。目前，在有些工业厂房发展分布式光伏举步维艰，主要原因就是厂房使用权存在不确定性，致使工厂积极性较低。

4.2.2 电动汽车在城市中时空分布特性的分析

4.2.2.1 电动汽车的时间分布特性

电动汽车的时间分布特性主要有两个决定性因素，一是充电时间；二是充电持续时长。我国目前常见的电动汽车有公交车、出租车、私家车和公务车等，不同种类的电动汽车在充电时间、充电方式等问题上存在差异，也就导致了各自时间分布特性不完全相同。各类型电动汽车的充电时间有如下特点。

1. 公交车

电动公交车每日行驶里程是固定的，一般为 150 ~200km。公交车运营有两个

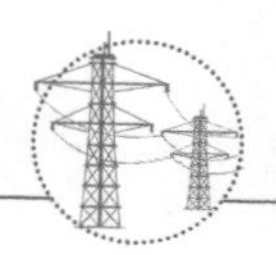

高峰时段，即每天上班时间（06 : 30—09 : 00）和下班时间（16 : 30—18 : 30），在此期间公交车发车频繁，其他时段发车间隔稍长。目前，电动公交车的电池容量不足以支撑其一天的运营，故需考虑其充电负荷的时间分布。电动公交车由于具有固定的运营时间和路线，故充电时间比较容易确定。一般来说，白天电动公交车的充电时间应排除运营高峰时段，10 : 00—16 : 30 间可进行快速充电，23 : 00—次日 05 : 30 可进行常规充电。

2. 出租车

电动出租车每日行程在 350~500km。由于行驶里程较长，行驶路线不固定，因此充电负荷的时间分布相对波动性较大。出租车分为白班和夜班，白天充电负荷集中在 11 : 30—14 : 30 的休息时段，通常为快速充电；夜晚充电负荷集中在 02 : 00—05 : 00，通常为常规充电。

3. 私家车

私家车使用的自由度较高，但行驶时间主要是上下班时段和节假日，充电桩主要集中在办公单位停车场、居民住宅区停车场和商业区停车场。私家车在单位及住宅停放时间较长，一般可利用常规充电或慢速充电模式。电动私家车在居民区充电时段集中在 06 : 00—08 : 00 和 17 : 00—19 : 00，即上班之前和下班之后时段，白天充电负荷很少；电动私家车在工商业区和办公场所的充电时间从 09 : 00 开始逐渐增加，至 14 : 00 左右达到最高峰，夜间充电负荷较少。

4. 公务车

公务车使用时间具有确定性，未执行公务时段通常严禁私自滥用，故其充电时间比较固定，一般集中在 18 : 00 至次日 06 : 00 内，充电模式为常规充电或慢速充电。

充电时长是决定电动汽车负荷时间分布的另一个重要因素。由以上分析可以知道，即使是确定的某一类型的电动汽车在不同的充电时段内充电持续时间也不一样，这与选择的充电模式有关。图 4–11 所示为电动汽车充电持续时间概率密度。由图 4–11 可以看出，电动汽车的充电持续时间集中在 1~2h 内（快速充电模式）和 5h 左右（常规充电模式或慢速充电模式）。

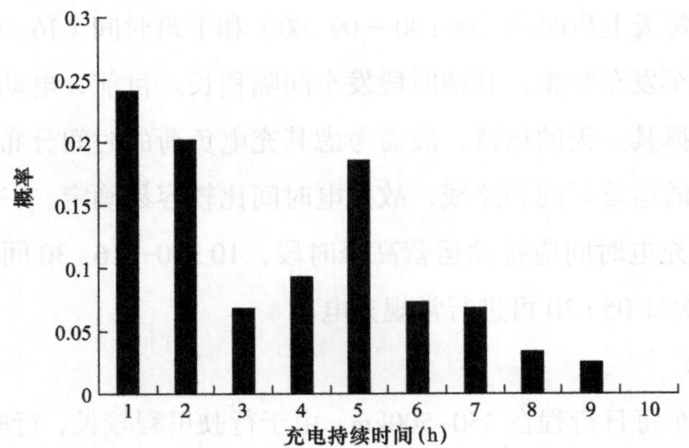

图 4-11　电动汽车充电持续时间概率密度

4.2.2.2　电动汽车的空间分布特性

电动汽车的充电行为通常发生在停车位置，因此通过研究电动汽车的停车规律可以得到其空间分布特性。城市用地可划分为居民区、工商业区、文化娱乐区等，其中前两个区域是电动汽车的主要充电地点。研究电动汽车的空间分布特性，实际上就是要将某一地区按用地性质的不同人为划分成若干功能区，然后分析不同功能区内电动汽车的停车需求，从而建立起相应的空间分布模型。由于不同功能区承担的城市职责不同，地理位置和经济基础也相差较大，直接影响了区域内的人口密度和车流量，因此电动汽车负荷的空间分布必须考虑不同区域。下面对某居民区和工商业区（包括行政办公区）内电动汽车的空间分布特性进行分析。

1. 居民区

表 4-10 所示为某居民区的停车需求率，停车需求率是指此时段停车需求与最大停车需求的比值。居民区内电动汽车充电负荷的空间分布与停车需求率密切相关，表现出如下特性。

（1）一天内，电动汽车充电负荷在居民区内分布规律呈凹函数关系，即从凌晨开始逐渐下降，到正午达到最低，此后开始逐渐上升。

（2）电动汽车充电负荷在居民区内凌晨和傍晚是两个高峰时段，原因是大部分车主选择上班之前对电动汽车进行充电，另外部分车主选择傍晚下班后

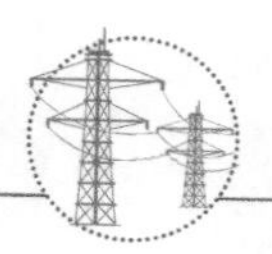

直接充电。

（3）白天由于居民区内活动人员较少，电动汽车充电负荷也相应较少。

表 4-10　某居民区的停车需求率

时间段	停车需求	时间段	停车需求
06:00—07:00	0.81	14:00—15:00	0.40
07:00—08:00	0.78	15:00—16:00	0.42
08:00—09:00	0.58	16:00—17:00	0.45
09:00—10:00	0.51	17:00—18:00	0.49
10:00—11:00	0.46	18:00—19:00	0.58
11:00—12:00	0.43	19:00—20:00	0.66
12:00—13:00	0.41	20:00—21:00	0.70
13:00—14:00	0.41	21:00—22:00	0.72

2. 工商业区

电动汽车在工商业区的空间分布与其在居民区情况差别较大，主要表现出如下特性。

（1）一天内，电动汽车充电负荷在工商业区内分布规律呈凸函数关系，即从凌晨开始逐渐上升，到正午达到最高，此后开始逐渐下降。

（2）08:00开始，工商业区电动汽车充电负荷开始显著增加，主要原因是人群因工作或购物等原因大量涌入，停车后集中对电动汽车进行充电，10:00—17:00电动汽车充电负荷分布均很密集。

（3）夜晚由于工商业区内人流量不高，电动汽车充电负荷也相应较少。

工商业区的停车需求率见表 4-11。

表 4-11　工商业区的停车需求率

时间段	停车需求	时间段	停车需求
06:00—07:00	0.37	14:00—15:00	0.97
07:00—08:00	0.40	15:00—16:00	0.90

续表

时间段	停车需求	时间段	停车需求
08 : 00—09 : 00	0.58	16 : 00—17 : 00	0.82
09 : 00—10 : 00	0.78	17 : 00—18 : 00	0.68
10 : 00—11 : 00	0.86	18 : 00—19 : 00	0.57
11 : 00—12 : 00	0.96	19 : 00—20 : 00	0.47
12 : 00—13 : 00	0.97	20 : 00—21 : 00	0.45
13 : 00—14 : 00	0.99	21 : 00—22 : 00	0.40

4.2.3 分布式光伏时空分布的预测

对分布式光伏出力进行时间分布的预测，具有十分重要的意义。第一，能够确保实现就地消纳，满足用电需求；第二，能够提升分布式光伏接入配电网的能力；第三，能够为分布式光伏的规划设计、配电网调度和管理的优化提供经验。如前文所述，分布式光伏出力受天气状况、安装条件等多种因素影响，且无序接入配电网的大量光伏系统彼此之间会相互耦合，这更加大了分布式光伏出力预测的难度。目前，分布式光伏出力时间分布的预测方法有两大类，一种是直接预测方法；另一种为间接预测方法。

分布式光伏出力的直接预测方法核心均是利用数据统计原理，通过大量历史数据对未来不同天气光伏出力进行预测。由于数据容量大，预测的精度通常较高。常见的直接预测方法包括数据统计预测方法、人工智能预测方法等。

4.2.3.1 数据统计预测方法

数据统计预测方法是通过对大量分布式光伏出力的历史数据和长时间的天气预报数据进行统计和分析，寻找出一定的规律，从而建立起天气因素与光伏出力间关系的预测模型。数据统计预测方法主要有时间序列预测法、灰色理论预测法和多元线性回归预测法等。文献 [1] 提出了一种短期出力预测模型，

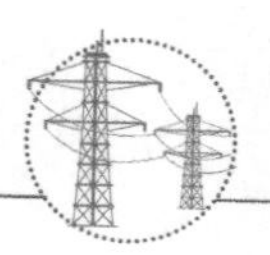

适用于适合序列的发展形态；文献 [2] 通过对 5 年历史数据分析，建立了一种短、中期负荷预测，适用于呈指数型变化趋势的时间序列；文献 [3] 提出了光伏发电与光照强度和元件温度相关的多元线性回归短、中期预测模型，并在不同天气情况下进行验证，结果符合预期目标。

4.2.3.2 人工智能预测方法

数据统计预测方法的一个明显缺点就是所需数据数量巨大，相当耗费工作者精力和成本。另外，我国天气预报往往并不包括太阳光照强度预报，太阳光照强度获取难度较大，这成为了数据预测方法广泛应用的桎梏。人工智能预测方法建立在数据预测方法的基础上，通过学习历史事件建立光伏出力预测模型，区别在于人工智能方法并不采用确切的统计方法，而是使用某种智能算法，表达各变量之间线性或非线性关系，计算复杂但精度很高。常见的人工智能预测方法如下。

1. 人工神经网络

人工神经网络模型由大量不同权重的神经元节点组成，特点是高维和非线性。人工神经网络的学习规则就是调整不同神经元之间的权重。文献 [4] 考虑利用易得的环境湿度、温度等因素替代获取难度较大的太阳辐照度，对天气类型聚类识别，建立不同季节基于神经网络的光伏出力预测模型，精度较高；文献 [5] 改进了传统利用太阳辐照度的神经网络预测模型，建立了神经网络与关联数据的预测模型。

人工神经网络预测模型虽然算法复杂，但是具有很高的智能型和模仿能力，预测精度能经受复杂天气状况的考验，比较适用于分布式光伏出力的预测。

2. 支持向量机

支持向量机预测方法是通过分析过去较长时间范围内天气和光伏出力的历史数据，总结出两者的关联性，筛选出适合的数据放入支持向量机模型中学习，从而建立起分布式光伏的出力预测模型。在我国，华北电力大学的栗然等开辟了利用支持向量机进行光伏出力预测的先河，在文献 [6] 中利用过往天气预报资料和 NASA 提供的太阳辐射数据，建立了基于支持向量回归机（SVR）的光伏出力预测模型。文献 [7] 利用最小二乘支持向量机（LSSVM）结构简单和计算速度快的特点，通过赋予各类数据不同权重，对光伏出力进行超短期预测。

分布式光伏的间接预测方法是直接利用天气预报数据进行预测，摒弃光伏大量的历史数据，因此操作相对简便。目前，分布式光伏的间接预测主要采用数值天气预报和基地云图。此方法往往要在大型计算机上进行，因为其对数值计算能力要求较高。预测过程是：设定边界条件，输入天气因素的初值，通过求解流体力学和热力学复杂的方程组预测未来较长一段时期天气的变化趋势，得到多达百种精确到时刻的天气要素预报，从而为已有分布式光伏出力预测模型提供输入数据。

由以上分析可以看出，分布式光伏出力时间分布预测方法各有特点，不同方法的适用条件、计算复杂度、计算精度等都存在显著差异，需要根据实际情况选择合适的方法进行预测。

分布式光伏空间分布的预测过程，首先应调研城市某区域屋顶资源，预判分布式光伏合适的建设地点。其次，结合当地光伏电站建设的特点得到有效光伏使用面积，从而计算出分布式光伏装机容量，可用如下模型进行描述，即

$$F(x,\ y) \xrightarrow{f_1} S(x,\ y) \xrightarrow{f_2} P(x,\ y) \tag{4-9}$$

式中：$F(x, y)$ 表示建筑屋顶资源特征；$S(x, y)$ 表示光伏有效使用面积；$P(x, y)$ 表示分布式光伏装机容量；f_1 和 f_2 表示某种选定的函数。

最后，对光伏总装机容量进行合理布局，实现分布式光伏科学的空间分布预测结果。

分布式光伏在城市中空间分布预测的基础是屋顶资源的预测，重点应考虑屋顶总面积大、建筑用电负荷与分布式光伏时间出力特性相匹配、用电负荷大且用电价格高的资源类型。如前文所述，我国城市中屋顶资源的来源主要包括工业园区、商业楼、居民住宅、医院和学校等。其中，屋顶资源最理想的选择是工业园区大面积厂房的屋顶；其次是商业建筑屋顶；居民住宅屋顶受成本等因素制约，发展进程较为缓慢。经过筛选确定某区域屋顶资源适合发展分布式光伏后，通过分析该区域屋顶资源历史和现状统计数据，建立数学模型，预测

未来一定年限内屋顶总面积。

某区域分布式光伏总装机容量可由式（4–10）进行预测，即

$$P_i=E_i(\sum_{j=1}^{m}S_{ij}a_{ij}b_{ij})\times\eta \tag{4–10}$$

式中：P_i 为 i 区域分布式光伏总装机容量，kW；E_i 为 i 区域最大光照强度，kW/m^2；S_{ij} 为 i 区域 j 类型屋顶面积，m^2；a_{ij} 为 i 区域 j 类型屋顶有效利用率，%；b_{ij} 为 i 区域 j 类型屋顶光伏普及率，%；η 为光伏转换效率，%。

我国天气预报内容一般不包括太阳光照强度，相关数据可查阅美国国家航空航天局（NASA）网站资料。屋顶面积预测方法前文已经介绍，不同类型屋顶的有效利用率见表 4–12。

表 4–12　不同类型屋顶的有效利用率

建筑类型	工业园区	商业建筑	办公建筑	居民住宅	学校
有效利用率（%）	50	15	15	40	50

屋顶光伏普及率可用对数回归曲线进行拟合，即

$$Y=a+b\ln x(b>0) \tag{4–11}$$

式中：Y 为屋顶光伏普及率，%；a 和 b 为调整系数，由历史和现状数据分析得出；x 为将年份转化后的时间序列。

光伏转换效率理论计算较复杂，是分布式光伏系统电池阵列效率、交流并网效率以及逆变器效率的乘积，实际应用中一般可取 80%。

4.2.4 电动汽车时空分布的预测

电动汽车充电负荷预测是分析电动汽车对电网的影响和进行城市电网规划的重要内容。受各种复杂因素的影响，电动汽车充电负荷的时空分布具有较大的随机性，预测较为困难。近年来研究重点已经逐渐转向基于电动汽车时空分布特性对电动汽车充电负荷总需求进行预测。其中基于电动汽车停车特性和用户习惯的预测方法一般是：对未来一段时间电动汽车保有量进行预测，划分不同功能区，针对不同区域停车特点，得到相应停车需求的空间分布；然后根据该区域电动汽车日行驶里程、电池荷电状态、充电起始时间以及充电持续时间

等因素，建立电动汽车充电负荷的时间分布模型。将大量电动汽车按时间进行累加，接着按不同功能区进行累加，就可以得到某区域电动汽车总充电负荷的时空分布。

电动汽车的时间分布预测包括电动汽车行驶里程分布预测、电池的荷电状态（SOC）预测、充电起始时间预测和充电持续时间预测等内容，以下做出具体分析。

（1）行驶里程分布：根据大量的统计数据，电动汽车日行驶里程分布规律呈对数正态分布，可用如下概率密度公式进行描述，即

$$D(x)=\frac{1}{x\sigma_D\sqrt{2\pi}}\exp\left[-\frac{(\ln x-\mu_D)^2}{2{\sigma_D}^2}\right] \tag{4-12}$$

$$\mu_D=\ln(E_x)-1/2\ln(1+D_x/{E_x}^2)\sigma_D=\ln(1+D_x/{E_x}^2) \tag{4-13}$$

式中：μ_D 和 σ_D 分别为正态分布的均值和标准差；E_x 和 D_x 分别为行驶里程的期望和方差，取值由电动汽车的类型和所在城市汽车出行规律等因素共同决定。

（2）电池的荷电状态：电池荷电状态（SOC）是指电池剩余电量与电池额定容量的比值，其大小与汽车的行驶里程呈线性关系，即

$$\mathrm{SOC}(t)=\left[\mathrm{SOC}_0-\frac{\frac{x}{T}\times(t-t_0)}{D}\right]\times 100\% \tag{4-14}$$

式中：SOC（t）为电动汽车电池在 t 时刻的荷电状态；SOC_0 为初始荷电状态；x 为日行驶里程；T 为日平均行驶里程；t_0 为行驶初始时刻；D 为电动汽车最大的续航里程。

（3）充电起始时间：上文已经针对不同类型电动汽车的充电时间和充电模式做了详尽分析。对于常规充电模式来说，单一车辆充电时间受其类型和所在功能区的影响，并不表现出确切的分布规律，而是呈现一定的波动性。但是相关数据显示，大量电动车同时充电时，其概率密度近似服从分段正态分布，即

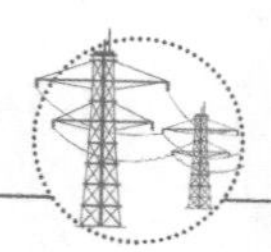

$$f(t)=\begin{cases}\dfrac{1}{\sqrt{2\pi}\sigma_t}\exp\left[-\dfrac{(t_s-\mu_t)^2}{2\sigma_t}\right], & (\mu_t-12)\leqslant t_s\leqslant 24\\ \dfrac{1}{\sqrt{2\pi}\sigma_t}\exp\left[-\dfrac{(t_s+24-\mu_t)^2}{2\sigma_t}\right], & 0\leqslant t_s\leqslant(\mu_t-12)\end{cases} \tag{4-15}$$

式中：σ_t 为充电起始时间的方差；μ_t 为充电起始时间的平均值。两个参数由电动汽车所在城市保有量、用户习惯、电动汽车类型和充电所在功能区等因素决定。

在快速充电模式下电动汽车充电时间波动性更加强烈，通常认为其在各个时间段内均匀分布，于是有如下描述公式，即

$$f(t)=\frac{k_i}{b_i-a_i} \tag{4-16}$$

式中：k_i 为不同充电区间的比例；b_i 为不同时段充电时间的上限；a_i 为不同时段充电时间的下限。

（4）充电持续时间：电动汽车使用锂电池较多，这种背景下充电持续时间可由式（4-17）来描述，即

$$\Delta t=\frac{[\mathrm{SOC}_0-\mathrm{SOC}(t)]\times C}{\eta\times P} \tag{4-17}$$

式中：C 为电池容量；P 为充电接口功率；η 为充电效率。

根据前文分析知，电动汽车的空间分布预测可基于停车需求预测理论。电动汽车在不同时段的停车分布特性可由式（4-18）进行描述，即

$$E_{di}(t)=\sum_{j=1}^{M} P_{dij}\times X_{dij}\times f_{dij}\times \phi_{ij} \tag{4-18}$$

式中：$E_{di}(t)$ 为 d 年 i 区域 t 时刻电动汽车停车需求量；P_{dij} 为 d 年 i 区域 j 类用地单位停车需求量；X_{dij} 为 d 年 i 区域 j 类用地建筑面积；f_{dij} 为 d 年 i 区域 j 类用地发展状况相关系数；ϕ_{ij} 为车辆变化系数，其值取决于 t 时刻进入和离开该区域的车辆总数及该地区车辆总保有量。

值得注意的是，现阶段电动汽车时空分布的预测结果并不精确，主要因为建模时对电动汽车的用户习惯、出行分布预测、充电场所差异性等考虑不全面，模型相对粗糙，这需要进一步进行探索。

4.2.5 考虑多元负荷接入的配电网协调规划技术原则

4.2.5.1 接入容量和并网电压等级的规定

分布式电源接入电压等级可根据装机容量进行初步选择，见表 4–13。并网电压等级应根据电网条件，通过技术经济比较来确定。

表 4–13 分布式电源接入电压等级参照表

单个并网点容量（kW）	并网电压等级（V）
8 以下	220
8~400	380
400~6000	10000
6000~20000	35000

4.2.5.2 电能质量技术要求

多元负荷接入后，其与公用电网连接处的电压偏差、电压波动和闪变、谐波、三相电压不平衡、间谐波等电能质量指标应满足 GB/T 12325—2008《电能质量 供电电压偏差》、GB/T 12326—2008《电能质量 电压波动和闪变》、GB/T 14549—1993《电能质量 公用电网谐波》、GB/T 15543—2008《电能质量 三相电压不平衡》、GB/T 24337—2009《电能质量 公用电网间谐波》等电能质量国家标准的要求。

4.2.5.3 接入方式与位置

对于 10kV 典型工业园区的架空网输电线路，在分布式电源容量合计不超过配电变压器额定容量的条件下，工程上可采用 T 接的方式，也可采用专线接入的方式接入分布式光伏，同时变电站需要扩建 10kV 间隔。分布式光伏若采用 T 接的方式接入配电网，则需要考虑线路的传输功率是否能够满足光伏的接入，不能满足可考虑对线路进行改造或者变更并网线路，对于供电可靠性要求较高的用户，还可以考虑增加储能等调节手段，实现就地备用。

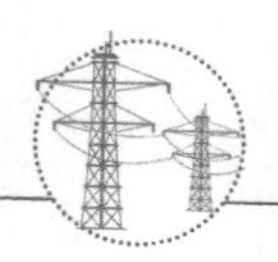

由于光伏电源接入配电网后会带来大量电力电子器件，会向电网注入大量谐波，从而使电网的电流电压谐波含有率上升。因此，当配电网在接入容量较大的光伏电源后可能使配电网的总电流谐波畸变率超标，如果接入前配电网的谐波水平良好，则可在接入时加入滤波装置以抑制谐波；如果接入前接入点的配电网谐波水平很差，则需要重新选择接入点。当分布式光伏接入配电网后，接入点电压可在一定程度上升高，无功补偿要求就地平衡。

并且分布式光伏受地理位置及天气条件等因素的影响，间歇性较强，输出功率不太稳定。若光伏采用T接的方式，针对低供电需求的用户，以经济效益为主，主要考虑地理环境因素与降低网损，针对高供电可靠性需求的用户，应有足够的备用容量，需配置一定容量的储能系统，以保证光伏出力的消纳，同时降低光伏发电的波动性，储能的配置容量满足式，即

$$P_{\text{store}} \geqslant \frac{\text{MAX}(P_{\text{DG}})-P_{\text{load}}}{90\%} \tag{4-19}$$

式中：P_{store} 为储能配置容量；$\text{MAX}(P_{\text{DG}})$ 为分布式光伏的最大出力；P_{load} 为线路负荷。

分布式光伏具有小而灵活、效率高、投资成本低等优点。分布式光伏接入在靠近负载端能够有效降低输电损耗。并且光伏逆变器可通过调节发出一定的无功功率，其导致接入点电压水平有所提升。因此分布式光伏的接入位置除了考虑环境因素和经济效益外，还需要尽可能地服务于配电网。

分布式光伏一般优先配置于配电网的中末端或者重载的区域，既可以降低配电网的网络损耗，又提升配电系统的电压水平和电压稳定性，但需要注意电压越限的问题。

由蒙特卡洛负荷预测模型所得到的各类电动汽车负荷预测可知，目标年电动公交车的充电负荷在所有车型中占比最大，单台电动公交车的充电功率较大，约为80kW，充电地点在每条路线的首尾站公交站，充电方式为大规模的集中充电。为了保证规划的前瞻性和全局性，充电设施应留有一定潜力，能够适应未来数年内电动汽车的发展要求，因此电动公交车首尾站的充电负荷应配置独立的充电供电设施，供电系统配置专用的变压器，以保证充足的容量以应对未

来的负荷增长。变压器可以选用Dynll联结方式（高压绕组为三角形、低压绕组为星形，且有中性点，接线组别为“11”的三相配电变压器。）来阻断3倍次数的谐波，而这也是电动汽车的主要谐波次数。当负荷增长到一定规模时，还需要优化配电网结构，采用线路组团的接线方式，提高供电可靠性和电能质量。

单台私家车的充电负荷虽然小，但是目标年电动私家车总数占了所有电动汽车数量的67%，因此私家车的充电负荷也不可轻视。因为私家车的充电方式主要采用慢充，充电功率约为7kW，接在400V系统内，充电地点主要是公司停车场和居住小区的停车场，所以当私家车负荷发展到一定规模的时候，主要以高层小区为主的居民区所处的区域配电网需要最先做出调整，但从实际情况出发，该区域的配电网往往不具备新建专用的供电变压器的条件，因此可以利用原有的基础供电设施来为电动汽车充电负荷供电，然后对其进行升级改造。

其余的包括老城区、多层小区、别墅等居民区也采用原供电基础设施为私家车充电负荷供电，多层型小区的供电需求的增长情况需要进行观察、记录，可以以充电桩的利用率为指标。在必要的时刻，再对多层型小区的充电设施采用上述的方式进行改造。

随着电动汽车负荷的不断增加，大量的电动汽车充电机的电力电子装置并网，谐波问题是主要问题。对于充电桩内部而言，控制由6脉波整流器增加到12脉波整流器，可以很大程度降低低次谐波，从而减小谐波电流。这种方法也可以应用在别墅等只有个别台数的充电桩的升级上。

对于集中充电区域，可以在接入点加装滤波装置进行集中治理谐波，包括无源滤波器和有源滤波器，也可增加无功补偿装置，无功补偿装置不仅可以改善功率因数，还可为系统提供静态与动态稳定，改善电压调节，减小电压畸变率。

随着电动汽车的普及，电动汽车充电不仅仅是一个庞大的负荷，还会使接入点的电压有所下降，这恰恰与光伏的优势互补，因此可以将光伏与电动汽车就近接入，既可以就地消纳掉光伏的出力，降低了网损，又可以一定程度地调

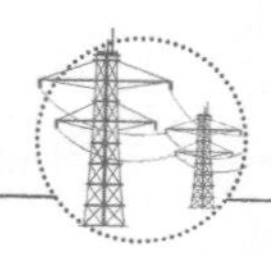

节并网点电压，并且光伏逆变器的主要谐波次数与目前主流的电动汽车充电机的一致，两者接在一起会有谐波相抵消的作用。但是大型的集中快充站或公交车充电站由于负载过重，在位置规划上应尽量靠近变压器出口端，可以有效地减小网损和电压偏移的程度。

4.2.5.4 考虑多元负荷接入的配电网协调规划原则

1. 负荷密度

高方案下，考虑分布式光伏的接入后，工业区负荷密度指标由 120W/m^2 下降到 108.58W/m^2；低方案下，工业区负荷密度指标由 40W/m^2 下降到 33.15W/m^2。分布式光伏的接入对工业负荷密度预测的影响见表 4–14。

表 4–14 分布式光伏的接入对工业负荷密度预测的影响

项目	单位建筑面积负荷指标（W/m^2）	建筑密度	容积率	单位面积可敷设光伏（W）	屋顶有效面积（m^2）	光伏出力（W）（效率 0.8）	考虑后（W/m^2）
工业用地	40	0.3	1	60	0.8	11.52	33.15
	120	0.5	1	60	0.8	19.2	108.58

考虑电动汽车负荷后，对应不同电动汽车占比下，居民区域负荷密度指标见表 4–15。

表 4–15 考虑电动汽车负荷的居民区负荷密度指标 W/m^2

单位户数电动汽车比例（%）	0	10	20	30	40	50	60	70	80	90	100
低方案	30	32	35	37	40	42	44	47	49	52	54
高方案	70	72	75	77	80	82	84	87	89	92	94

2. 容载比选择

考虑多元负荷接入规模不同变化幅度情况下，配电网容载比选取范围见表 4–16 和表 4–17。

表 4-16　　计及光伏接入配电网渗透率不同条件下容载比选择

<table>
<tr><th>项目</th><th colspan="4">供电区域类型</th></tr>
<tr><td>光伏渗透率 a_P</td><td>$a_P \leqslant 10\%$</td><td>$10\% < a_P \leqslant 20\%$</td><td>$20\% < a_P \leqslant 30\%$</td><td>$30\% < a_P \leqslant 50\%$</td></tr>
<tr><td rowspan="2">110kV 容载比</td><td>A+、A</td><td colspan="3">B、C、D</td></tr>
<tr><td>1.5~2.0</td><td>1.8~2.1</td><td>1.7~2.0</td><td>1.6~1.9</td></tr>
<tr><td rowspan="2">35kV 容载比</td><td colspan="4">C、D</td></tr>
<tr><td>1.5~2.0</td><td>1.8~2.0</td><td>1.7~1.9</td><td>1.6~1.8</td></tr>
</table>

表 4-17　　计及电动汽车接入配电网渗透率不同条件下容载比选择

<table>
<tr><th>项目</th><th colspan="4">供电区域类型</th></tr>
<tr><td>电动汽车渗透率 b_P</td><td>$b_P \leqslant 10\%$</td><td>$10\% < b_P \leqslant 20\%$</td><td>$20\% < b_P \leqslant 30\%$</td><td>$30\% < b_P \leqslant 50\%$</td></tr>
<tr><td rowspan="2">110kV 容载比</td><td>A+、A</td><td colspan="3">B、C、D</td></tr>
<tr><td>1.6~2.0</td><td>1.8~2.2</td><td>1.9~2.2</td><td>2.0~2.3</td></tr>
<tr><td rowspan="2">35kV 容载比</td><td colspan="4">C、D</td></tr>
<tr><td>1.6~2.0</td><td>1.8~2.2</td><td>1.9~2.3</td><td>2.0~2.5</td></tr>
</table>

表 4-16、表 4-17 中分析多元负荷组成仅考虑光伏发电与电动汽车两类。

根据以上分析，对于多元负荷如电动汽车负荷增长潜力大的地区，可适当提高容载比，110kV 按 2.3 选取；对于多元负荷如光伏发展较为快速且相对稳定的地区，可适度降低容载比，按不低于 1.6 选取。

35kV 容载比按平均水平 1.7 选取。对于市辖供电区以 110kV 直降 10kV 为主的配电网，35kV 容载比不作计算；对于面积小、与市区联系紧密、经济基础好、工业园区较多的地区，随着 110kV 布点的增加可在表 4-16、表 4-17 中所列值的基础上对应适度降低 35kV 容载比；对人口规模较大地区面积较广的县，可在表 4-16、表 4-17 中所列值的基础上对应适度提高 35kV 容载比。

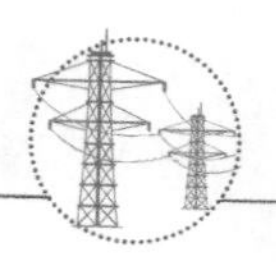

4.2.5.5 供电水平

根据饱和年电动汽车保有量预测结果，通过高、中、低方案的居民住宅建筑用电指标可初步测算区域户均容量需求指标。规划区户均容量配置表见表4–18。

表 4–18 规划区户均容量配置表

高方案下户均容量选取范围						
户均电动汽车台数（台）	0	0.2	0.4	0.6	0.8	1
有序充电下户均容量（kW/ 户）	8	8.2~8.4	8.4~8.6	8.7~8.9	8.9~9.1	9.2~9.4
无序充电下户均容量（kW/ 户）	8	8.4~8.6	8.9~9.1	9.3~9.5	9.8~10.0	10.3~10.5
中方案下户均容量选取范围						
户均电动汽车台数（台）	0	0.2	0.4	0.6	0.8	1
有序充电下户均容量（kW/ 户）	7	7.2~7.4	7.4~7.6	7.7~7.9	7.9~8.1	8.2~8.4
无序充电下户均容量（kW/ 户）	7	7.4~7.6	7.9~8.1	8.3~8.5	8.8~9.0	9.3~9.5
低方案下户均容量选取范围						
户均电动汽车台数（台）	0	0.2	0.4	0.6	0.8	1
有序充电下户均容量（kW/ 户）	6	6.2~6.4	6.4~6.6	6.7~6.9	6.9~7.1	7.2~7.4
无序充电下户均容量（kW/ 户）	6	6.4~6.6	6.9~7.1	7.3~7.5	7.8~8.0	8.3~8.5

当户均电动汽车台数为 1 时，在高方案的负荷密度下，电动汽车无序、有序充电条件下户均配电容量需分别调整为 10.3~10.5、9.2~9.4kW/ 户；在中方案的负荷密度下，需分别调整为 9.3~9.5、8.2~8.4kW/ 户；在低方案的负荷密度下，需分别调整为 8.3~8.5、7.2~7.4kW/ 户。

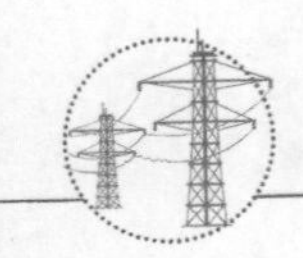

4.3 增量配电规划技术

4.3.1 传统配电网规划的不适应性

4.3.1.1 规划主导权的不适应性

《电力规划管理办法》（国能电力〔2016〕139号）明确指出，全国电力规划由国家能源局负责编制，省级电力规划由省级能源主管部门负责编制。国家能源局是全国电力规划的责任部门，省级能源主管部门是省级电力规划的责任部门，按照“政府主导、机构研究、咨询论证、多方参与、科学决策”的原则，分别组织编制全国和省级电力规划。电力企业是电力规划的主要实施主体和安全责任主体，应负责提供规划基础数据，积极承担电力规划的研究课题，提出规划建议，支持和配合规划工作，并按审定的全国、省级电力规划编制企业规划。省级电力规划应重点明确所属地区的大中型水电（含抽水蓄能）、煤电、气电、核电等项目建设安排（含投产与开工），进一步明确新能源发电的建设规模和布局，提出110kV及以上电网项目建设安排（含投产和开工）和35kV及以下电网建设规模。

由此可见，省级电力规划将由政府主导，并将覆盖至配电网层面，同时省级电力规划关于配电网的规划深度要求包括110kV及以上电网项目建设安排（含投产和开工）和35kV及以下电网建设规模。目前，各省份正在积极组建省级电力规划研究中心，各省级电网中心的组建方案不一，依托单位包括省级电力设计院、省电网公司经济技术研究院等。

4.3.1.2 规划方法的不适应性

传统配电网规划分为负荷预测、电力平衡、电网结构规划、智能化规划、投资估算及技术经济评价等环节。然而，传统配电网规划不考虑单个项目的投资收益。虽然传统配电网规划也会涉及技术经济评价，但是传统配电网规划的

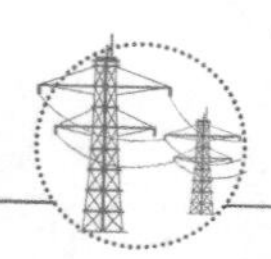

技术经济评价一般考虑两种评估方式：①在给定投资额度的条件下选择供电可靠性最高的方案；②在给定供电可靠性目标的条件下选择投资最小的方案。这种技术经济评价方法和目前各省的输配电价定价机制密切相关。

目前国家电网有限公司各省公司管辖营业区内按照全省统一建设、统一收费的思路确定输配电价，《省级电网输配电价定价办法（试行）》明确指出"准许成本加合理收益"的办法核定输配电价，核定省级电网输配电价，先核定电网企业输配电业务的准许收入，再以准许收入为基础核定输配电价，并依据不同电压等级和用户的用电特性和成本结构，分别制定分电压等级、分用户类别输配电价。因此各省传统营业区内的配电网规划不以单个配电网项目的收益率为目标，不考虑单个配电网项目配电价格与投资成本的关系（通过全省范围内"准许成本加合理收益"回收成本），重点仍然考虑的是配电网规划的安全性和可靠性。

1. 配电价格采用方法说明

增量配电业务配电价格模式采用的是激励性监管办法，结合《关于制定地方电网和增量配电网配电价格的指导意见》和国内外其他定价方法，增量配电业务区域内配电价格将主要采用准许收益法、标杆电价法、市场竞争法、标尺竞争法、价格上限法。各类方法的说明详细如下。

（1）准许收益法。省级价格主管部门在能源主管部门确定增量配电网规划投资后，可参照《省级电网输配电价定价办法（试行）》（发改价格〔2016〕2711 号），核定配电企业监管期的准许成本、准许收益、价内税金，确定监管周期内的年度准许总收入，并根据配电网预测售电量核定监管期的独立配电价格。

（2）标杆电价法。以同类型配电网社会平均先进水平为基准，按照"准许成本加合理收益"方法按省制定标杆配电价格。在充分考虑配电网所在地区的销售电价、上网电价、省级电网输配电价、趸售电价等现有电价情况等因素的基础上，结合地区经济发展需求、交叉补贴情况和各类配电网的平均成本，对配电网的标杆电价进行合理测算。

（3）市场竞争法。未确定项目主体的增量配电网，可以采用公开招标、竞争性谈判等市场竞争方式确定特许经营期的业主，以及增量配电网准许收入

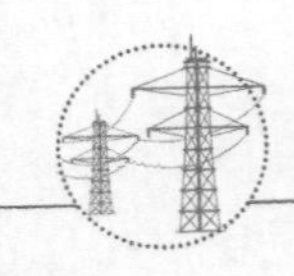

和配电价格。采用招标方式确定增量配电网主体及相应配电价格，应同时做出对应的投资规模、配电容量、供电可靠性、服务质量、线损率等承诺。政府相关主管部门主要对合同约定的供电服务指标等进行监管和考核。

（4）标尺竞争法。为促进配电网竞争，可以先按照“准许成本加合理收益”的方法测算某个配电网的配电价格，再按测算的该配电网配电价格与本省其他配电网配电价格的加权平均来最终确定该配电网的配电价格。在监管初期，可赋予该配电网价格以更高权重，并设置合理的价格上限。

（5）价格上限法。先按照“准许成本加合理收益”的方法测算某个配电网的配电价格，再参照其他具有可比性的配电网配电价格，引入供电可靠性、服务质量等绩效指标，确定该配电网的配电价格上限，由配电网企业制定具体配电价格方案，报省级价格主管部门备案。

2. 传统配电网存在的不适应性

不同定价机制下，对增量配电网的规划原则会产生重大影响。例如，在收入上限或固定电价模式，应在满足安全可靠性等基本技术目标下，根据最小运行投资费用考虑增量配电网的规划；在准许收益模式下，应在满足安全可靠性等基本技术目标下，根据财务净现值最大目标考虑规划。

因此，增量配电业务的配电网规划首要目标发生了变化，适应配电价格监管机制并提高增量配电业务的投资效益是增量配电业务规划的首要目标。除此之外，传统配电网规划还存在以下不适应性。

（1）负荷预测方法不适应。传统负荷预测方法略显粗犷。负荷预测不仅和增量配电网计划投资相关，也和增量配电网的配电价核定相关。为提高增量配电网规划以及投资的准确性，负荷预测应更精细化。

（2）容载比选取方法的不适应性。容载比是某一电压等级的整体概念，代表的是该电压等级上变电设备容量与负荷水平的相对关系。在电网规划中，一般采用容载比来确定某一电压等级的整体容量，然后再用负载率来选取单个变电站的容量。对于增量配电网而言，供电区域范围并不大，宜首先分析单个变电站最大允许负载率，再分析整个增量配电网的容载比。

（3）未充分考虑区域内分布式电源的影响。为提高增量配电网的经济效益，

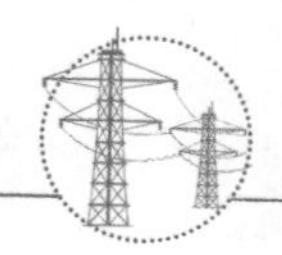

增量配电网运营者更有动力在增量配电网区域建设分布式电源和储能设备。增量配电网的电力平衡应适当考虑可再生能源、储能的平衡系数。在传统的电力平衡方法中，几乎不考虑光伏、风电对电力平衡的影响，同时也没有将电池储能考虑进电力平衡。而对于增量配电网而言，由于放开了社会资本投资，同时其又可以开展直接面向用户的售电服务，因此增量配电网有了更多市场动力发展分布式电源和用户侧储能。

（4）电量平衡的目的不同。一般而言，电量平衡是用来判断投产机组的年利用小时数，进而分析其投资效益，但增量配电网的电量平衡是为配电价核定服务的。

4.3.2 纳入适应增量配电业务放开的电网规划方法

4.3.2.1 电压序列选择

1. 增量配电网电压序列选择主要考虑因素

增量配电网应优化配置电压序列，简化变压层次，避免重复降压。同时在选择电压序列时应考虑以下几个因素：

（1）负荷发展密度和发展规模的要求。一般而言，在不考虑配电网内新建电源的情况下，考虑配电网建设规模需要考虑 2 个条件：第一个是区域面积和用地性质；第二个是基于区域面积和用地性质的负荷判断。为满足区内供电需求，负荷预测是配电网规模方案的基础，应根据远景年负荷预测情况确定配电网总体建设规模。

（2）增量配电服务经济性的要求。国家发展改革委办公厅国家能源局综合司在《关于云南增量配售电业务改革有关问题的复函》中对目前增量配售电业务中出现的种种争议做了统一回复，提出了对增量配电网与省级电网共用网络之间的价格结算方式：增量配电网接入省级电网共用网络，应当按照接入点电压等级执行省级电网共用网络输配电价。

目前，各省市核定的输配电价已相继公布，不同省份之间在 220~10kV 电压等级对应的省级电网共用网络输配电价价差差异性较大，自 220kV 降压至

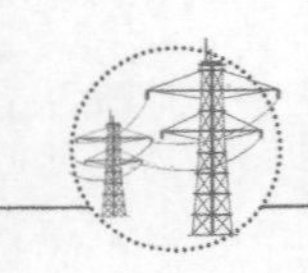

10kV 的取费依据从 0.03~0.10 元 /kWh 不等。

因此，增量配电网在考虑电压序列时，在满足供电基本技术要求情况下，从经济效益最大化角度出发，可适当考虑增量配电网并网电压等级和用户用电电压等级。

（3）区内大用户对于电压等级的要求。发展增量配电网的主要目的之一是提高用电服务。因此，增量配电网内电压等级的选择也应结合大用户输送距离、线路损耗等，提出适应于大用户直供电的电压等级。

2. 电压序列选择建议

（1）电压等级序列与供电区域的关系。DL/T 5729—2016《配电网规划设计技术导则》给出了各类供电区域负荷密度范围，见表 4-19。增量配电网一般建设在工业园区或开发区，增量配电网可以选取负荷密度为标准考虑，该标准下，增量配电网适应于 A+、A 和 B 类区域。因此，对于增量配电网而言，其各类供电区负荷密度见表 4-20。

表 4-19　　一般供电区域划分表

供电区域		A+	A	B	C	D	E
行政级别	直辖市	市中心区或 $\sigma \geqslant 30$	市区或 $15 \leqslant \sigma<30$	市区或 $6 \leqslant \sigma<15$	城镇或 $1 \leqslant \sigma<6$	乡村或 $0.1 \leqslant \sigma<1$	—
	省会城市、计划单列市	$\sigma \geqslant 30$	市中心区或 $15 \leqslant \sigma<30$	市区或 $6 \leqslant \sigma<15$	城镇或 $1 \leqslant \sigma<6$	乡村或 $0.1 \leqslant \sigma<1$	—
	地级市（自治州、盟）	—	$\sigma \geqslant 15$	市中心区或 $6 \leqslant \sigma<15$	市区、城镇或 $1 \leqslant \sigma<6$	乡村或 $0.1 \leqslant \sigma<1$	牧区
	县（县级市、旗）	—	—	$\sigma \geqslant 6$	城镇或 $1 \leqslant \sigma<6$	乡村或 $0.1 \leqslant \sigma<1$	

注　1. σ 为供电区域的负荷密度，MW/km^2。
2. 供电区域面积不宜小于 5km^2。
3. 计算负荷密度时，应扣除 110kV 及以上电压等级的专线负荷，以及高山、戈壁、荒漠、水域、森林等无效供电面积。
4. A+、A 类区域对应中心城市（区）；B、C 类区域对应城镇地区；D、E 类区域对应乡村地区。
5. 供电区域划分标准可结合区域特点适当调整。

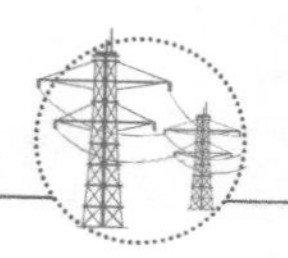

表 4-20　　增量配电网供电区域划分表

供电区域	A+	A	B
负荷密度	$\sigma \geqslant 30$	$15 \leqslant \sigma<30$	$6 \leqslant \sigma<15$

注　σ 为供电区域的负荷密度，MW/km²。

DL/T 5729—2016《配电网规划设计技术导则》对各类供电区域变电站最终容量配置进行了说明（见表 4-21），同时根据表 4-21 分析结果，按照 3 台主变压器设置变电站台数可以发挥主变压器最大利用效率。因此，基于增量配电网经济技术最优建设方案考虑，即变电站按 3 台主变压器设置，不考虑其过载能力，容载比建议为 1.5。增量配电网各类供电区域变电站最终容量配置推荐表见表 4-22。

表 4-21　　规划导则关于各类供电区域变电站最终容量配置推荐表

电压等级（kV）	供电区域类型	台数（台）	单台容量（MVA）
110	A+、A 类	3~4	80、63、50
	B 类	2~3	63、50、40
	C 类	2~3	50、40、31.5
	D 类	2~3	50、40、31.5、20
	E 类	1~2	20、12.5、6.3
35	A+、A 类	2~3	31.5、20
	B 类	2~3	31.5、20、10
	C 类	2~3	20、10、6.3
	D 类	1~3	10、6.3、3.15
	E 类	1~2	3.15、2

注　1. 表中的主变压器低压侧为 10kV。
　　2. A+、A、B 类区域中 31.5MVA 变压器（35kV）适用于电源来自 220kV 变电站的情况。

表 4-22　　增量配电网各类供电区域变电站最终容量配置推荐表

电压等级（kV）	供电区域类型	台数（台）	单台容量（MVA）	最大供电负荷（MW）
110	A+、A 类	3	80、63、50	100~161
	B 类	3	63、50、40	80~127
35	A+、A 类	3	31.5、20	40~63
	B 类	3	31.5、20、10	20~63

注　1. 表中的主变压器低压侧为 10kV。
2. A+、A、B 类区域中 31.5MVA 变压器（35kV）适用于电源来自 220kV 变电站的情况。
3. 根据表 4-23，3 台主变压器时推荐的容载比为 1.49~1.57。

表 4-23　　增量配电网主变压器容载比取值建议

是否考虑主变压器过载	单个变电站主变压器台数 N	K_1	K_2	K_3	容载比建议
考虑 1.3 倍短时过载	N=2	0.95	0.65	1	1.62
	N=2	0.95	0.65	1	1.62
	N=2	1	0.65	1	1.54
	N=2	1	0.65	1	1.54
	N=3	0.95	0.87	1	1.21
	N=3	0.95	0.87	1	1.21
	N=3	1	0.87	1	1.15
	N=3	1	0.87	1	1.15
不考虑短时过载	N=2	0.95	0.5	1	2.11
	N=2	0.95	0.5	1	2.11
	N=2	1	0.5	1	2.00
	N=2	1	0.5	1	2.00
	N=3	0.95	0.67	1	1.57
	N=3	0.95	0.67	1	1.57

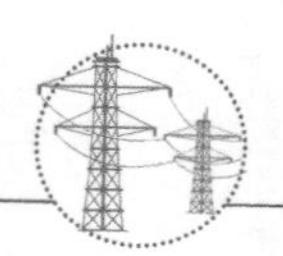

续表

是否考虑主变压器过载	单个变电站主变压器台数 N	K_1	K_2	K_3	容载比建议
不考虑短时过载	N=3	1	0.67	1	1.49
	N=3	1	0.67	1	1.49

注　K_1、K_2、K_3 为参数。

（2）结合配电服务费经济性测算与大用户供电要求选择电压序列。表 4–24 给出了各类区域各电压等级序列选择与供电区域面积的基本关系。在此基础上，结合配电服务费经济性测算与大用户供电要求选择适合 10kV 以上的增量配电网电压序列。

表 4–24　各类区域各电压等级单个变电站供电区域范围

电压等级（kV）	供电区域类型	最小负荷密度（MW/km^2）	最大负荷密度（MW/km^2）	最小供电区域（km^2）	最大供电区域（km^2）
110	A+、A 类	15	30	3.3	10.7
	B 类	6	15	5.3	21.2
35	A+、A 类	15	30	1.3	4.2
	B 类	6	15	1.3	10.5

4.3.2.2　电力电量平衡优化

1. 电力平衡计算的目的

一般的电力平衡旨在分析区域电力供应形势，并为变电站规划提供依据。而增量配电网的电力平衡可以反映增量配电区域内电力供需形势，为增量配电网的接入主网方案提供参考，例如接入上级主变压器容量以及相关输电线路截面积的选择等。

另外，增量配电网电力平衡的主要目的是根据各电压等级现有变电容量，确定该电压等级所需新增的变电容量，并为变电项目投产时序提供依据。

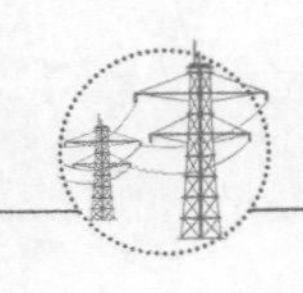

2. 影响增量配电网电力平衡的主要因素

一般而言，电力电量平衡需要明确基本要求，主要包括分布式电源利用容量计算原则、负荷考虑原则、备用容量计算原则、与主网电力交换原则等。对于增量配电网而言，主要考虑因素如下。

（1）电力交换原则应参考增量配电公司和售电公司的市场协议。增量配电网区域将涉及大量用户与电厂、售电公司与电厂之间的直接交易。因此，增量配电网与主网电力交换原则应参考增量配电公司与公共电网之间签订的相关协议。

（2）容载比取值应综合考虑供电安全性和经济性。容载比是某一电压等级的整体概念，代表的是该电压等级上变电设备容量与负荷水平的相对关系。在电网规划中，一般采用容载比来确定某一电压等级的整体容量，然后再用负载率来选取单个变电站的容量。为避免过大的容载比对建设经济性的影响，对于供电区域范围不大的增量配电网而言，宜首先分析单个变电站最大允许负载率，再分析整个增量配电网的容载比。

（3）分布式电源和储能的平衡系数。应适当考虑储能设备、用户需求响应技术对分布式电源利用容量、最大供电负荷的影响，以此提高电力平衡计算精度。

（4）需要计算增量配电网的电量平衡。分布式电源的建设可能会影响增量配电网的网供电量，从而影响增量配电网的配电服务收入。电量平衡对于增量配电网投资效益分析以及配电价格核定具有重要指导意义，应考虑电量平衡的影响。

3. 优化方法

（1）容载比参数方法。容载比是电力平衡里影响变电设备容量的关键指标。合理的容载比与网架结构相结合，可确保故障时负荷的有序转移，保障供电可靠性，满足负荷增长需求。容载比与变电站的布点位置、数量、相互转供能力有关，容载比的确定要考虑平均功率因数、变压器负载率、储备系数、负荷增长率等因素的影响。容载比选取具有普遍适应性，容载比越高，电网供电越安全，但是也会导致变电设备的高投入，影响配电网运行的经济性。容载比的确定要考虑负荷分散系数、平均功率因数、变压器负载率、储备系数、负荷增长率等

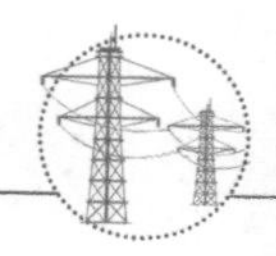

主要因素的影响。在工程中可按式（4–20）计算。当主变压器建设容量还未确定时，合理的容载比的计算方法可以按式（4–21）考虑，即

$$R_S=\frac{\sum S_{ei}}{P_{max}} \tag{4–20}$$

$$R_S=\frac{K_3}{K_2K_1} \tag{4–21}$$

式中：R_S 为容载比，MVA/MW；$\sum S_{ei}$ 为该电压等级全网或供电区内公用变电站主变压器容量之和；P_{max} 为该电压等级全网或供电区的年网供最大负荷；K_3 为负荷发展储备系数（主要由负荷增长率决定）；K_2 为变压器负载率；K_1 为平均功率因数。

在一般的配电网规划中，往往根据经验值选取容载比，一般的配电网容载比选择标准见表 4–25。

表 4–25　　一般配电网容载比选择标准

负荷增长情况	较慢增长	中等增长	较快增长
年负荷平均增长率 K_P	$K_P \leqslant 7\%$	$7\% < K_P \leqslant 12\%$	$K_P > 12\%$
35~110kV 容载比（建议值）	1.8~2.0	1.9~2.1	2.0~2.2

容载比是某一电压等级的整体概念，代表的是该电压等级上变电设备容量与负荷水平的相对关系。在电网规划中，一般采用容载比来确定某一电压等级的整体容量，然后再用负载率来选取单个变电站的容量。对于增量配电网而言，供电区域范围并不大，宜首先分析单个变电站最大允许负载率，再分析整个增量配电网的容载比。

最大负载率是指变压器所带最大负荷的视在功率与其变电容量之比。工程中负载率的取值大小与变压器台数、电网结构及经济运行情况等因素有关，当运行台数一定时，其取值与变电站内变压器台数有关。目前关于负载率的取值有两种观点：一种是高负载率；另一种是低负载率。负载率的选取原则满足主变压器"N–1"校验（停 1 台主变压器时，考虑是否可通过站内其他主变压器

完全转带负荷）。

1）高负载率（考虑主变压器短时过载倍数1.3倍）。选择适当的电气主接线可以提高主变压器允许的最大负载率。当 N=2 时，最大允许负载率为65%，如图4–12所示；N=3 时，当采用如图4–13所示的低压侧单母三分段时，其允许的最大负载率仍为65%；当采用如图4–14所示的低压侧单母六分段时，单台主变压器允许的最大负载率提高为87%。

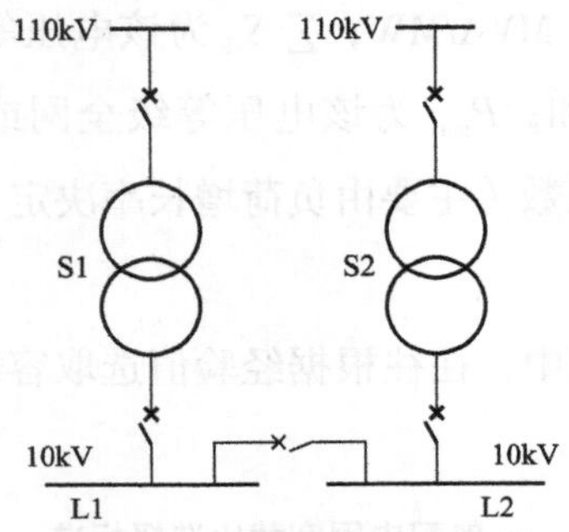

图4–12　低压侧单母双分段

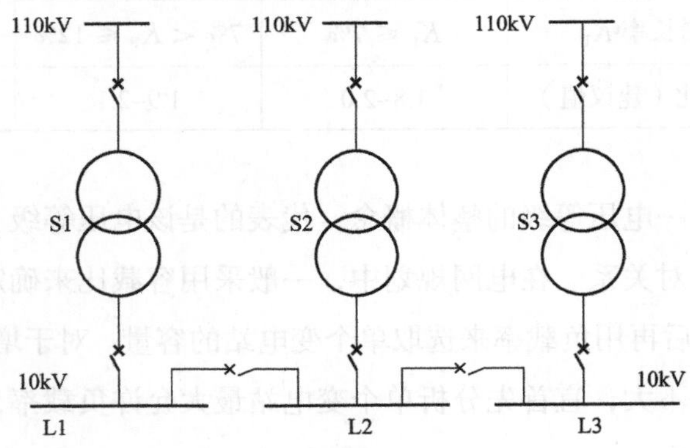

图4–13　低压侧单母三分段

2）低负载率（考虑主变压器不允许过载）。选择适当的电气主接线可以提高主变压器允许的最大负载率。当 N=2 时，允许的最大负载率为50%，如图4–12所示；当 N=3 时，当采用如图4–13所示的低压侧单母三分段时，允许的最大负载率为50%；当采用如图4–14所示的低压侧单母六分段时，单台主变压器允许的最大负载率提高为67%。

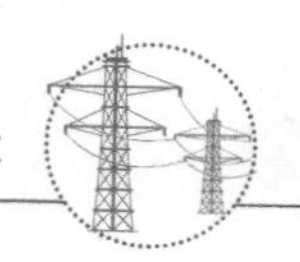

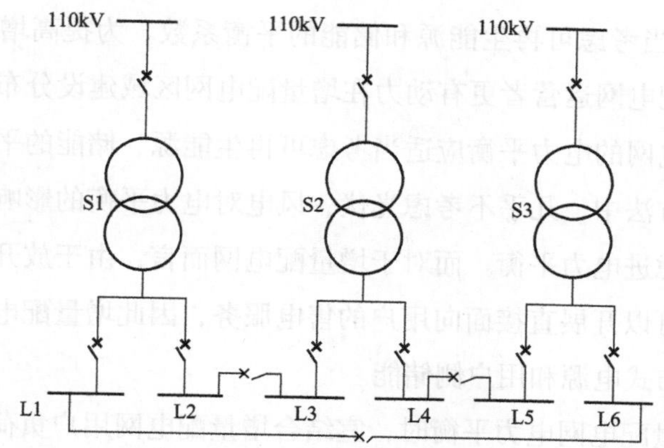

图 4-14 低压侧单母六分段

高负载率能充分发挥电网设备的利用率，减少电网建设投资。相对于容载比，负载率的计算未能考虑电网未来的发展需求，只能确定电网中某一个时间点的变电容量，并不能体现出负荷动态发展情况下的某一个时间段内的容量储备情况，在一般的配电网规划中不便使用。容载比的配置水平直接决定了电网的经济性和适应性，合理的容载比应兼顾两者。对于容载比的理论计算公式式（4-21），参数 K_2 反映了变电站内变压器的利用水平，K_3 反映了变电站容量的储备裕度，为负荷发展预留了一定的空间。针对规划区域的经济增长和社会发展的不同阶段，并考虑变电站内变压器的配置情况进行容载比的理论计算分析。

对于增量配电网而言，主变压器容载比的选择宜精确考虑转供能力，应满足主变压器“*N-1*”校验，即停 1 台主变压器时，可通过站内其他主变压器完全转带负荷。当应用式（4-21）进行计算时，参数 K_1 通过分布式电源、站内无功设备优化，可以取值 0.95~1；参数 K_2 则按照高负载率和低负载率的取值要求，建议增量配电网按照变电站 3 台主变压器进行设计以提高主变压器利用率，K_3 可以取值 65%~87%；如果按照远景饱和负荷进行增量配电区域的预测，K_4 可以取值为 1。根据上述分析结果，当考虑主变压器短时过载倍数 1.3 倍时，容载比建议取值 1.15~1.62；当不考虑主变压器过载时，容载比建议取值 1.49~2.11，详见表 4-23。同时，为了降低整个增量配电网建设成本，建议增量配电网单个变电站按 3 台主变压器设计考虑。

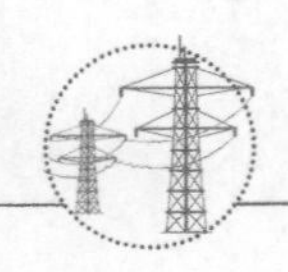

（2）宜适当考虑可再生能源和储能的平衡系数。为提高增量配电网的经济效益，增量配电网运营者更有动力在增量配电网区域建设分布式电源和储能设备。增量配电网的电力平衡应适当考虑可再生能源、储能的平衡系数。在传统的电力平衡方法中，几乎不考虑光伏、风电对电力平衡的影响，同时也没有将电池储能考虑进电力平衡。而对于增量配电网而言，由于放开了社会资本投资，同时其又可以开展直接面向用户的售电服务，因此增量配电网有了更多市场动力发展分布式电源和用户侧储能。

在考虑增量配电网电力平衡时，宜结合增量配电网用户负荷特性、分布式电源规划情况以及储能电站规划情况，考虑光伏、风电等可再生能源的平衡系数以及电储能装置在电力平衡中的作用。

4.3.2.3 电网设施布局优化

1. 高压变电站布点要求

增量配电网有 2 个基本特点：供电区域划分明确以及不重复建设原则。基于此，高压变电站布点宜选择在负荷中心地带，原因如下：

（1）避免中压配电网接线半径过远。根据 DL/T 5729—2016《配电网规划设计技术导则》，线路供电半径应满足末端电压质量的要求。正常负荷下，10kV 线路供电半径 A+、A、B 类供电区域不宜超过 3km；C 类不宜超过 5km；D 类不宜超过 15km。由于增量配电网内高压电源点有限，建议高压电源点尽量布置在负荷中心地带，以避免某些区域供电半径超过允许值，影响供电质量。

（2）避免与区外电网重复供电区域。如果将高压电源点布置在区域边缘地带，容易造成与区外高压变电站供电区域重合。即便按照不重复供电原则，也会造成两个变电站供电效率低下。

2. 廊道要求

大部分增量配电网属于新开发区域配电网，有足够的空间为将来的电力设施、廊道进行预留和优化，因此在做增量配电网规划时，需要对电力设施场址和廊道进行充分优化，主要考虑以下需求：

（1）充分考虑未来相当一段时间之后的配电网规划设施，提前预留廊道，并在规划时进行相关优化工作。

（2）结合增量配电网运营主体综合能源服务需求，结合分布式供能规划，统一考虑冷热水气电对综合管廊的建设需求。

4.3.2.4　电网结构优化

1. 电网结构基本要求

配电网结构主要指配电网的拓扑形式。对于35~110kV电网结构，一般根据负荷水平、供电可靠性要求和发展目标选择结构形式，有链式、T接、环网、辐射等结构。而对于10kV配电网网架结构则要求简明清晰，以利于配电自动化的实施，具体而言，对于10kV架空网，可采用多分段适度联络、单联络、单辐射等结构；对于10kV电缆网，可采用双环式、单环式、双射式、对射式、n供一备（$n \geqslant 2$）等结构。配电网结构对于配电网的可靠性很重要，同样对于配电网的经济性也很重要，应同时结合可靠性指标和经济性指标对配电网结构进行优化，保证供电可靠性的同时减少配电网不必要的冗余建设。

合理的电网结构是满足供电可靠性、提高运行灵活性、降低网络损耗的基础。高压、中压和低压配电网三个层级应相互匹配、强简有序、相互支援，以实现配电网技术经济的整体最优。

（1）增量配电网区域内最高电压等级的电网结构规划，涉及和上级电网的并网方案，应做好和上级电网的协调工作。

（2）增量配电网结构设计应满足基本的安全可靠性，应体现差异化供电服务特点。

（3）电网结构设计充分考虑一个供区内不允许存在2个供电公司的基本原则。对于增量配电区域内的用户变压器，如果是2路电源供电，不能1路从增量配电网接，另一路从公共电网接。

（4）满足分布式电源和多元负荷接入需求，满足用户可靠供电需求和增量配电网建设经济性需求。

（5）正常运行时，各变电站应有相互独立的供电区域，供电区不交叉、不重叠，故障或检修时，变电站之间应有一定比例的负荷转供能力。

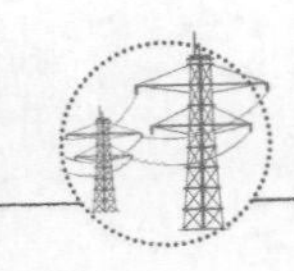

（6）在同一供电区域内，变电站中压出线长度及所带负荷宜均衡，应有合理的分段和联络；故障或检修时，中压线路应具有转供非停运段负荷的能力。

（7）高可靠性的配电网结构应具备网络重构能力，便于实现故障自动隔离。

2. 220kV 电网优化

《有序放开配电网业务管理办法》指出增量配电网电压等级包括 110kV 及以下电压等级电网和 220kV 及以下电压等级工业园区（经济开发区）等局域电网。

当增量配电网区域 220kV 变电站作为公共电网终端站点时，应保证增量配电网区域并网线路“*N-1*”停运后的安全可靠性。

总之，对于增量配电网而言，220kV 电网单元很小，并不会有太多优化空间，以服从区域电网总体规划为主。

3. 高压配电网优化

高压配电网是增量配电网的主要电源支撑，应以安全可靠为其基本原则，应采用成熟的结构形式，宜采用链式、环网结构，也可采用双辐射结构；上级电源点不足时可采用双环网结构，在上级电网较为坚强且中压配电网具有较强的站间转供能力时，也可采用双辐射结构。变电站接入方式可采用 T 接或 π 接方式。

35~110kV 变电站宜采用双侧电源供电，条件不具备或电网发展的过渡阶段，也可同杆架设双电源供电，但应加强中压配电网的联络。对于用户变电站，宜体现差异化供电服务特点，根据用户供电安全可靠性的需求进行接线方案设计。

变电站电气主接线应根据变电站在电网中的地位、出线回路数、设备特点、负荷性质及电源与用户接入等条件确定，并满足供电可靠、运行灵活、操作检修方便、节约投资和便于扩建等要求。变电站的高压侧以桥式、环入环出、单母线分段接线为主，也可采用线路变压器组接线；中、低压侧以单母线分段接线为主，变电站的 10kV 侧也可采用环形接线。

总之，35~110kV 变电站宜采用双侧电源供电，同时宜体现差异化供电服务特点，电网结构不宜完全按照最高供电标准进行建设。同时，当有高标准供电的用户需求时，相应的高供电服务产生的建设成本宜体现到特殊用户的服务费上。同时，应根据目标网架预留廊道和站址，以满足配电网发展的需要。

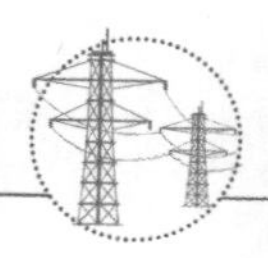

4. 中压配电网优化

一般而言，增量配电网包括完全新增地区和部分新增、部分存量地区。

（1）新增地区的典型结构方案。对于完全新增地区，宜充分考虑配电网结构的可扩展性，以下就完全新增地区提出了 3 个典型方案。

1）单辐射接线的供电方案。如图 4–15 所示，假设供电区域由对称的 6 根 10kV 出线（架空线或电缆）、一个 110kV 配电站和相应的开关设备等构成。每根出线都平均带有该供电区域内总负荷的 1/6，并且正常时每根线路都是满载运行的。

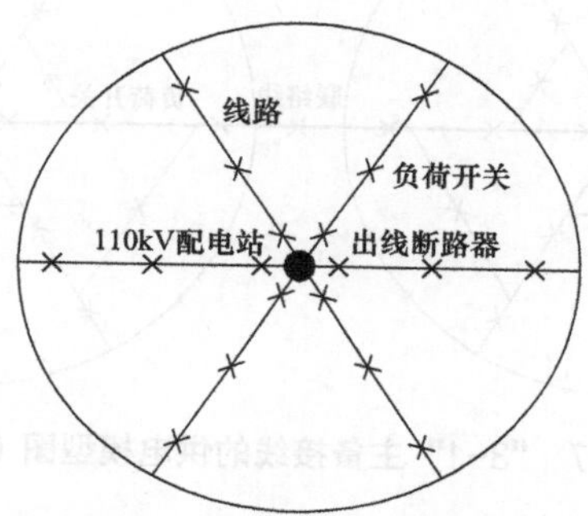

图 4–15 三分段三联络接线的供电模型图（架空线）

2）电缆主备接线的供电方案。如图 4–16 所示，以“3–1”接线为例，供电区域由对称的 3 组 10kV 出线、一个 110kV 配电站和相应的开关设备等构成。每三条出线为一组，每一组的中间线路为备用线路，三条出线的末端通过联络开关相连。正常运行时，带负荷线路的理论负载率可以达到 100%，联络线的联络开关也是断开的。

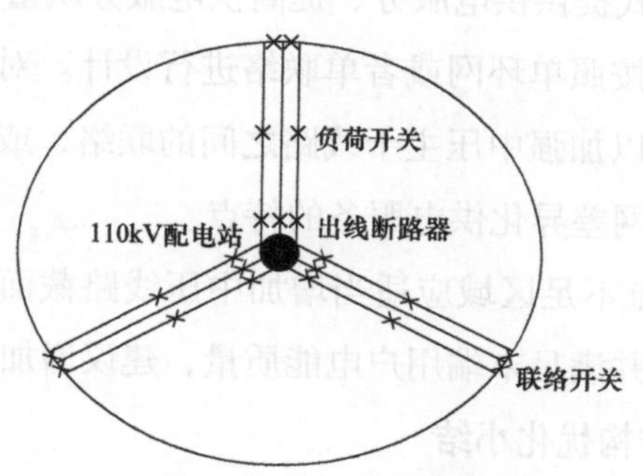

图 4–16 单辐射接线的供电模型图

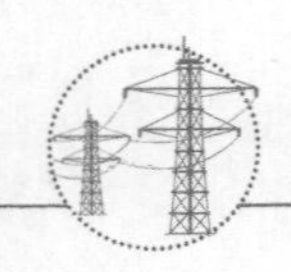

3）架空线分段联络接线的供电方案。如图4–17所示，以三分段三联络接线为例，供电区域大致与第一种相同，只是每根线路都是三分段，且有三条联络线。为了进一步提高可靠性，每条联络线都与不同的线路相连。实际运行时，可以从本供电区域内的不同线路连接联络线，也可以从相邻供电区域的线路连接联络线。正常运行时，每条出线都留有1/3的备用容量，联络线的联络开关都是断开的。

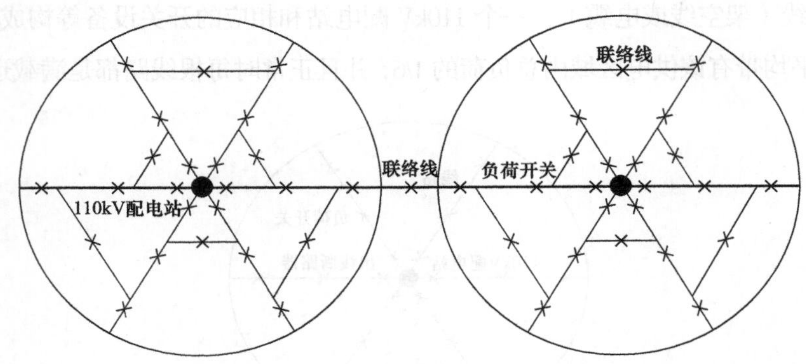

图4–17 “3–1”主备接线的供电模型图（电缆）

（2）含存量地区结合已有网架结构改造。对于含有存量部分地区，配电网的发展应充分考虑已有配电网结构进行扩展，充分考虑经济性和可靠性等因素。

对于电缆形式形成的中压配电网，宜根据供电需求采用双环式、单环式、n供一备（$2 \leqslant n \leqslant 4$）等结构；对于架空线形式形成的中压配电网，宜采用多分段适度联络；中压配电网结构应满足基本的安全性、可靠性要求。

（3）宜考虑差异化供电服务设计网架结构。增量配电网的发展目的，就是希望以市场化的方式提供供电服务、提高供电服务质量、减少供电成本。

中压配电网可以按照单环网或者单联络进行设计。对于供电可靠性要求较高的区域或用户，可以加强中压主干线路之间的联络，或在用户侧增加储能装置，以体现增量配电网差异化供电服务的特点。

（4）高压电源点不足区域应适当增加中压线路截面积。高压电源点不足区域，为了减少网损并满足末端用户电能质量，建议增加导线截面积。

5. 增量配电网结构优化小结

增量配电网设计应满足基本的安全可靠供电要求。同时，重要电力用户供

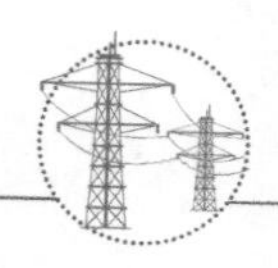

电电源配置应符合GB/T 29328《重要电力用户供电电源及自备应急电源配置技术规范》的相关规定。重要电力用户供电电源应采用多电源、双电源或双回路供电，当任何一路或一路以上电源发生故障时，至少仍有一路电源应能满足保安负荷供电要求。特级重要电力用户宜采用双电源或多电源供电；一级重要电力用户宜采用双电源供电；二级重要电力用户宜采用双回路供电。

增量配电网网架结构设计应体现差异化供电特点，在符合基本安全可靠性的网架基础上优化对重要用户的供电方案，包括利用储能等设备减少电网设备的投入等。例如，有些用户对电能质量要求高，有些用户要求低，如果按照最高标准建设配电网，则所有用户都将承受较高的配电服务费。这种情况下，增量配电网可以考虑最基本的单环结构，满足用户一般的供电需求，对于供电需求较高的用户，可以加强中压主干线路之间的联络，或在用户侧增加储能装置。

电网结构优化设计建议如下。

（1）充分考虑一个供区内不允许存在2个供电公司的基本原则。

（2）高压变电站布点宜选择在负荷中心地带。

（3）220kV电网结构以服从区域电网总体规划为宜。

（4）35~110kV变电站宜采用双侧电源供电，满足基本的安全可靠供电要求，同时宜体现差异化供电服务特点。

（5）宜先确定高压配电网方案，再研究确定中压配电网方案。

（6）对于完全新增地区，中压配电网可以采用典型结构方案进行设计；一般而言，增量配电网中压配电网按照单环网或者单联络进行设计，对于供电可靠性要求较高的区域或用户，可以加强中压主干线路之间的联络，或在用户侧增加储能装置，以体现增量配电网差异化供电服务的特点。

4.3.2.5 增量配电网经济性评价要素

1. 增量配电网总投资

增量配电网项目总投资包括建筑安装工程费、设备购置费、其他费用、预备费和建设期利息。在有存量资产时，也应考虑存量资产评估费用。

关于外部并网费用，按照“谁投资，谁受益”原则，在清晰化资产截面的

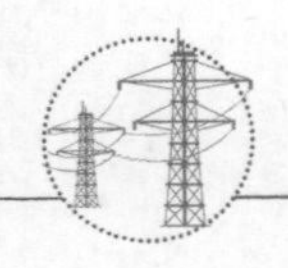

情况下，明确接入费用的承担及资产产权归属问题。资产分界点之前的接入线路和设备应由外部电网进行投资，或者由新增配电网企业投资的，经由第三方机构评估作价后，由外部电网按公允价格购回。该部分资产应纳入外部电网准许成本和准许收益的固定资产范畴。资产分界点之后的线路和设备资产，由增量配电网投资方进行投资，或者由上一级电网投资后经由第三方机构评估作价后，由新增配电网企业按照公允价格购回，该部分资产应纳入增量配电网的准许成本和准许收益的固定资产范畴。

（1）建筑安装工程费。指对构成项目的基础设施、工艺系统及附属系统进行施工、安装、调试，使之具备生产功能所支出的费用，包括直接费、间接费、利润和税金。

（2）设备购置费。指为项目建设而购置或自制各种设备，并将设备运至施工现场指定位置所支出的费用。包括设备费和设备运杂费。

（3）其他费用。指为完成工程项目建设所必需的，但不属于建筑工程费、安装工程费、设备购置费的其他相关费用。包括建设场地征用及清理费、项目建设管理费、项目建设技术服务费、生产准备费、大件运输措施费。

（4）预备费。预备费包括基本预备费和价差预备费。

基本预备费指为因设计变更（含施工过程中工程量增减、设备改型、材料代用）增减的费用、一般自然灾害可能造成的损失和预防自然灾害所采用的临时措施费用，以及其他不确定因素可能造成的损失而预留的工程建设资金。

价差预备费是指建设工程项目在建设期间由于价格等变化引起的工程造价变化的预测预留费用。

（5）建设期利息。指在建设期内发生的为工程项目筹措资金的融资费用及债务资金利息，按规定允许在投产后计入固定资产原值。

2. 增量配电网销售收入

对于增量配售电公司而言，其经营模式包括供电服务、售电服务以及其他增值服务，对于增量配电网财务评价的销售收入，应只考虑增量配电业务的配电服务收入。

目前，我国还没有增量配电网明确的定价机制文件。《有序放开配电网业

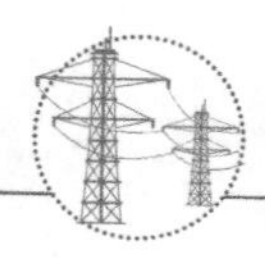

务管理办法》指出：增量配电区域的配电价格由所在省（区、市）价格主管部门依据国家输配电价改革有关规定制定，并报国家发展改革委备案。配电价格核定前，暂按售电公司或电力用户接入电压等级对应的省级电网共用网络输配电价扣减该配电网接入电压等级对应的省级电网共用网络输配电价执行。

3. 增量配电网财务分析原则

（1）一般经济评价考虑的时间周期根据特许经营协议考虑为25~30年，在做经济评价时，有两种方式。

1）考虑整个周期负荷及电量的增量，并考虑整个周期的持续投资，进行投资效益评估；

2）仅考虑近期设备的投入以及近期负荷的增量对近期工程的投资进行投资效益评估。

（2）根据《省级电网输配电价定价办法（试行）》相关规定，结合增量配电网要求，投资效益测算相关费用测算方法建议如下。

1）无形资产摊销、长期待摊销费用摊销可以计入折旧摊销费用，而不应计入运行维护费；

2）材料费、修理费和其他费用原则上以社会成本为基础测算，同时参考该企业的历史成本；

3）职工薪酬的工资总额原则上按核定的职工人数和平均工资测算，职工薪酬中的其他项目（例如职工福利费等）根据工资总额和相关办法测算。

增量配电网财务评价应只以提供供电服务进行基础分析，结合给定的配电服务费测算财务指标，或结合给定的内部收益率目标反算配电服务费用。同时，可以结合售电服务和其他增值服务的资金投入和收入计算增量配电网项目总的投资效益。

4.3.2.6 优化规划原则提炼

1. 负荷预测基本原则

（1）对于远景负荷预测方法主要考虑负荷密度法；对于近期负荷预测，仍宜采用经典的自然增长加大用户报装法，并根据园区招商办、意向入住用户

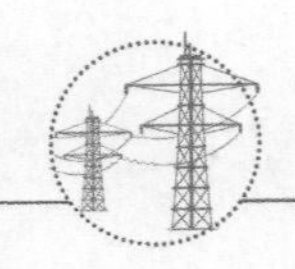

的调研进行精细化负荷预测。

（2）应扣减增量配电网冷热电综合服务方式对网供负荷预测的影响。若增量配电网考虑冷热电综合能源服务，根据采用的三联供方案，其对常规网供电负荷预测方案进行修正：内燃机三联供系统对于网供负荷的减少为其内燃机装机容量的 1.33 倍；燃气轮机三联供系统对于网供负荷的减少为其燃气轮机容量 + 后端蒸汽轮机容量 + 溴化锂机组容量 /3。

（3）适当考虑风光可再生能源与储能的有效容量系数。由于风、光出力不稳定，一般不考虑其有效利用系数，即不考虑对网供最大负荷的影响，如果配置储能设施，可以适当考虑其有效容量系数，并据此对预测网供负荷进行修正。具体需要进一步研究以及参考实践经验。

2. 电压序列和并网方案基本原则

（1）增量配电网最高电压等级设计应结合输配电价经济测算和供电要求综合考虑。

（2）增量配电网并网方案应结构清晰，相关并网线路应能保障 *"N-1"* 后增量配电网的安全供电。

（3）增量配电网和上级电网之间应有明确的关口计量点。

3. 电力电量平衡基本原则

（1）应明确分布式电源利用容量计算原则、负荷考虑原则、备用容量计算原则、与主网电力交换原则等。

（2）变电站主变压器按照 2~3 台考虑，宜按照 3 台容量一致的主变压器进行单个变电站设计。

（3）增量配电网的电力平衡应适当考虑可再生能源、储能的平衡系数。

（4）应对增量配电网进行电量平衡分析，以分析各水平年网供电量负荷。

4. 电网设施布局基本原则

（1）高压变电站布点宜选择在负荷中心地带，以避免区域供电半径超过允许值，同时避免与区外高压变电站供电区域重合。

（2）廊道规划主要考虑提前预留廊道，并结合增量配电网运营主体综合能源服务需求和分布式供能规划，对冷能、热力、给排水、燃气、电力综合管

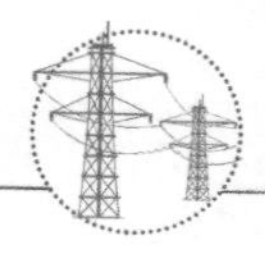

廊的建设需求进行统一考虑。

5. 电网结构规划基本原则

（1）增量配电网区域内最高电压等级的电网结构规划，涉及和上级电网的并网方案，应做好和上级电网的协调工作。

（2）增量配电网结构设计应满足基本的安全可靠性。220kV 电网以服从区域电网总体规划为宜；35~110kV 变电站宜采用双侧电源供电，满足基本的安全可靠供电要求，同时宜体现差异化供电服务特点；中压配电网按照单环网或者单联络进行设计，对于供电可靠性要求较高的区域或用户，可以加强中压主干线路之间的联络，或在用户侧增加储能装置，并体现增量配电网差异化供电服务的特点。

（3）电网结构设计充分考虑一个供区内不允许存在 2 个供电公司的基本原则。对于增量配电区域内的用户变压器，如果是 2 路电源供电，不能 1 路从增量配电网接，另一路从公共电网接。

（4）满足分布式电源和多元负荷接入需求，满足用户可靠供电需求和增量配电网建设经济性需求。

6. 财务分析基本原则

（1）应根据增量配电网价格定价机制选择项目的财务分析方法。例如，在固定电价或收入上限定价机制下，可选择投资成本的财务分析方法；在准许成本 + 准许收益的模式下，可选择财务净现值分析方法。

（2）增量配电网财务评价应只以提供供电服务进行基础分析，结合给定的配电服务费测算内部收益率等指标，或结合给定的内部收益率目标反算配电服务费用。可以结合售电服务和其他增值服务的资金投入和收入计算增量配电网项目总的投资效益。

（3）外部并网费用应有清晰的资产边界。

（4）一般经济评价考虑的时间周期根据特许经营协议考虑为 25~30 年，可考虑整个周期负荷及电量的增量对整个周期进行投资效益评估，或仅考虑近期设备的投入以及近期负荷的增量对近期工程的投资进行投资效益评估。

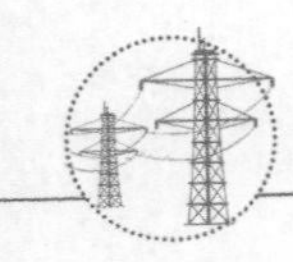

4.3.3 园区能源需求特性及预测方法

4.3.3.1 园区能源需求特性分析

1. 园区分类

依据能源需求特性及我国实际，将园区分为一般工业园区、科技园区、专业园区。各类型园区详细特征见表4-26。

表4-26 各类型园区详细特征

园区类型	详细特征
一般工业园区	工业园区是一个国家或区域的政府根据自身经济发展的内在要求，通过行政手段划出一块区域，聚集各种生产要素，在一定空间范围内进行科学整合，提高工业化的集约强度，突出产业特色，优化功能布局，使之成为适应市场竞争和产业升级的现代化产业分工协作生产区。一般工业园区主要包括经济技术开发区、保税区、出口加工区以及省级各类工业园区等
科技园区	科技园区一般是指集聚高新技术企业的产业园区。土地类型较为复杂，众多区域为工业用地性质（使用权为50年），也有部分区域是混合用地性质（其中含有公寓、写字楼、教育用地等），物业类型上包含了写字楼、标准研发区间、无污染生产单元等，配套了商业物业（食堂、会议中心、餐饮服务、商业住宿等）、研发中心、公共服务和技术支持平台等
专业园区	专业园区主要由政府集中统一规划指定区域，区域内专门设置某类特定行业、形态的企业、公司等，并进行统一管理。为集中于一定区域内特定产业的众多具有分工合作关系的不同规模等级的企业与其发展有关的各种机构、组织等行为主体。专业园区主要包括农业园区、物流园区、创意产业园区和总部经济园区等

2. 园区能源需求划分

园区包含各种类型的能源用户，即能源需求者，在不同类型的园区中，能源需求者的类型不同，从而使得各园区对能源的需求不同。从能源需求的根本来看，对能源消费者实际需求的分析是进行能源需求预测的基础。综合我国增量配电园区能源需求现状及能源使用者实际状况，可以得到我国园区能源消费者主要包含居民用户、工业用户、商业用户、公共需求，其中公共需求包括道

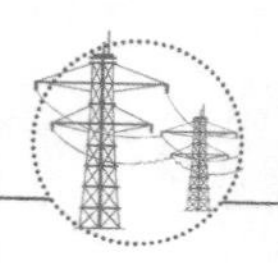

路与交通用能需求、公共设施用能需求、绿地与广场用能需求。

在此，主要分析用户对冷能、热能、电能三种能源的需求，因此能源需求特指对冷能、热能以及电能三种能源的需求情况。电能作为目前工业生产、居民生活的基本能源形式，在各类用户中均有需求，只是不同用户的负荷特征不同，其电力、电能需求的影响因素也不相同。根据各类用户的能源需求情况。热能在某些行业的生产过程中会有使用，例如生物制药、饮料、烟草、化工、冶炼等。同时，热能在北方冬天供暖时居民用户有需求，北方居民用户一般采用集中式供暖，在增量配电园区内可以探索冷能、热能、电能三联供的形式，提高能源利用效率。冷能在三种能源中比较特殊，其需求主要与行业相关，主要应用在生物制药、物流运输等行业。不同用户能源需求见表4-27。

表4-27 不同用户能源需求

用户类型		能源需求			
		电能	热能	冷能	天然气
居民用户		√	与地域、气候相关		√
工业用户		√	与行业相关	与行业相关	
商业用户		√	与地域、气候相关		√
公共需求	道路与交通	√			
	公共设施	√	与地域、气候相关		
	绿地与广场	√			

3. 园区能源需求特性分析

从上述分析可知增量配电园区电负荷为主要能源需求，在能源需求特性分析过程中主要分析电能需求特性，对热能和冷能需求特性进行简要分析。

（1）电能需求特性。电力负荷特性指标数量多，涉及日、月、季、年等不同时间段，有的是数值型，有的是曲线类；有的是反映负荷特性总体状况的，用于进行国内外和各地区横向比较；有的是在电力系统规划设计中需要用于进行分析计算的。到目前为止，还没有一个统一的分类方式和规范的指标体系，造成在实际应用中，选用的指标不一致，难以进行对比分析，也容易造成指标的混淆，带来错误和偏差。电力负荷特性指标类型见表 4–28。

表 4–28　电力负荷特性指标类型

序号	指标分类	指标名称
1	描述类	最大负荷、最小负荷、平均负荷、峰谷差
2	比较类	负荷率、最小负荷率、峰谷差率、季负荷率（季不平衡系数）
3	曲线类	日负荷曲线、周负荷曲线、月负荷曲线、年负荷曲线

负荷曲线是表示负荷随时间变动情况的坐标图，负荷曲线一般包括日负荷曲线、周负荷曲线、月负荷曲线、年负荷曲线。虽然负荷曲线是地区负荷情况的真实反映，但是负荷曲线本身并不能说明负荷的内在特点，也不能说明负荷性质等情况，在实际应用中，根据负荷曲线数据的可获得程度和应用的方便性，扩展得出一些常用的负荷特性指标，这些负荷特性指标的物力含义明确，概念性较强。一些常用的负荷特性指标定义如下：

最大负荷：在典型时段记录的负荷中，数值最大的一个。例如，日最大负荷即为典型日最大负荷，记录时间间隔可以为小时、半小时、15min 或瞬时，典型日一般选择最大负荷日，也可选最大峰谷差日，还可以根据各地区情况选不同季节的某一代表日。

负荷率：平均负荷与最大负荷的比值，即

$$\gamma=P_{\mathrm{av}}/P_{\max} \tag{4–22}$$

式中：γ 表示负荷率；P_{av} 表示平均负荷；$P_{\max}$ 表示最大负荷。

最小负荷率：最小负荷与最大负荷的比值，即

$$\beta=P_{\min}/P_{\max} \tag{4–23}$$

式中：β 表示最小负荷率；$P_{\min}$ 表示最小负荷；$P_{\max}$ 表示最大负荷。

峰谷差：最大负荷与最小负荷之差。

峰谷差率：最大负荷与最小负荷之差与最大负荷的比值。

季负荷率：又称季不平衡系数，为一年内 12 个月最大负荷日的最大负荷

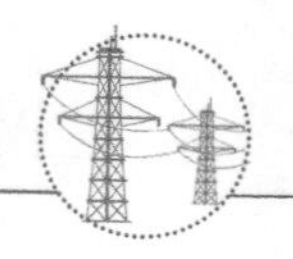

之和的平均值与年最大负荷的比值。

平均负荷：一定时期内负荷量与时间之比。一般包括日平均负荷、月平均负荷、年平均负荷。

1）居民用户及公共需求。居民用电负荷主要是城市居民的家用电器，它具有年年增长的趋势，以及明显的季节性波动特点，而且民用负荷的特点还与居民的日常生活和工作的规律紧密相关。居民用电总量相比其他需求较小，负荷时段较为集中，峰谷差较小，对价格敏感性较强，电能质量要求最低，属于需求侧管理的重点客户。我国居民销售电价存在交叉补贴，在配售电改革过程中属于保底供电服务。

公共设施负荷称为市政公用设施负荷，因为市政负荷与居民生活负荷的规律性基本相同，所以统称为市政及居民生活负荷加以分析。公共需求及居民生活负荷的总体特点大致如下。

a. 负荷变化大：年内的日变化和日内的时度变化较大，一天之内每小时的负荷量也不同，白天负荷大，夜间负荷小季节性负荷较为突出，冬、夏季节负荷明显。

b. 负荷率跨度大，负荷同时率高：因为市政及居民生活负荷的负荷利用小时数低且不确定，所以负荷率的跨度比较大，一般年负荷率为 0.75~0.95，日负荷率为 0.7~0.95；但是这类负荷的同时率高，为 0.7~0.9，容易形成一至两个日负荷高峰负荷。

c. 负荷功率因数低：市政及居民生活负荷的设施大多属于感性负荷，这类负荷的功率因数一般在 0.4~0.65 之间。例如：排给水设施负荷，城市交通机车负荷，城市路灯（大多是气体放电灯）负荷，居民负荷中的电冰箱、电风扇、电炊具、电视机、空调等家负荷器负荷。

2）工业用户。工业用电负荷是指用于工业生产的用电，一般工业负荷的比重在用电构成中居于首位，它不仅取决于工业用户的工作方式（包括设备利用情况、企业的工作班制等），而且与各行业的行业特点、季节变化和经济危机等因素都有紧密的联系，一般负荷是比较恒定的。工业负荷增长受宏观环境影响较大，负荷增长与其行业发展程度相关性较强。

工业是国家最大的电力消耗行业，工业负荷主要包括煤炭工业负荷、钢铁工业负荷、铝工业负荷、石油工业负荷、机械制造工业负荷、建筑材料工业负荷、轻工业负荷、化学工业负荷等主要方面。

煤炭工业负荷的主要特点是负荷率较低，一般在70%~75%之间，煤矿负荷多为感性负荷，自然功率因数一般低于0.8，要求供电可靠性高。

钢铁工业的负荷特点主要是规模大，耗电量多，平均日负荷率为75%~80%，要求供电可靠性高，负荷设备连续运行工作制较多，由于连续生产的设备多，负荷比较集中，负荷率较高，同时率较高，无功负荷较大，对电能的质量和供电可靠性要求较高，冲击性负荷及高次谐波对电力系统稳定运行有较大影响。

铝工业是高耗电能工业，绝大多数是一级负荷，主要特点是负荷可靠性高，日负荷曲线很平稳，生产日负荷率为85%~90%，负荷量大。

石油工业的生产流程长，从原料投入到出产品需要较长的时间，生产过程呈现连续性和均衡性，其主要负荷特点是负荷曲线较平稳，正常情况下日负荷率在95%左右，年负荷率在85%以上，负荷单耗差异大，热电联产，对供电的可靠性要求高。

机械制造工业是国民经济生产技术装备的基础工业，生产设备随生产班次运行或常年运行，负荷稳定，负荷量和电力负荷占用较大比例，机械制造工业的主要负荷特点是负荷变化大，自然功率因数低，一般低于0.8。

建筑材料工业负荷的主要特点是耗电量大，负荷曲线波动较小，负荷率较高，不受季节影响，要求供电可靠。

轻工业负荷的主要特点是负荷率高，日负荷率在90%以上，负荷曲线基本是平稳的，自然功率因数低，一般在0.8以下，设备多、单机容量小、总负荷大，对负荷可靠性要求较高。

化学工业的负荷特点是负荷量大，电力负荷集中，电力负荷平稳，负荷率高达95%以上，供电可靠性要求高。

3）商业用户。商业用电负荷主要是指商业部门的照明、空调、动力等用电负荷，覆盖面积大，且用电增长平稳，商业负荷同样具有季节性波动的特性。

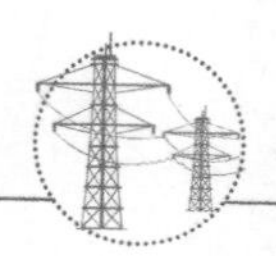

虽然商业负荷在电力负荷中所占比重不及工业负荷和民用负荷，但商业负荷中的照明类负荷占用电力系统高峰时段。此外，商业部门由于商业行为在节假日会增加营业时间，从而成为节假日中影响电力负荷的重要因素之一。

商业负荷主要表现在大型商厦、高级写字楼及宾馆等的负荷。

a. 大型商厦、高级写字楼的负荷特点主要表现为负荷曲线峰谷差很大、负荷率较低、其负荷高峰段和电网总体负荷的高峰重叠、与温度变化关系密切。

b. 宾馆的负荷特点主要表现为日负荷曲线较为平缓、波动不大、负荷率较高。因为行业特性，商业负荷的总体负荷特性表现出极强的时间性和季节性，商业负荷已经成为电网高峰负荷的主要组成部分，同时，商业系统的构成及运营方式较为统一，负荷曲线也没有很大的差别。

（2）冷热需求特性。居民用户热负荷需求受地域及季节影响较大。在南方没有居民供暖的地区，居民用户无热负荷需求，取暖通过消耗电能实现，但在北方地区则存在居民热负荷，但对热能品位要求较低。供暖多采用集中供热，通过专门机组供暖，也可以通过热电联产机组利用发电冷却水供暖。

提供冷热电综合能源服务将成为纳入增量配电业务放开的园区今后的发展趋势，以分布式三联供为典型的能源生产模式将是增量配电网内部的能源主要生产方式。与此同时，将对园区招商引资产生影响，一些冷热需求更大的用户更乐意选择入驻提供冷热服务的园区。相应地，一些本来应该通过电制冷、电制热的方式将被直接替代，因此也将造成对区内电负荷发展的影响，提供冷热电服务的技术路线如图 4–18、图 4–19 所示。

在此模式下对网供负荷的影响如下。

1）风、光等分布式发电对网供电量会产生影响，但是由于其出力不稳定，一般不考虑其有效利用系数，即不考虑对网供最大负荷产生影响。

2）分布式内燃机和燃气轮机将直接影响网供负荷最大值以及网供负荷量。

3）一般而言，供热系统分为工业蒸汽用热和生活用热（含采暖），工业蒸汽用热需求基本不影响电力负荷预测，采用燃气锅炉或者太阳能集热装置供热的对电力负荷预测影响较小；生活用热（含采暖）供应对于电负荷预测会产生一定影响。

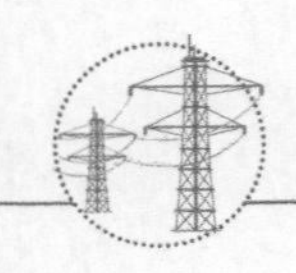

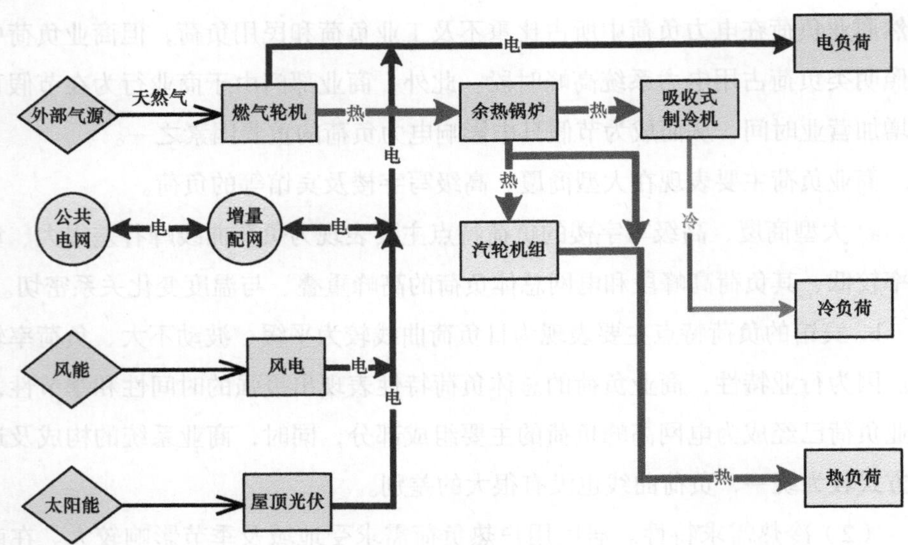

图 4-18　增量配电网燃气轮机提供冷热电服务的技术路线

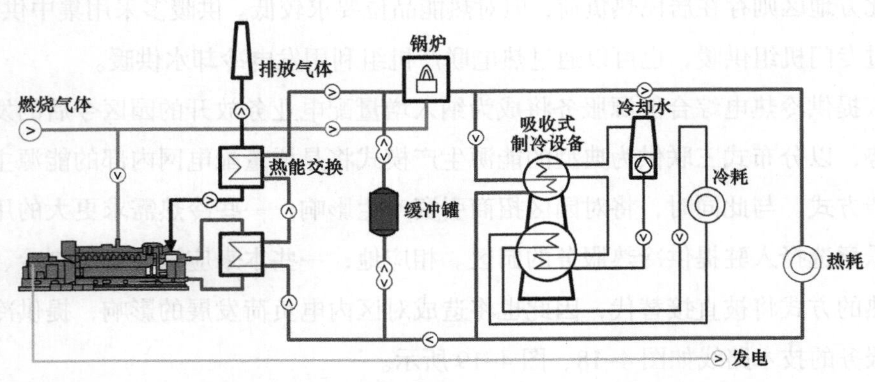

图 4-19　增量配电网内燃机提供冷热电服务的技术路线

一般而言，内燃机（一般 10MW 以下）的余热利用方式均是非工业用热，即通过热交换设备或溴化锂设备转化为生活用热面向用户，例如，上海虹桥商务区区域集中供冷供热系统、上海迪士尼供冷供热系统。GE 公司的颜巴赫机组系列是典型的内燃机系统，其参数具有典型代表意义。

在不考虑管网损耗的情况下可以认为，每套内燃机三联供系统对于网供负荷的减少为其内燃机装机容量的 1.33 倍。同时，由于三联供机组的供能特性是已经考虑多个用户同时率的情况下，因此该方法对于负荷预测的减少可以不用再考虑同时率系数。

燃气轮机的余热利用方式均多为工业用热，但是燃气轮机后端的制冷方式也是采用溴化锂制冷设备，因此对于这类系统的制冷功率参考其溴化锂机组装机容量。在溴化锂机组容量合理配置的情况下可以认为，每套燃气轮机三联供系统对于网供负荷的减少为其燃气轮机发电容量 + 后端蒸汽轮机发电容量 + 溴化锂机组容量 /3。同时，如果溴化锂机安装于用户侧，同样，对于电负荷的预测需要减少用户侧溴化锂机容量之和 /3。

4.3.3.2　园区能源电力需求预测方法

1. 园区电量预测方法及原则

（1）园区电量预测特征分析。进行园区电量预测是关键点及难点之一。园区电量预测除了属于中长期负荷预测之外，主要包含以下两个特征。

1）属于中观预测。在较大范围的省、市、区（县）负荷预测称为宏观负荷预测，单个电力用户的负荷预测称为微观负荷预测。显然，园区处于两者之间，因此称为中观负荷预测。通过目前的研究成果来看，偏宏观的负荷预测方法较成熟，预测精度也较高，对于微观负荷预测难以实现。这是因为个体的行为特征很难估计，工业用户在生产过程中用电量较为稳定，但是其变动较大，很难实现高精度预测。园区负荷预测在理论上可实现，需要选择合适的负荷预测方法，这需要对现有负荷预测方法进行改进。

2）影响因素较多，波动较大。首先，园区类型会影响负荷预测方法的选取，工业园区、经济开发区等园区的不同定位会影响用户用电特性及用户构成；其次，园区内用户种类相对单一，受环境影响较大，在某一因素变动的情况下，会使得园区负荷产生很大波动，给负荷预测增加难度。例如，以汽车零件制造业为主的园区，由于政府大力推动公共交通或电动汽车等，可能使得园区负荷短时间内出现较大波动，不利于负荷预测研究。最后，园区在形成过程中产生产业集群，在经济发展过程中具有重要作用，也必然受到宏观环境的影响，使得负荷影响因素较多。

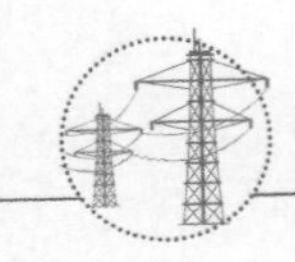

（2）园区电量预测原则。

1）考虑不同类型园区用电量特性。依据前面的论述，我国增量配电园区可以分为一般工业园区、科技园区、专业园区。不同类型园区内的电力用户构成不同，一般工业园区包含工业大用户、商业用户、居民以及公共设施等，电力用户构成最为复杂；科技园区内电力用户属于高附加值企业，但用电量规模较小，负荷增长速度也较小；专业园区内部越加复杂，文化产业园区用电量特性与商业用户相似，物流园区用电量与其营业额相关性较强。因此，在进行增量配电园区用电量预测方法选取时，需要考虑园区类型，根据不同类型园区特点，选取适合的电量预测方法。

2）考虑园区不同发展阶段用电量特性。根据全寿命周期理论，企业在发展过程中一般要经历多个阶段，一般包括建设期、成长期、稳定期、成熟期。根据饱和增长理论，一定区域内的负荷、用电量存在饱和值。园区处于不同的发展阶段，意味着不同的招商引资力度，也意味着用电量的增长量与增长速度的差异。在不同的发展阶段，用于预测用电量的数据基础亦不相同，从而导致预测方法选取受到限制，尤其是在园区建设期，由于历史数据缺少，难以采用数值分析方法进行用电量预测。因此，在对园区进行用电量预测时要考虑园区不同发展阶段用电量特性及其影响因素性质，提高电量预测精度。

3）考虑不同用户用电量特性。在用电量预测方法选取过程中不能一概而论，不能将园区内所有的电力用户视为一个整体进行负荷预测，而应该对每一类用户的用电特性进行分析，以此为基础选择合适的用电量预测方法。比如，针对居民用户，用电量规模较小，用电水平与居民消费水平相关性较强，居民用户整体用电量与居民户数直接相关，因此在用电量预测过程中，可以采用不同消费档次居民的单位用电量，结合园区内企业招工计划预测户数，从而预测居民用电量。而对于工业大用户，其用电量在园区内所占比重较大，其电量增长受宏观环境影响较大，同时与其行业内部发展规律密切相关，因此在进行用电量预测时，要考虑多种因素，并且针对不同行业构建预测模型。

4）以主导用户为主，其余用户为辅。在负荷预测过程中，要抓住影响园区用电量的主要用户，也就是用电量比例较大的用户，针对此类用户重点分析，

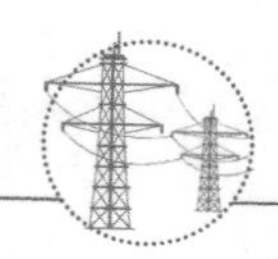

构建预测模型。同时，针对其他用户分析其用电量内部特性，构建适合的电量预测方法。主导用户用电量预测精度在一定程度上决定了园区整体预测精度，抓住预测工作的重点也使得构建预测模型较为切实可行，同时也能满足预测精度的要求。

（3）电量预测情景分析及预测方法选取。上一章中已经对园区类型进行了划分，将园区分为一般工业园区、科技园区、专业园区，并针对各类园区的用电特性进行了对比分析。

在进行电量预测之前，首先需要根据园区发展现状分析园区所处发展阶段，基于各发展阶段的电量增长、数据资源等方面的特性，选取具有针对性的电量预测方法。依据园区发展过程，可将其分为建设期、成长期、稳定期、成熟期四个阶段。园区发展阶段判定的途径有两种，一方面可通过参考园区发展规划；另一方面可通过构建特征指标，利用特征指标值判别园区发展阶段。用于识别园区发展阶段的指标大多为经济指标，常见的有园区经济发展水平指标（园区生产总值、园区人均 GDP）、园区产业升级水平等。从经济指标角度来看，不同类型的园区应采用的特征指标不同。由于在本项目研究过程中进行园区发展阶段划分的目的是构建更为合理的园区电量预测模型，因此在项目研究过程中采用园区用电指标表征园区发展阶段。

参考饱和负荷密度法，在此采用单位建成面积用电量指标进行园区发展阶段识别，指标计算公式为

$$\delta_i=\frac{1}{n}\sum_{n=t-n+1}^{t}\frac{Q_{it}}{S_{it}} \tag{4-24}$$

式中：δ_i 表示 i 园区单位面积用电量指标；n 表示分析年份或数据组数；t 表示分析时间节点；Q_{it} 表示第 t 年 i 园区用电量；S_{it} 表示第 t 年 i 园区规划面积。

选取用电指标来进行园区发展阶段划分时，不需要区分园区类型。在实际分析中，除了研究目标园区外，还须确定园区发展饱和值。在确定园区单位面积用电量饱和值时可对园区类型进行划分，并且调研与目标研究园区相似且处于成熟期的园区，从而形成园区发展阶段参考标准。假设通过调研同类型成熟

园区单位建成面积用电量为 δ_0，则其计算公式为

$$\delta_0=\frac{1}{m}\sum_{i=1}^{m}\delta_i \tag{4-25}$$

式中：δ_0 表示某类型园区单位面积用电量指标饱和参考值；m 表示该类型园区数量；δ_i 表示 i 园区单位面积用电量指标。

假设研究目标园区单位面积用电量为 δ，通过测算目标园区单位面积用电量指标与饱和参考值之间的比例关系，参考园区发展阶段划分原则，即可判定该园区所处的发展阶段。参考我国园区发展特性，确定判别标准见表 4-29。

表 4-29　　典型园区发展阶段划分判别标准

评判指标	建设期	成长期	稳定期	成熟期
δ（%）	0~10	10~50	50~90	90~100

采用上述园区发展阶段划分方法可对园区某一时间节点所处发展阶段进行判别，由于在判别过程中采用指标为历史值，在园区不断发展过程中，园区所处发展阶段可能发生转变。在这种情况下，需要对发展指标进行实时判别。在实际操作中，可首先判断园区发展阶段，在此基础上选取合适的电量预测模型，通过预测园区逐年用电量，然后再采用上述方法进行园区发展阶段校核。若校核之后在测算周期内园区发展阶段发生较大变化，则有必要根据不同发展阶段园区电量增长特性调整电量预测模型。

基于上述阶段划分方法，可对各类型园区所处发展阶段进行分析，梳理各阶段负荷特性，见表 4-30。

表 4-30　　园区发展阶段

发展阶段	用电特性
建设期	用电量基数小，增长速度较快，增长主要来自新用户入驻，电量增长受宏观环境影响因素较小，与园区定位密切相关
成长期	用电量增长速度很快，电量增长既来自现有用户，也有新用户大量加入，受宏观环境影响程度不断增加，产业集群效应加大，预测难度较大

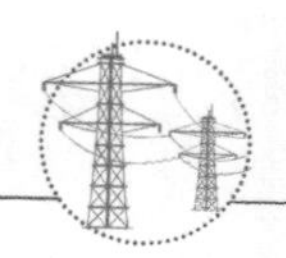

续表

发展阶段	用电特性
稳定期	用电量增长速度逐渐放缓，用户数量基本稳定，电量增长主要来源于用户自身的发展，受宏观环境影响很大，受行业发展情况影响较大，预测过程中需要考虑的因素较多
成熟期	电量增长速度很小，用户数量稳定，且负荷占比较大的用户发展稳定，用电量预测难度较小，预测过程中的不确定性主要来自突发情况

依据上述园区及其发展阶段分类，通过对应分析，可得到不同的情景。在不同的情景下，园区负荷具有不同的特性，因此需要选取不同的负荷预测方法。由于不同的时间尺度要求下，采用的负荷预测方法亦不相同，在此将时间尺度确定为中长期预测，具体分析见表4-31。

表4-31　园区负荷及电量预测方法选取

园区类型 发展阶段	一般工业园区	科技园区	专业园区
建设期	园区负荷历史数据较少，难以采用对数据要求较高的方法，多采用专家预测法、主观概率预测法、类比法等		
成长期	在现有用户负荷增长的基础上，需要考虑新增用户报装容量，一般采用大用户综合分析法，可对该方法进行改进	单个用户用电量较少，用电量与产量、时间、GDP等指标相关性较强，但考虑数据量较少，可采用时间序列预测、灰色预测等模型	
稳定期	新增用户逐渐减少，园区规划基本成形，负荷增长逐渐由新增用户带来的负荷增长向现有用户的负荷增长转变，在预测方法的选择上需要对历史数据进行分析，同时结合园区发展规划，对预测模型进行修正	相比成长期，数据积累较多，园区发展趋于成熟，用户数量、用电量等指标趋于稳定，可采用统计学方法进行预测，主要有趋势外推预测、回归模型预测等	
成熟期	园区发展基本成熟，用户数量增加带来的负荷增长逐渐减少，园区内部对负荷的影响程度减小，外部环境影响因素凸显，可采用组合优选预测方法，或采用系统动力学构建预测模型进行负荷预测。总之，需要依据外部环境变化对理论预测值进行修正		

2. 园区电量预测模型

受限于研究时间限制，考虑本项目研究需要，在电量预测模型构建过程中，针对处于成长期之后的一般工业园区进行研究，暂不考虑其他类型园区及其他发展阶段的电量预测方法。

（1）模型框架。园区电量预测模型包括数据收集整理、分用户类型用电量预测模型、输入数据可信度分析及处理、测算结果校验四个步骤。

园区电量预测模型框架图如图 4–20 所示。

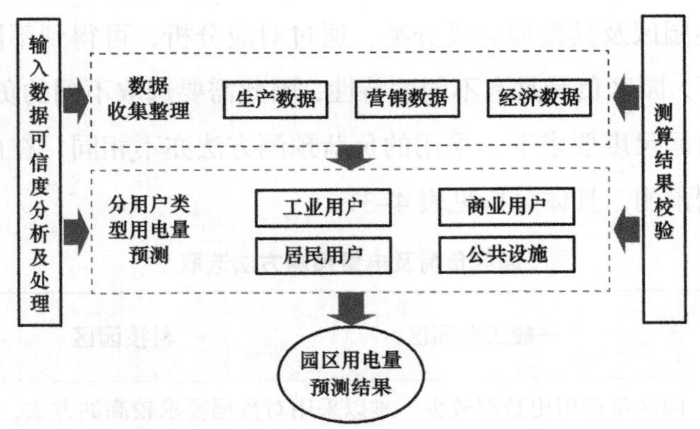

图 4–20　园区电量预测模型框架图

1）数据收集整理。数据收集整理指对预测模型中涉及的基础数据进行收集，并进行预处理。需要收集的数据包括研究对象内部数据和外部数据。在本项目研究过程中，研究对象即为园区。因此，内部数据即为园区内部企业、居民、绿地等用电信息，以及园区规划数据，外部数据包括宏观环境数据以及其他相似园区的数据。

2）分用户类型用电量预测。根据不同类型园区内部电力用户的构成情况，对各类型用户用电量进行预测，为园区用电量预测奠定基础。不同类型用户其用电特征不同，因此在电量预测过程中针对不同用户需要考虑不同的影响因素，构建不同用户类型的电量预测模型，形成科学合理的电量预测方法。

3）输入数据可信度分析及处理。在模型使用过程中，对选取的各电量影响因素输入其规划数据，并得到逐年用电量预测值。但是调研得到的各指标规

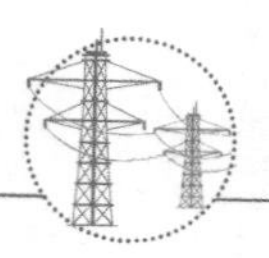

划数据的可信度有待研究，通过系统的数据校验方法，可以得到较为可信的输入数据，从而保证预测结果的有效性。同时，通过可信度分析，可以确定各输入变量的变动范围，从而对用电量预测值进行多情景分析，得到更为合理的预测值。

4）测算结果校验。由各类型用户用电量预测结果得出园区总用电量时，并不能将各类别用户进行简单加总。一方面，由于园区规划中对各个区域的用途有明确的规定，对于某一类用户而言，其未来发展状况受区域面积影响，从而使得其电量增长也存在上限；另一方面，电网传输能力存在上限，当输配电线路在传输电能的过程中发生阻塞时，必然会对某一类型用户用电量产生影响，即使忽略短时用电中断的影响，由于区域内站址走廊资源等限制，使得电网建设不足对电量增长产生抑制作用，同样会对园区整体用电量产生影响。因此，在园区用电量预测模型中，需要引入相关参数对各类型用户用电量预测模型进行整合，使其符合园区实际情况。

（2）分用户类型电量预测模型。

1）工业行业电量预测模型。工业行业用电量具有规模占比大且影响因素较多的特点，尤其受宏观因素影响较大。在此，采用计量经济学模型与参数动态修正的建模方法，构建工业行业电量预测模型，预测结果的时间尺度为年。

a. 主导行业辨识。本节所指的主导行业有别于常见的园区主导产业，一方面，在此主导行业涵盖范围要小于主导产业；另一方面，此处主导行业主要考虑其电力影响，并补充考虑经济影响。工业园区在建设初期便已经对园区未来发展过程中的主导行业进行了规划，并进行有针对性的招商引资，增强产业集聚。在结合园区规划定位的基础上，从园区内各行业用电量占比及相关性角度，进行园区内主导行业辨识。在此，工业行业中不包括发电厂等电力、热力生产与供应行业。

在电力指标方面，引入用电量比例系数，比例系数表示某行业用电量在园区总用电量中的占比。同时，考虑工业行业经济增加值占比，综合电力和经济指标，测算得出各工业行业综合影响力系数。将全部行业的综合影响力系数进

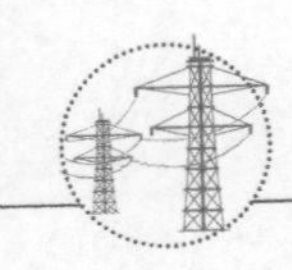

行排序，选取其中排名在前 6~9 个行业作为主导行业。具体行业选取要结合园区实际情况，基本原则是保证选取行业用电量占园区总用电量比例达到 80% 以上。

$$\eta_i=\frac{1}{m}\sum_{k=1}^{m}\frac{Q_{ik}}{Q_{\mathrm{T}}}\quad i=1,\ 2,\ \cdots,\ n \tag{4-26}$$

$$\mu_i=\frac{1}{m}\sum_{k=1}^{n}\frac{R_{ik}}{R_{\mathrm{T}}} \tag{4-27}$$

$$Q_{\mathrm{T}}=\sum_{i=1}^{n}Q_{ik} \tag{4-28}$$

$$R_{\mathrm{T}}=\sum_{i=1}^{n}R_{ik} \tag{4-29}$$

$$\lambda_i=\eta_i+\mu_i \tag{4-30}$$

其中，λ_i 表示第 i 个行业的用电量影响力系数，η_i 表示第 i 个行业的用电量比例系数；m 为观测数据期数；μ_i 表示第 i 个行业工业增加值在园区整体工业增加值中的占比；n 为行业个数。

经以上步骤测算得到 n 个行业的电量影响力系数 λ_i，依据 λ_i 测算结果进行排序，结合园区规划及用电量比例，选取主导行业数目。若条件允许，可选择多组主导行业情景进行试算，选择较为合适的选取结果。

b. 主导行业影响因素分析。在现有研究中，主要针对全国或全省范围内工业行业用电量，工业行业用电量可能的影响因素可分为宏观经济影响因素、政策影响因素。在园区范围内，工业行业用电量影响因素分为经济社会指标和电力指标，见表 4-32。

表 4-32　工业主导行业用电量影响因素

影响因素分类	指标名称
经济社会指标	园区生产总值
	园区工业经济增加值
	园区工业行业建设投资
	园区工业行业主要产品产量

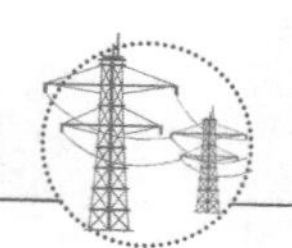

续表

影响因素分类	指标名称
经济社会指标	园区工业行业用地规划面积
	园区工业行业用地建成面积
电力指标	园区工业行业年最大负荷
	园区工业行业装接容量
	园区工业行业新增报装容量

不同的行业其影响因素就不同。为筛选出主要影响因素，剔除一般影响因素，在简化模型的基础上，同时保证预测精度，有必要对工业用电量的各个影响因素进行关联分析。选取相关系数方法对工业用电量与各影响因素的时间序列数据进行分析。相关系数越大，说明该因素对行业用电量影响程度越大。

c. 构建主导行业用电量回归预测模型。在影响因素确定的基础上，建立工业用户用电量回归预测模型。选取多元线性回归模型，其一般形式为

$$y_t=\beta_0+\beta_1 x_{1t}+\beta_2 x_{2t}+\cdots+\beta_k x_{kt}+\mu_t,\quad t=1,\ 2,\ \cdots,\ T \tag{4-31}$$

式中：y_t 表示 t 行业用电量预测值；β_0 表示常数变量；β_k 表示解释变量 k 的系数；x_{kt} 表示第 k 个解释变量；μ_t 表示误差项；T 表示行业个数。

则有 $Y_1=\sum_{t=1}^{T} y_t$，Y_1 表示园区主导行业用电量预测值。

选取 R^2 统计量回归模型的拟合优度进行检验，其计算公式为

$$R^2=\frac{ESS}{TSS}=1-\frac{RSS}{TSS} \tag{4-32}$$

$$TSS=\sum(y_t-\bar{y})^2 \tag{4-33}$$

$$ESS=\sum(\hat{y}_t-\bar{y})^2 \tag{4-34}$$

$$RSS=\sum(y_t-\bar{y})^2 \tag{4-35}$$

当模型预测值与真实值之间形成的残差序列和解释变量序列不相关时，则有

$$TSS=ESS+RSS \tag{4-36}$$

R^2 值越大表明模型拟合效果越好。

d. 非主导行业用电量预测模型。除筛选出的主导行业外，其余行业称为非主导行业。非主导行业用电量在园区总用电量中占比较小，因此将其用电量进行综合预测。非主导行业用电量影响因素一方面受其行业相关影响因素的影响，同时与主导行业用电量在时间序列上具有较强的相关性。在非主导行业用电量预测过程中，在前述行业用电量影响因素的基础上，选取相关性较强的主导行业用电量作为解释变量，构建多元线性回归模型，进行非主导行业用电量预测。

e. 园区工业用户用电量预测结果。由上述主导行业以及非主导行业用电量预测模型，将两者加总之后即可获得园区工业行业用电量预测值。

2）商业用户电量预测模型。商业用户可以分为教育、医疗、体育、商场、写字楼等。借鉴工业行业用电量预测模型，构建商业用户用电量预测模型。商业用户用电量的影响因素有地区人均 GDP、地区人均可支配收入、地区第三产业增加值、园区居民人数、年平均气温、园区商业用地规划面积等。

$$y_t=\alpha_0+\alpha_1X_{1t}+\alpha_2X_{2t}+\cdots+\alpha_kX_{kt}+\mu_t,\ t=1,\ 2,\ \cdots,\ T \tag{4-37}$$

式中：y_t 表示 t 行业用电量预测值；α_0 表示常数变量；α_k 表示解释变量 k 的系数；X_{kt} 表示第 k 个解释变量；μ_t 表示误差项；T 表示行业个数。

其中，可采用地区人均 GDP、地区人均可支配收入、地区第三产业增加值、园区居民人数、年平均气温、对园区商业用户用电量进行回归预测，主要影响因素筛选及回归模型构建参考工业用户用电量预测模型。模型解释变量输入参考工业用户用电量预测模型中数据校验方法进行校验与修正。

园区商业用地规划面积用于对模型预测结果进行约束，参考同类型用地单位面积平均用电量，预测商业用户用电量上限。模型预测结果超过上限的，取上限处理。

3）居民用户电量预测模型。居民用户用电量与居民人数、家用电器使用

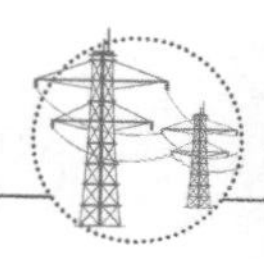

时间及居民家用电器数量相关。

居民人数可通过园区规划人口数得到。家用电器使用时间可通过调研不同行业生产班制，估算其在家活动时间，不同班制使得居民在家活动的时间也不同。

目前，家用电器主要包括照明电器、电视机、电冰箱、空调等。通过调研后发现，安徽省目前城镇居民家庭有电视机2台、电冰箱1台、空调2台。通过对各电器额定功率取值，即可得到家用电器平均功率，在此基础上结合在家活动时间，即可得到居民用户用电量。

$$Q_{3,\ m+1}=(S/\mu)\times\sum_{i=1}^{m}P_i\times T \tag{4-38}$$

式中：$Q_{3,\ m+1}$ 表示居民用户用电量；S 表示居民人数；μ 表示居民户均人数；m 表示家用电器种类数量；P_i 表示家用电器 i 的常用额定功率；T 表示在家活动时间。

在实际测算过程中，由于园区内各行业生产班制较为复杂，每个企业都有不同的生产管理制度，这不利于行业整体测算，使得测算过程变得复杂。在这种情况下，可针对当地实际情况，以家庭为单位，估算各类家用电器平均利用小时数，同时通过查询家用电器常用功率，即可测算得出居民用户用电量。

4）公共设施电量预测模型。公共设施用电量在此包含除工业用电、商业用电、居民用电以外的所有用电量，主要有公共管理、公共服务设施、绿地与广场用地、道路与交通设施用地等。由于这部分用电量与占地面积密切相关，因此在结合园区用地建设规划的基础上，采用不同用地的单位用电量进行测算。

$$Q_{4,\ m+1}=f_{\text{ave},\ 1}\times J_{m+1,\ 1}+f_{\text{ave},\ 2}\times J_{m+1,\ 2}+f_{\text{ave},\ 3}\times J_{m+1,\ 3}+f_{\text{ave},\ 4}\times J_{m+1,\ 4} \tag{4-39}$$

式中：$Q_{4,\ m+1}$ 表示第 m+1 期公共设施用电量预测值；f_{ave} 表示各类公共设施单位面积用电量；J_{m+1} 表示各类公共设施第 m+1 期建成面积。

5）园区电量预测模型。在已知 m 期用电量数据的基础上，通过以上各部分预测结果可预测得知 m+1 期园区用电量，即

$$Q_{\text{Total},\ m+1}=Q_{1,\ m+1}+Q_{2,\ m+1}+Q_{3,\ m+1}+Q_{4,\ m+1} \tag{4-40}$$

式中：$Q_{\text{Total},\ m+1}$ 为第 m+1 期园区用电量预测值。通过滚动迭代即可对园区

用电量进行多期预测。

在预测过程中，各类用户用电量因建设面积的约束而存在上限，因此，在预测过程中需要对各期用电量进行饱和值检验。具体检验形式可以采用负荷密度法，根据不同用地的年利用小时数，对各类用电需求饱和值进行测算，若前述预测值大于饱和值，则按饱和值计。

（3）输入数据异常值识别及处理。上述电量预测模型构建大量采用历史数据进行回归分析，在一定程度上假设各影响因素数据对用电量的影响程度在一定时间内保持不变。在回归模型确定的情形下，模型输入数据的准确性直接影响预测结果的可信度。因此，有必要采用合理方法对输入数据的可信度进行分析，并对异常值进行数据处理。

1）绝对数检验。统计数据在时间序列上属于离散值，但是数据的离散并不意味着数据量级的差别。针对同一研究对象，若其某一统计指标数据与其余年份在数量级上存在明显差别，或是某一年数据与前一年数据在数量级上发生明显差别，说明该数据为异常值，需要进行数据处理。对于园区而言，在园区不断发展过程中，若无重大规划调整，园区发展指标数据绝对值比较时不应出现较大差别。采用绝对值进行数据检验是进行数据可信度检验的基础，也较为容易，不需要进行数据处理计算。在实际应用中，若实际情况的突变确实会导致该数据出现较大变化，则需根据数据分析的要求，进行平滑处理等，便于进行数值分析。

数据处理方法：若该数据为中间数据，即该数据前一期及后一期均有数据，则取其前后数据的均值；若该数据为末期数据，则通过其余数据进行平滑处理。进行平滑处理时，对于趋势数据采用其余数据增速均值进行平滑处理；对于非趋势数据，采用其余数据均值进行平滑处理。

2）相对数检验。在绝对数检验的基础上，需要对各项指标数据进行相对数检验，即通过占比、增长速度等数据进行数据可信度检验。相对数检验与绝对数检验的检验过程类似，不同的是其检验的数据不同。在相对数检验之前需要对数据进行计算，可以利用待检验数据测算得出其各期增长速度，或是求出待检验数据与其对比数据各期的比例，通过相对数据指标对数据可信度进行分

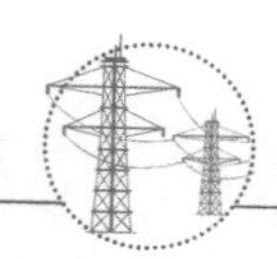

析。采用此种方法的优点是可以分析数据间关联关系，简单可行。

数据处理方法与绝对数检验相同。

3）概率分布检验。依据统计学理论，统计数据并不是无序的，时间序列数据尤其如此。在数据量达到一定数量的条件下，数据一般满足某种概率分布。依据目前研究成果，反映社会经济现象规模水平的社会经济总量指标如国内生产总值、国民收入、总人口数等，都基本近似服从对数正态分布。在电量预测模型中，选取的解释变量基本为社会经济指标，因此可借鉴针对社会经济总量指标数据概率分布进行可信度检验。在此选取K-S检验方法对各项指标数据进行可信度检验，K-S检验是比较一个频率分布$f(x)$与理论分布$g(x)$或者两个观测值分布的检验方法。如果检验出有某数值与正态分布相背离，则认为该数值为极端值，然后将极端值和前期数据相比较，如果此数值没有发生明显而巨大的波动，则认定该数值是相对正常的；否则，认为是异常值。

通过这种方法辨别出异常值后，一方面可采用绝对数检验中数据处理方法；另一方面可采用概率分布函数进行数值估计，具体估计方法可采用蒙特卡洛模拟实现。

（4）输入数据可信度分析。电量预测过程采用多元线性回归方法，选取了工业行业主要产品产量、GDP、第二产业增加值等指标作为电量预测模型的解释变量，解释变量输入数据的有效性直接决定了模型预测结果的精度。因此，在模型异常值识别处理的基础上，需要对模型输入数据进行可信度检验。

采用基于相关性的逻辑关系评估方法，根据社会经济现象中存在的相互依存、相互影响的统计指标之间存在的相对稳定的关系出发，利用数据来源相对正确的统计指标对被评估指标进行评估，做出相关评估意见。该种方法主要是根据指标间的相关关系，利用统计指标数据进行评判，如果指标之间的关系波动较大，则初步可以认为被评估指标存在着一定的问题，其可靠性较低。基于相关性的逻辑关系评估可采用的方法包括指标的比例关系、指标间的弹性系数以及部分与总体指标间的结构关系等，从计量角度可运用的方法有回归分析、主成分分析等。具体方法的运用须根据指标之间的关系及指标数据收集的难易程度进行恰当的选择。根据基于相关性的逻辑关系评估法中的比例关系分析法，如果要对工业总产值的指标进行可靠性评估，可选择关联性较高的工业增加值、工业生产用电量、主要工业产品产量、工业产品销售收入和工业产品利税总额等相关指标作为其参考指标，对它们之间存在的比例关系进行分析研究，寻找其存在的一般规律，进而评判工业总产量的统计数据可靠性。根据指标变量间存在的弹性系数关系，则可以通过弹性系数值是否趋于常量或存在明显的波动来评定被评估指标的统计数据可靠性，比如在一定的经济技术结构条件下，工业固定资产投资额每增长1%，工业总产值将增长百分之几。

利用该方法对统计数据的可靠性进行评估过程中，需要注意三个方面：一是指标间存在的关系并非一直稳定不变。随着经济结构的变化和科学技术水平的提高，指标之间存在的相关关系和关联程度必然发生改变。二是与被评估指标存在相关性的统计指标的数据必须是相对可靠的。依据来源相对可靠的统计指标数据对被评估指标数据进行评判，才能得出相对可信的有关结论。三是选取不同的指标与被评估指标进行关联，其判断结果应基本一致。

因此，项目研究的基本思路是通过数据的内在逻辑结构进行数据可信度检验，例如，区域社会经济统计数据应与全市、全省乃至全国的同类型统计数据保持一致。不同类型的数据可参考的标准数据不同，依据项目研究需要，可将数据类型分为行业数据和社会经济数据。接下来，针对不同类型的数据设计不同的可信度检验方法。对于行业数据，其参考依据为该行业历史发展情况，同时综合考虑国家及地方政府行业政策的影响，从而对行业未来发展前景进行预判。对于社会经济数据，则通过各区域数据之间的逻辑关系进行判别，利用数据反映的增长趋势、增长率、相关性等指标进行数据可信度判别。

（5）测算结果校验。在园区规划面积、主导行业等因素确定的基础上，园区未来发展存在饱和值。在电量预测模型中，自变量在面积约束下存在上限，因变量亦然。同时，各用户在用电过程中，其用电行为受电力设备建设水平的约束，可采用容量上限对其用电量进行约束。

在校验过程中，可通过不同用途用地规划面积，测算各类型用户饱和负荷。在确定不同类型用户负荷密度及用电量饱和值的基础上，即可得到园区各类型用户用电量饱和值，利用该值可对模型预测结果进行校验。同时，在掌握各类

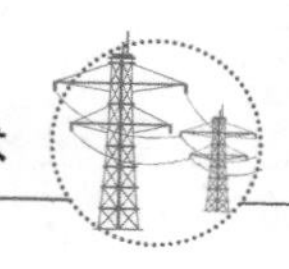

用户容量报装数据的基础上，在确定不同用户年最大负荷小时数后，同样可得到园区各类型用户用电量饱和值，利用该值可对模型预测结果进行校验。

电量增长存在不确定性，在此依据用电量预测值的增长率进行不确定性分析，通过测算电量增长率的变异系数，衡量电量增长率的变化幅度。在此假设模型测算结果为中方案，在此基础上对电量增长率加上或者减去测算得出的变异系数，可得电量增长的高方案、低方案。

3. 园区电力负荷预测模型

在园区电量预测的基础上，利用电量预测结果，可对园区电力负荷进行预测，进而采用电网规划方法，测算得出园区容量需求，指导电网投资规划。

（1）不同类型用户最大负荷小时数确定。根据工业用户、商业用户、居民用户、公共设施等不同类型电力用户用电特性的差异，对不同类型用户最大负荷小时数进行取值。最大负荷利用小时数通常可取常规值，参考行业用电指标资料，梳理几种常见的最大负荷利用小时数，见表 4-33。

表 4-33　　常见电力用户最大负荷利用小时数

行业名称	最大负荷利用小时数(h)	行业名称	最大负荷利用小时数（h）
有色电解	7500	纺织	6000
化工	7300	有色采选	5800
石油	7000	机械制造	5000
有色冶炼	6800	食品工业	4500
黑色冶炼	6500	农村企业	3500
农村灌溉	2800	城市生活	2500
农村照明	1500		

（2）不同类型用户最大负荷估算。根据园区用电量预测模型可得不同类型用户用电量，利用用电量与年最大负荷之间的关系式，可对不同类型用户最大负荷进行估算。

$$P_i=\frac{Q_i}{T_i}\ i=1，2，3，4 \tag{4-41}$$

式中：P_i表示i类型电力用户年最大负荷；Q_i表示i类型电力用户年用电量；T_i表示i类型最大负荷利用小时数取值，i=1，2，3，4分别表示工业用户、居民用户、商业用户、公共设施用户。

（3）园区最大负荷估算。在电力系统中，负荷的最大值之和总是大于和的最大值，这是由于整个电力系统的用户，每个用户不大可能同时在一个时刻达到用电量的最大值，反映这一不等关系的一个系数被称为同时率。即同时率就是电力系统综合最高负荷与电力系统各组成单位的绝对最高负荷之和的比率。

$$P_{\text{total}}=\delta\times\sum_{i=1}^{4}P_i \tag{4-42}$$

式中：P_{total}表示园区整体负荷预测值；δ表示负荷同时率；P_i表示不同类型电力用户负荷预测值。

负荷同时率取值是进行园区整体负荷测算的关键。在历史数据充分的情况下，可以采用历史数据估计负荷同时率，常用的方法是灰色关联度预测；在历史数据掌握不充分时，可选取经验值，一般工业园区负荷同时率为0.85~0.9。

根据以上分析，增量配电园区内用户能源需求特性各不相同，各用户的能源需求影响因素不同。在多种影响因素中，主要影响因素基本可以分为宏观影响因素和微观影响因素，其中，宏观影响因素包括宏观经济发展、行业景气度、技术进步、政策环境等，微观环境包括能源价格、产成品价格、替代品价格、居民消费水平等。

4.3.3.3 园区其他能源需求预测模型

1. 园区冷热需求预测模型

（1）工业园区冷热负荷特性分析。开发区工业区热负荷主要包括生产工艺热负荷、采暖空调，以及生活用热负荷等，热媒一般采用蒸汽和热水两种。

生活用地主要是兴建一些行政办公场所、商务区、居民居住区及配套公共建筑设施，对于该类地块热负荷的确定相对简单。在供热行业规范中，对热负

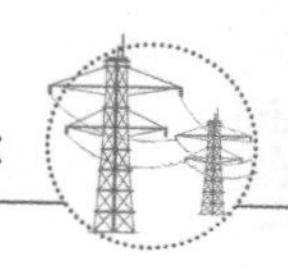

荷统计、计算有明确的规定及其解释。CJJ/T 34—2022《城镇供热管网设计标准》中对城市的生活居住区、商业区以及办公、公共建筑等建筑物，当无建筑物设计热负荷资料时，可采用建筑面积热指标法，并在规范中给出了相应的推荐热指标数值。

而工业用地由于它的不确定性因素很多，特别是开发区的企业的独特特点，使得工业区规划热负荷的确定出现许多不确定的因素。在CJJ/T 34—2022《城镇供热管网设计标准》中，当工业区没有工业建筑热负荷以及生产工艺热负荷设计资料时，由于工业建筑和生产工艺的千差万别，难以给出类似民用建筑热指标性质的统计数据，推荐采用工业领域行业项目估算指标中生产工艺及规模进行估算，或采用相似企业的设计（实际）耗热定额估算热负荷的方法。

热负荷是供热设计工作中最重要的基础，准确的热负荷是做好设计工作的前提，也是工程实施后实现稳定供热的基础条件。开发区工业区规划热负荷的工作一般要在规划阶段提出，即总体初步规划已完成（指区域地块划分，主要道路已确定）。它与一般城市热力规划的热负荷有一定的区别，它既要超前又受到许多不确定因素的制约，而且开发区工业区规划热负荷作为实施区域供热工作基础的同时，依据市政配套超前的原则，管网很大程度上提前实施。故此开发区工业区规划热负荷的工作对于热力管网的布局以及实施后的供热安全经济运行、使用户达到良好的供热效果是非常重要的。

1）不确定性。由于开发区工业区的管网配套工作要先于招商或同步进行，因此在统计、估算热负荷时，企业热负荷的具体性质、规模难以确定，这是由地块招商的不确定性，企业行业的多样性，企业具体规模、性质、用热情况变数很多所决定的。因此，在确定某个地块热负荷的时候，能够控制大行业的范围已属于较好的情况。

2）热负荷逐渐明朗、逐渐形成。随着区域招商的进度有一个发展过程，热负荷逐渐明朗。一般的情况开发区先建设一个起步区，配以临时热源供热。在形成一定规模时再大面积开发。在大面积开发做整体规划设计时可能会出现已建企业、在建企业、预留地块汇合在一起的情况，在规划设计时要充分考虑热负荷的这一特点。

3）上述第 2）特点出现已建企业、在建企业、预留地块混合情况中，在建企业（或者已申报热负荷企业）的热负荷数据，由于各个开发区在管理政策上的不同，对此类数据的统计处理上需要区别对待。有的开发区对企业申报热负荷的准确性，用相关的管理办法加以控制，也有采用全方位服务的原则，对企业申报热负荷控制较为宽松，致使一些企业申报热负荷的数据裕量较大，而要核实其热负荷实际用量，由于企业并未建成，难以实施。不同的管理原则或方法会对企业申报热负荷数据的准确性有一定的影响。

工业园区冷、热负荷用户包括居民用户、商业用户以及工业用户。由于居民用户和商业用户均属于建筑用能，因此将其合并，通过其建筑特征进行冷、热负荷预测。由于居民冷负荷一般指空调用电负荷，为与电量预测相区别，在冷、热负荷预测时除去空调负荷，将空调使用产生的电量统一在电量预测过程中进行考虑。因此，对于居民用户及商业用户而言，冷、热负荷指的是冷、热水的负荷，其中主要是热水负荷需求，即集中供暖的需求。

（2）工业冷热负荷预测。工业用户冷、热负荷与其生产计划密切相关，在此采用单耗法进行工业热负荷预测。

$$Q_{ij}=\bar{q}_t\times A_{ij} \tag{4-43}$$

$$Q_{\text{total},\ j}=\sum_{j=1}^{n}Q_{ij} \tag{4-44}$$

式中：Q_{ij} 表示 i 行业第 j 年冷、热负荷预测值；$\bar{q}_t$ 表示 i 行业单位冷、热负荷；A_{ij} 表示 i 行业第 j 年主要产品计划产量或经济增加值预测值；$Q_{\text{total},\ j}$ 表示园区第 j 年冷、热负荷预测值。

对于工业用户来说，单耗法预测冷热负荷是较为适用的方法。对于某些行业来说，在生产工艺过程中对于各类能源的需求比例较为固定，对于此类行业可通过前面预测得到的用电量预测值对其冷、热负荷预测值进行测算。

$$Q_{ij}=\alpha_i\times Q_{0j} \tag{4-45}$$

式中：Q_{ij} 表示 i 行业第 j 年冷、热负荷预测值；α_i 表示 i 行业冷、热能需求与电能需求的比例，该比例可通过行业历史生产数据估算得到；Q_{0j} 表示第 j

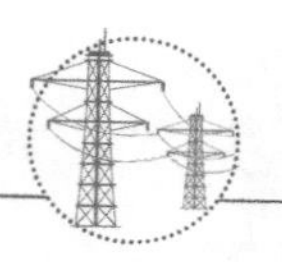

年用电量预测值。

（3）建筑冷热负荷预测。一般的建筑冷、热负荷计算方法都是对具体建筑而言的，即存在既有建筑或者具体建筑信息才能用作负荷计算的物理模型。在区域供、冷供热系统规划阶段，各单体建筑或者建筑群仅确定其功能和面积等控制性参数，没有完成具体的建筑设计，因此没有具体的建筑信息参数用于负荷模拟计算。

根据前述分析，居民用户及商业用户的冷热负荷需求可综合为建筑的冷、热负荷需求，由于在电量负荷预测过程中已经将建筑冷负荷（即空调负荷）考虑在内，因此在进行建筑冷热负荷预测时主要针对建筑热负荷进行预测，也就是对园区内集中供暖的负荷需求进行预测。

一般在对城镇供暖进行设计初期，设计人员很难精确地得到某个区域热负荷历史统计资料，因此采用概算统计法十分可行，具体过程为对供暖区域的各类热用户的热负荷进行统计概算，根据统计概算的结果确定供暖系统的供暖方式，完成设备选型，采暖系统的概算统计法分为面积概算统计法和体积概算统计法。

采用面积概算统计法，该方法主要是按照 CJJ/T 34—2022《城镇供热管网设计标准》中所规定的面积计算方法，计算公式为

$$Q=q_f \times F \tag{4-46}$$

式中：Q 表示热负荷需求量，W；q_f 表示单位建筑面积热指标，W/m²；F 表示建筑面积，m²。

常见的居民及商业用户建筑面积供热指标见表 4-34。

表 4-34 常见的居民及商业用户建筑面积供热指标

W/m²

建筑物名称	供热指标	建筑物名称	供热指标
住宅楼	46~70	商店	64~87
办公楼、教室	58~81	单层住宅	80~105
医院、幼儿园	64~80	食堂、餐厅	116~140
旅馆	58~70	影剧院	93~116
图书馆	46~75	礼堂、体育馆	116~163

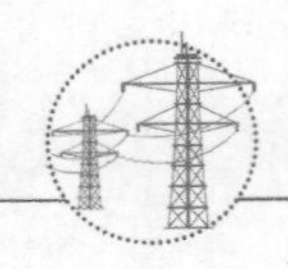

基于园区居民用户及商业用户建成面积逐年值及上表所示的建筑物供热指标，即可对居民用户及商业用户热负荷需求进行预测。

2. 园区天然气需求预测模型

（1）园区天然气需求特性分析。天然气需求的影响因素可分为国家能源政策、城市发展规划、经济发展水平、能源价格、人口因素、工业规模、汽车数量等。在进行园区天然气需求预测时，进行用户类型分类，针对不同类型用户的天然气需求特性选择天然气预测模型。在预测过程中，将用户类型划分为工业用户、居民用户、商业用户、CNG（压缩天然气）用气。

（2）园区工业用户天然气需求预测模型。工业用户天然气需求预测时采取分行业预测方法，通过调查各行业的用气指标，对其需求进行预测。天然气的主要需求行业包括陶瓷、玻璃、钢铁、有色金属等。其中，橡胶和塑料制品业、橡胶制品业、塑料制品业、铁路、船舶、航空航天和其他运输设备制造业等行业无天然气需求，在预测过程中不予考虑。

工业行业预测模型为

$$D_1=\sum_{i=1}^{n} P_i\times d_i\times R_i \tag{4-47}$$

式中：D_1 表示工业用户天然气需求量；P_i 表示第 i 个行业主要产品产量或工业增加值；d_i 表示第 i 个行业的耗气指标；R_i 表示第 i 个行业的气化率。

针对行业耗气指标，可参考《城市天然气的年用气量参考表》，根据不同行业主要产品不同，确定不同行业耗气用气量指标。不同行业耗气用气量指标见表 4–35。

表 4–35　不同行业耗气用气量指标

序号	产品名称	加热设备	单位	耗气定额（MJ）
1	熔铝	熔铝锅	t	3100~3600
2	洗衣粉	干燥器	t	12600~15100
3	黏土耐火砖	熔烧窑	t	4800~5900
4	石灰	熔烧窑	t	5300

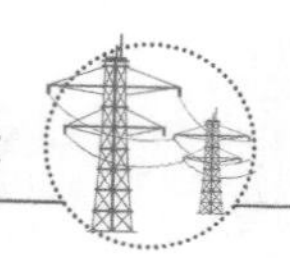

续表

序号	产品名称	加热设备	单位	耗气定额（MJ）
5	玻璃制品	熔化、退火等	t	12600~16700
6	白炽灯	熔化、退火等	万只	15100~20900
7	织物烧毛	烧毛机	万 m	800~840
8	日光灯	熔化退火	万只	16700~25100
9	电力	发电	kWh	11.7~16.7
10	动力	燃气轮机	kWh	17.0~19.4
11	面包	烘烤	t	3300~3350
12	糕点	烘烤	t	4200~4600

天然气每立方燃烧热值为33494.4~35587.8kJ。通过上述指标即可测算得出各工业行业用气量指标。针对工业行业气化率，参考天然气行业发展报告，确定气化率值，见表4–36。

表4–36 不同发展阶段气化率

发展时期	近期	中期	远期
	2017—2019年	2020—2025年	2026年及以后
气化率（%）	60	70	80

（3）园区居民用户天然气需求预测模型。在调研得到园区居民户人口数的基础上，可对居民用户天然气需求进行预测。居民用户天然气需求量是由居民人口数量、每人每年用气量及气化率决定的。居民用户天然气需求量计算公式为

$$D_2=P\times d\times R_2 \tag{4–48}$$

式中：D_2表示居民天然气需求量；P表示人口数量；d表示每人每年用气量；R_2表示居民气化率。

我国一些地区和城市的居民生活用气量指标见表 4-37。

表 4-37 地区和城市的居民生活用气量指标 MJ/（人·年）

城镇地区用气指标	有集中供暖的用户	无集中供暖的用户	城镇地区用气指标	有集中供暖的用户	无集中供暖的用户
东北地区	2303~2721	1884~2303	成都		2512~2931
华东、中南地区	—	2093~2303	上海	—	2303~2512
北京	2721~3140	2512~2931			

参考工业用气指标，通过天然气热值即可将表 4-38 中列示的热量转化为天然气需求量指标。目前，我国平均气化率水平为 40%，随着居民气化水平的提升，城镇居民气化率在 2020 年将达 50%~55%，在 2030 年达 65%~70%。具体预测过程中的取值可参考以上数据。

（4）园区商业用户天然气需求预测模型。商业用户用气包括饭店、酒店、宾馆、学校、医院等公共建筑和商业等用户的用气量。影响商业用户用气量指标的因素主要有城市天然气的供应情况、用气设备性能、热效率、加工食品的方式和地区的气候条件等。

商业用户天然气需求量计算公式为

$$Q_3=\sum_{i=1}^{m} P\times R_{3i}\times\lambda_i \tag{4-49}$$

式中：Q_3 表示商业用户用气量；P 表示居民人口数；R_{3i} 表示各类商业用户用气量指标；λ_i 表示各类商业用户人数占总人口数的比例；m 表示商业用户类型数量。

商业用户年用气量的计算，首先要确定各类用户的用气量指标、居民数及各类用户用气人数占总人口的比例。对于公共建筑，用气人口数取决于城市居民人口数和公共建筑设施标准。商业用户用气量指标一般也应根据当地实际情况来确定。我国几种常见的商业用户用气量指标见表 4-38。

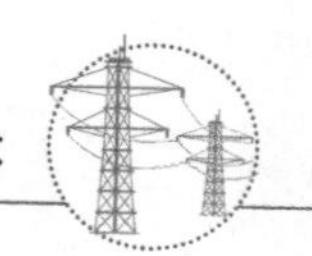

表 4-38 常见的商业用户用气量指标

类别	用气量指标	单位	类别	用气量指标	单位
职工食堂	1884~2303	MJ/（人·年）	医院	2931~4187	MJ/（床位·年）
饮食业	7955~9211	MJ/（座·年）	招待所旅馆 有餐厅	3350~5024	MJ/（床位·年）
托儿所幼儿园 全托	1884~2515	MJ/（人·年）	招待所旅馆 无餐厅	670~1047	MJ/（床位·年）
托儿所幼儿园 日托	1256~1675	MJ/（人·年）	宾馆	8374~10467	MJ/（床位·年）

参考工业用气指标，通过天然气热值即可将表 4-39 中热量转化为天然气需求量指标。

当公共建筑用户的用气量不能准确计算时，还可以在考虑公共建筑设施建设标准的前提下，按城镇居民生活年用气量的某一比例进行估算。参考目前研究成果，在计算出城镇居民生活的年用气量后，可按居民生活年用气量的 10%~30% 估算城镇公共建筑用户的年用气量。

（5）园区 CNG 汽车天然气需求预测模型。CNG 汽车的发展对象主要为出租车、公交车等，根据实际情况可适当考虑部分私家车和其他社会车辆。考虑现阶段主要用途为出租车和公交车，在本节只测算出租车和公交车的耗气量。该部分天然气需求量需要根据汽车保有情况、气化率、单位里程耗气量、年行驶里程进行预测。

首先需要对公交车和出租车保有量进行预测，在此采用人口万人拥有量进行测算。CNG 公交车和出租车保有量预测模型为

$$B=P\times a_1 \tag{4-50}$$

$$T=P\times a_2 \tag{4-51}$$

式中：B 表示公交车保有量；P 表示园区人口总数，a_1 表示万人拥有公交车量；T 表示出租车保有量；a_2 表示万人拥有出租车量。关于万人拥有公交车量，国家规定的中小城市每万人拥有 7 标台，住建部建议特大城市标准是 11 标台。国家规定的全国文明城市 A 类测评标准万人拥有公交车 12 标台。关于万人拥

有出租车量，可参考住建部出台的GB/T 36670—2018《城市道路交通组织设计规范》中对城市出租车数量的指导性标准：大城市万人拥有量不宜少于20辆；小城市万人拥有量不宜少于5辆。在公交车、出租车保有量预测的基础上，构建CNG汽车天然气需求预测模型为

$$D_4=(B\times S_b\times b\times R_b+T\times S_t\times t\times R)\times 360 \tag{4-52}$$

式中：B表示公交车保有量；S_b表示公交车每日行驶里程；b表示公交车百公里耗气量；R_b表示公交车气化率；T表示出租车保有量；S_t表示出租车每日行驶里程；t表示公交车百公里耗气量；R表示公交车气化率；360为一年行驶天数。

天然气汽车用气量指标应根据当地天然气汽车种类、车型和使用量的统计数据分析确定。当缺乏用气量的实际统计资料时，可参照已有燃气汽车城镇的用气量指标分析确定。

（6）园区天然气需求总量预测模型。通过上述预测模型分别测得工业用户、居民用户、商业用户、CNG汽车等天然气需求后，可以测算得到园区天然气需求总量。由于在燃气传输过程中可能存在管网漏损，需要在前述加总的基础上进行调整，在预测结果的基础上计入未预见量。未预见量主要是指燃气管网漏损量和规划发展过程中的未预见的供气量，一般按总用气量的5%计算。

因此，园区天然气预测模型为

$$D=\sum_{j=1}^{4} D_i\times(1+5\%) \tag{4-53}$$

式中：D表示园区天然气需求量；D_1表示园区内工业用户天然气需求量；D_2表示园区内居民用户天然气需求量；D_3表示园区内商业用户天然气需求量；D_4表示园区内CNG汽车用户天然气需求量。

5 配电网低电压治理措施优选策略及规划预判防治技术

本章根据产业特征、发展水平、功能定位等因素选取典型区域开展低电压分布特征分析，从用电需求、电网结构、运维水平、负荷特性、管理体制等方面，综合分析低电压问题的成因并量化各影响因素及其权重，构建低电压影响因素评价体系，提出低电压问题分类标准。结合不同新型城镇的主要用电特征，从新增布点、优化结构、装备升级、节能降损等维度，提出配电网低电压治理技术措施，综合考虑电网运行经济性、安全性与适应性，从协调电网总体发展的角度，提出低电压治理措施优选策略。通过研究新型城镇化背景下负荷发展新特征，结合不同城镇类型与差异化用电特性，基于负荷矩理论提出低电压预判防治技术，建立融合各业务部门的低电压防治管理体系和工作机制，并在安徽、湖南等典型地区进行试点。

5.1 配电网低电压分布特征与影响因素

5.1.1 低电压问题概述

国家电网有限公司出台的《配网低电压治理技术原则》规定：低电压指用户计量装置处电压值低于国家标准所规定的电压下限值，即20kV及以下三相供电用户的计量装置处电压值低于标称电压的7%，220V单相供电用户的计量装置处电压值低于标称电压的10%，其中持续时间超过1h的低电压用户应纳入重点治理范围。

按照电压测量点电气位置的不同，低电压问题可以分为中压配电线路末端低电压，即中压配电线路末段所带多个台区均出现低电压；配电变压器出口低电压，即配电变压器低压出线侧出现低电压；低压线路末端低电压，即单一台区低压线路末端多个用户出现低电压。

根据低电压持续时间的不同，可以分为长期性低电压和短时低电压。长期性低电压是指用户低电压情况持续3个月或日负荷高峰低电压持续6个月以上的低电压现象，主要发生在自身电网基础薄弱、设备落后、运行管理存在问题的地区；短时低电压，即因大功率临时性负荷短时接入或集中负荷无规律性短时接入而造成低电压情况发生，其中又以季节性低电压最为突出，季节性低电压是指度夏度冬、春灌秋收、逢年过节、烤茶制烟等时段出现的具有周期规律的低电压现象，在农业排灌负荷集中的农忙季节和在外务工人员大量返乡的春节，容易出现公用配电变压器满载、过载现象，造成线路末端的低电压问题。

5.1.2 低电压分布特征

经过一、二期农村电网改造，县城电网改造，中西部农村电网完善，以及新一轮农村电网改造升级等国家层面的配电网建设与改造工程的实施，我国配

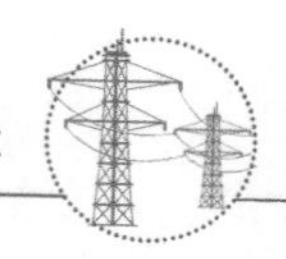

电网基础得到显著改善，配电网的供电能力和供电质量都得到了大幅提升。但是由于配电网量多、面广，部分地区依然难以满足新形势下用电质量的要求，特别是在中西部山地、丘陵的农村地区，由于居民居住较为分散，供电半径普遍偏长、线路截面积普遍偏小，在高峰负荷时期，低电压问题更为严峻，严重影响正常的生产生活，不利于经济社会发展。

当前，低电压问题主要有以下几个特点。

（1）数量大、分布广。农村用电负荷相对城市负荷密度小，部分农村特别是丘陵、山区等地居民居住比较分散，变电站布点不足，缺乏合理规划，配电变压器布点和线径配置凭经验，缺少必要的电压降落校验；个别新上或改造的配电台区设计时超合理负荷距供电，配电变压器容量配置不足，低压线路供电半径大。

（2）区域特性差异大。从区位来看，集镇区域的低电压问题主要发生在负荷增长特别迅速、电网建设力度赶不上用电需求增长的区域；城乡接合部往往是各类企业、个体户集中地区，本身用电需求大，且小型工业用户较多，异步电动机占比较高，系统的无功消耗较大，导致用户所在线路末端无功不足，电压偏低；广大山区用户居住分散，低压线路长，线路损耗大，造成电压质量难以保障。

（3）季节性问题突出。季节性低电压问题突出与我国农村用电特点息息相关。目前，农村用电主要分为生活用电、生产用电和工商业用电三大类。

农村生活用电由以照明为主转变为空调、冰箱、电磁炉等大功率家用电器的普及。电饭煲与照明负荷的叠加造成部分区域出现时段性低电压问题。夏季降温、冬季取暖等负荷需求造成部分区域出现季节性低电压问题。另外，我国农村地区广大劳动力外出务工已经成为普遍现象，特别是经济相对落后的地区，“留守”“空巢”等现象较为普遍，导致大量村组常住人口以老人与小孩为主，其用电习惯还停留在数十年前，平时仅有少量的照明需求，而春节期间随着农民工返乡，已经改变了的生活方式带来大量大功率设备启动，负荷在短时间内发生急剧攀升，冲击性低电压问题突出。

生产用电方面，农田灌溉季节、收割季节的农业生产负荷增长极为迅速，

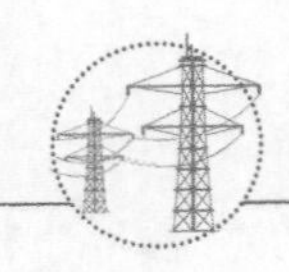

特别是排灌潜水泵接入低压线路较为随意，在负荷增长的同时还导致配电变压器三相不平衡，使得配电变压器“卡口”低电压问题更严重。同时，随着农业现代化、农产品加工业的快速发展和近年来电能替代的不断推进，我国南方烟叶、茶叶等重要经济作物应季加工期间，由于其核心的烤烟、炒茶等工序已经从依靠传统的燃煤改为用电，该类生产用电时间空间上均较为集中，往往按照经济作物种植片区出现，导致线路重载严重，进一步加剧了低电压问题的季节性的矛盾。

工商业方面最明显的冲击性贡献来自农家乐等规模休闲农业。该类用户在电器配置上有较高标准，户均容量一般达 50kVA 以上，同时该类负荷有较为明显的假日特点，以周末、假期为主的冲击性高峰负荷，也加剧了部分地区低电压问题的发生。

（4）动态渐进式发展。低电压问题是一个动态发展的问题，其出现时段、地点都随着负荷与电网的匹配适应度发生改变。如果没有“动态”的治理措施，低电压问题不会消失，即使解决了现有的全部低电压问题，一旦电网改造建设跟不上负荷发展趋势，就会出现新的低电压问题，低电压动态治理还有长足的路要走。

5.1.3 低电压影响因素分析

近年来，农村经济快速发展，农村用电需求呈现出了新的特点。随着一、二期农村电网改造工程及新一轮农村电网建设改造的深入推进，农村电网规模不断扩大，运行管理水平不断提升，电压质量不断迈上新台阶，但是相对农村电力用户的用电需求及城市电网的电压质量状况仍存在一定的差距，下面将从农村电网用电需求、网架结构、变电站建设运行水平、中压线路建设运行水平、配电台区建设运行水平和管理水平等方面，对农村电网低电压问题的影响因素进行分析。

1. 农村电网用电需求

农村电网局部地区电力供需平衡偏紧。随着国家“新农村建设”和“家电下乡”等惠农政策的实施，大批家用电器呈逐年猛增趋势进入百姓家庭，造成

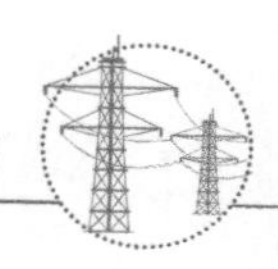

农村用电量激增，电网荷载压力大，供电质量较差。随着一、二期农村电网改造工程及新一轮农村电网建设改造的深入推进，农村电网供电能力总体上得到改善，局部地区农村电网供需平衡偏紧。当前农村经济发展速度较快，用电需求普遍增加，电网发展需要逐点逐片建设，少数地区农村电网发展速度相对滞后。

2. 高压配电网

（1）110kV 变电站和 35kV 变电站正常大多为单电源、长距离供电，尤其网架结构薄弱区域多站串供。

（2）无功容量配置不合理的变电站难以保证无功就地平衡，可能会造成主变压器高压侧功率因数偏低及较大范围的电压质量不合格现象。

3. 中压线路

（1）农村中压电网单电源辐射线路比率较高。单电源辐射状配电网线路或设备故障、检修时，用户停电范围大，系统供电可靠性较差。

（2）线路设备标准低现象较为普遍。部分中压线路设备标准较低、运行年限较长，且老化现象严重，已经不能满足当地负荷发展需求。

（3）供电半径不合理的现象依然存在。农村地区负荷分布较为分散，一些地方存在迂回供电现象，再加上高压变电站布点较少，很多地区存在 10kV 线路供电半径超标的问题。

（4）无功补偿不配置或配置不合理。DL/T 1773—2017《电力系统电压和无功电力技术导则》中提出，10kV 及以下配电线路上可配置高压并联电容器。电容器的安装容量不宜过大，当在线路最小负荷时，不应向变电站倒送无功。

4. 配电台区

（1）户均配电变压器容量配置不满足用电需求。我国电网在早期建设过程中由于资金、体制等因素影响，导致配电网的建设和改造力度较小，尤其是配电台区的建设和改造欠账严重。

（2）配电变压器低压侧无功补偿容量配置偏低。台区和客户设备的无功补偿却不到位，即使部分台区装有电容器，但投运率不高，致使供电线路输送了大量的无功功率，加剧了低电压问题的发生。

（3）低压线路供电半径不合格。由于变压器布点不合理，10kV 线路不能

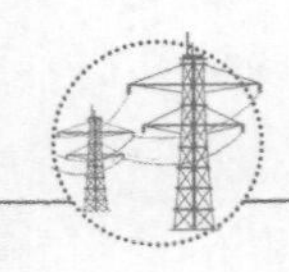

深入负荷中心，容易造成单辐射状供电线路末端电压偏低。

5. 管理因素

（1）电压质量管理办法有待进一步落实。《供电监管办法》（电监会27号令）、《国家电网公司农村电网电压质量和无功电力管理办法》（简称《管理办法》）均要求每百台配电变压器至少设置1个电压质量监测。通过调研了解到，城市电网均已针对各地的实际情况建立了相应的电压质量管理细则、管理方法等，提高了电压质量管理的可操作性和适用性，而农村电网在这方面相对欠缺。

部分供电企业对电能质量监测管理部门的职责不够明确，未能建立起完善的低电压用户档案管理和跟踪分析制度，低电压问题的发现主要依靠用户投诉和为数不多的电压监测仪采集数据，电压质量的监测、统计与分析没有实现常态化，监测手段与方式不系统、不完善，动态分析机制不健全，无法及时发现和治理所存在的低电压问题。

（2）配电变压器调压功能闲置。受农村生产方式和气候等因素的影响，农村负荷具有明显的季节性周期变化特征，农忙季节、迎峰度夏、春节等时期，负荷的急剧上升容易造成低电压现象。通过变压器二次侧电压调整，可以提高电压质量。但是由于无载调压变压器的调压过程比较复杂、农村电网人员配置不足、奖惩机制不完善等原因，无载调压变压器在提高电压质量的过程中未能充分发挥作用。

（3）无功补偿管理存在漏洞。与电压质量管理类似，无功补偿管理在网省公司及县级供电企业同样缺乏具有较强可操作性的管理细则，各地管理形式多样化，管理工作比较粗放、不到位，具体体现在以下三个方面。

1）中压线路的无功补偿管理职责落实在生技部门，配电变压器低压侧的无功补偿管理职责落实在供电所，使高中低压无功补偿互相分离，缺乏统一的管理和协调，形成管理上的真空地带，导致无功补偿的统一规划未落到实处，无功补偿效果未实现最优。

2）随着10kV线路负荷的发展，因疏于管理等原因，不能根据无功负荷分布情况的变化及时调整线路无功补偿装置；部分补偿电容器损坏没有及时维修或更换，导致未能充分发挥应有的作用。

3）规模较小的专用变压器用户侧功率因数没有标准，且大多并未安装无

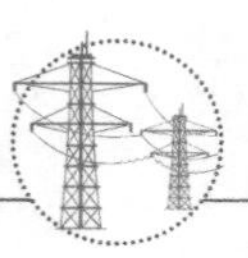

功补偿设备，在设计中也不考虑无功补偿。低压用户初装时为节省一次性投资成本，逃避功率因数相关约束，存在着将单台大容量变压器申请为多台小容量变压器的情况，将成为无功管理中的漏洞。

（4）台区三相负荷不平衡现象较普遍。三相不平衡是指因系统三相元件或负荷不对称造成的三相电流（或电压）幅值不一致，且幅值差超过规定范围的现象。因三相供电系统和单相负荷用电的固有矛盾，三相不平衡不可能完全消除，但应将三相负荷的不平衡程度控制在一定范围内，可提高电压合格率，在农村低压电网中三相不平衡现象普遍存在。

5.1.4 低电压影响因素评价体系

1. 各级压降环节计算模型

（1）中压线路压降计算模型。中压线路压降计算公式为

$$\Delta U=\frac{P'_2 R+Q'_2 X}{U_2} \tag{5-1}$$

式中：ΔU 为中压线路引起的电压损耗；R 为中压线路的总电阻；P'_2 为中压线路负荷的有功功率；Q'_2 为中压线路负荷的无功功率；X 为中压线路的总电抗；U_2 为中压线路的额定电压。

电力线路电压相量图如图 5-1 所示。

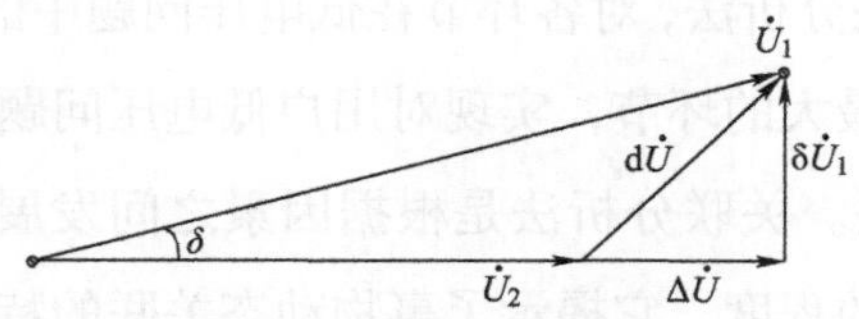

图 5-1 电力线路电压相量图

（2）配电变压器压降计算模型。配电变压器由于自身阻抗的因素，在功率传输、电压变换过程中会产生有功、无功损耗，引起实际二次侧电压低于理论变换电压，其压降计算模型为

$$\Delta U_{\mathrm{T}}=\frac{P'_{\mathrm{T}} R_{\mathrm{T}}+Q'_{\mathrm{T}} X_{\mathrm{T}}}{U_{\mathrm{N}}} \tag{5-2}$$

式中：ΔU_{T} 为变压器由绕组引起的电压损耗；R_{T} 为变压器高低压绕组的总电阻；P_{T} 为变压器负荷的有功功率；Q'_{T} 为变压器负荷的无功功率；X_{T} 为变压器高低压绕组的总电抗；U_{N} 为变压器的额定电压。

（3）低压线路压降计算模型。若忽略负荷三相不平衡因素，低压线路压降计算模型与中压线路压降计算模型相同；若考虑负荷三相不平衡因素，则中性线上的不平衡电流不为 0，此时应分别计算各相与中性线上各节点的电压分布情况，即

$$\dot{I}_{ij}=\frac{\sum \tilde{S}_j}{U_i} \tag{5-3}$$

$$\Delta\dot{U}_{ij}=\overset{*}{I}_{ij}Z_{ij} \tag{5-4}$$

$$\dot{U}_i=\dot{U}_i-\Delta\dot{U}_{ij} \tag{5-5}$$

式中：$\dot{I}_{ij}$ 为节点 i 与节点 j 之间的电流向量值；$\sum \tilde{S}_j$为节点 j 的等效复功率；$\dot{U}_i$ 为节点 i 的电压向量值；$\Delta\dot{U}_{ij}$ 为节点 i 与节点 j 之间的压降向量值；$\overset{*}{I}_{ij}$ 为电流 $\dot{I}_{ij}$ 的共轭；Z_{ij} 为节点 i 与节点 j 之间的线路阻抗；$\dot{U}_i$ 为节点 j 的电压向量值；$\Delta\dot{U}_{ij}$ 在得到各相与中性线上各节点电压分布情况后，用户侧电压为用户两端相电压与中性线电压之差。

2. 低电压影响因素贡献度分析

配电网电压降落主要存在于中压配电线路、配电变压器、低压配电线路三个环节，本节基于关联分析法，对各环节在低电压问题中的“贡献度”进行分析，通过寻找“贡献度”最大的环节，实现对用户低电压问题的精准有效治理。

（1）关联分析法。关联分析法是根据因素之间发展态势的相似或相异程度来衡量因素间关联的程度，它揭示了事物动态关联的特征与程度。

关联系数的定义：

选取参考数列 $X_0=\{X_0(k)\mid k=1,2,\cdots,n\}$，其中 k 表示时刻，假设有 m 个比较数列 $X_i=\{X_i(k)\mid k=1,2,\cdots,n\}$，$i=1,2,\cdots,m$，则称

$$\zeta_i(k)=\frac{\min\limits_i\min\limits_k|X_0(k)-X_i(k)|+\rho\max\limits_i\max\limits_k|X_0(k)-X_i(k)|}{|X_0(k)-X_i(k)|+\rho\max\limits_i\max\limits_k|X_0(k)-X_i(k)|} \tag{5-6}$$

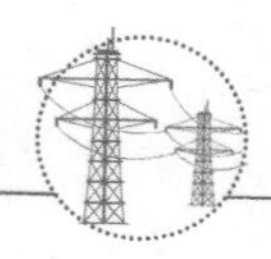

为比较数列 X_i 对参考数列 X_0 在 k 时刻的关联系数，其中 $\rho\in[0, +\infty]$ 为分辨系数，$\min\limits_i\min\limits_k|X_0(k)-X_i(k)|$、$\max\limits_i\max\limits_k|X_0(k)-X_i(k)|$ 分别为两级最小差和两级最大差。

由于关联系数是描述比较数列与参考数列在某时刻关联程度的一种指标，因而各个时刻都有一个关联系数，信息过于分散，因此给出

$$r_i=\frac{1}{n}\sum_{k=1}^{n}\zeta_i(k) \tag{5-7}$$

式中：r_i 为数列 X_i 对参考数列 X_0 的关联度。

（2）贡献度评价。首先，对于给定的网架结构与负荷水平 P_1，生成比较数列 $X_1=\{X_1(k)\mid k=1，2，\cdots，n\}$，$k$ 代表配电网电压降落环节，n 在本问题中取 3，$X_1(k)$ 代表 k 环节对应的电压降落。设负荷增长的步长为 ΔP，用于模拟未来负荷增长情况。对于每一个负荷水平 $P_{i+1}=P_i+\Delta P$，都会有与之对应的比较数列 $X_{i+1}=\{X_{i+1}(k)\mid k=1，2，\cdots，n\}i=1，2，\cdots，m$，直至负载率达到 100% 时，比较数列构建完毕，得到一个 $m\times n$ 的矩阵，即

$$X=\begin{bmatrix}X_1(1) & X_1(2) & \cdots & X_1(n)\\ X_2(1) & X_2(2) & \cdots & X_2(n)\\ \cdots & \cdots & & \cdots\\ X_m(1) & X_m(2) & \cdots & X_m(n)\end{bmatrix} \tag{5-8}$$

同时，对于每一个负荷水平，都会有一个与之对应的总电压降落，即为参考数列 X_0，则

$$X_0=\begin{bmatrix}\Delta U_1\\ \Delta U_2\\ \cdots\\ \Delta U_m\end{bmatrix} \tag{5-9}$$

基于比较数列矩阵 X 与参考数列向量 X_0，通过关联分析法，可以得出配电网电压降落各环节对于总电压降落的关联度为 r_1，r_2，$\cdots$，r_n，此即为各环节对总电压降落“贡献度”的大小，相应的贡献度为

$$W_i=\frac{r_i}{\sum\limits_{k=1}^{n}r_k}，i=1，2，\cdots，n \tag{5-10}$$

式中：r_i 为 i 环节电压降的关联度；r_k 为每个环节电压降的关联度之和。

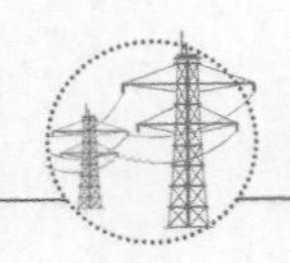

在得出配电网各压降环节的贡献度之后，还需要对每个环节相应的影响因素进行分析，选择影响因素贡献度最大的采取针对性的治理措施。

1）中压配电线路环节。影响中压配电线路压降的因素主要有导线截面积、供电半径和功率因素，对于给定的网架结构与负荷水平 P_1，设定导线截面积选取集合 $S_{z1}=\{S_{z1i}\mid i=1，2，\cdots，m\}$，供电半径选取集合 $L_{z1}=\{L_{z1j}\mid j=1，2，\cdots，n\}$，功率因数选取集合 $C_{z1}=\{C_{z1p}\mid p=1，2，\cdots，s\}$，对于某一种导线截面积、供电半径与功率因数，都有与之对应的电压降落。因此，将集合 S_{z1}、集合 L_{z1} 与集合 C_{z1} 组成的 $C_m^1\cdot C_n^1\cdot C_s^1$ 种组合看作比较数列矩阵，将与之对应的 $C_m^1\cdot C_n^1\cdot C_s^1$ 个电压降落看作参考数列向量，通过关联分析法，可以得出各影响因素对于中压配电线路压降的关联度，相应的贡献度为

$$W_{z1i}=\frac{r_{z1i}}{\sum\limits_{k=1}^{n}r_{z1k}} \tag{5-11}$$

式中：r_{zli} 为 i 环节中压配电线路压降的关联度；r_{zlk} 为每个环节中压配电线路压降的关联度之和。

2）配电变压器环节。配电变压器环节的压降主要来自阻抗损耗，影响因素主要是配电变压器容量、负载率和功率因数，设定配电变压器容量选取集合 $S_T=\{S_{Ti}\mid i=1,2,\cdots,m\}$，负载率选取集合 $\eta_T=\{\eta_{Tj}\mid j=1，2，\cdots，n\}$，功率因数选取集合 $C_T=\{C_{Tp}\mid p=1，2，\cdots，s\}$，对于某一种配电变压器容量、负载率与功率因数，都有与之对应的电压降落。因此，将集合 S_T、集合 η_T 与集合 C_T 组成的 $C_m^1\cdot C_n^1\cdot C_s^1$ 种组合看作比较数列矩阵，将与之对应 $C_m^1\cdot C_n^1\cdot C_s^1$ 个电压降落看作参考数列向量，通过关联分析法，可以得出各影响因素对于配电变压器压降的关联度，相应的贡献度为

$$W_{Ti}=\frac{r_{Ti}}{\sum\limits_{k=1}^{n}r_{Tk}} \tag{5-12}$$

式中：r_{Ti} 为 i 环节配电变压器的关联度；r_{Tk} 为每个环节配电变压器的关联度之和。

3）低压配电线路环节。影响低压配电线路压降的因素主要有导线截面积、

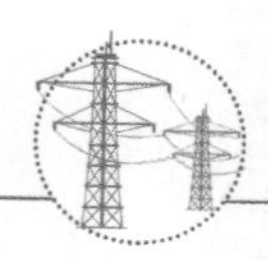

供电半径和功率因数，设定导线截面积选取集合 $S_{dl}=\{S_{dli} \mid i=1, 2, \cdots, m\}$，供电半径选取集合 $L_{dl}=\{L_{dlj} \mid j=1,2,\cdots,n\}$，功率因数选取集合 $C_{dl}=\{C_{dlp} \mid p=1,2,\cdots,s\}$，对于某一种导线截面积、供电半径与功率因数，都有与之对应的电压降落。因此，将集合 S_{dl}、集合 L_{dl} 与集合 C_{dl} 组成的 $C_m^1 \cdot C_n^1 \cdot C_s^1$ 种组合看作比较数列矩阵，将与之对应的 $C_m^1 \cdot C_n^1 \cdot C_s^1$ 个电压降落看作参考数列向量，通过关联分析法，可以得出各影响因素对于中压配电线路压降的关联度，相应的贡献度为

$$W_{dli}=\frac{r_{dli}}{\sum_{k=1}^{n} r_{dlk}} \tag{5-13}$$

式中：r_{dli} 为 i 环节低压配电线路压降的关联度；r_{dlk} 为每个环节低压配电线路压降的关联度之和。

3. 低电压影响因素评价体系

（1）根据前文的分析可知，配电网电压降落主要存在于中压配电线路、配电变压器、低压配电线路三个环节，各环节具体范围如下。

1）中压配电线路环节：高压变电站 10kV 母线至线路装接配电变压器高压侧的电压降落。

2）配电变压器环节：配电变压器高压侧至低压侧的电压降落。

3）低压配电线路环节：配电变压器低压侧至 380（220）V 用户处的电压降落。

构建配电网低电压影响因素评价体系，如图 5-2 所示。

针对配电网低电压问题的产生，首先分析计算各压降环节在低电压问题中的贡献度（w_n），即贡献度大小；或者确定超过允许电压偏差的环节。对于贡献度占比较大（超过允许电压偏差）的环节，进一步分析其各项影响因素对改善电压质量的贡献度，选取其中贡献度较大的优先进行治理。在此基础上，可结合电网实际和改造代价，进一步提出配电网低电压问题治理措施及优选策略，对配电网出现的低电压问题进行精准而有效的治理。

（2）以各级压降环节计算模型为基础，基于关联分析法分别对中压线路环节、配电变压器环节、低压线路环节各类影响因素的贡献度进行研究，边界条件如下。

1）中压线路环节：线路首端电压取 10~11kV，负载率取 10%~100%，供电半径取 1~15km，功率因数取 0.8~1；

2）配电变压器环节：配电变压器高压侧电压取 10~11kV，负载率取 10%~100%，功率因数取 0.8~1；

3）低压线路环节：线路首端电压取 380~400V，负载率取 10%~100%，供电半径取 100~1000m，功率因数取 0.8~1，三相不平衡度取 0%~15%。

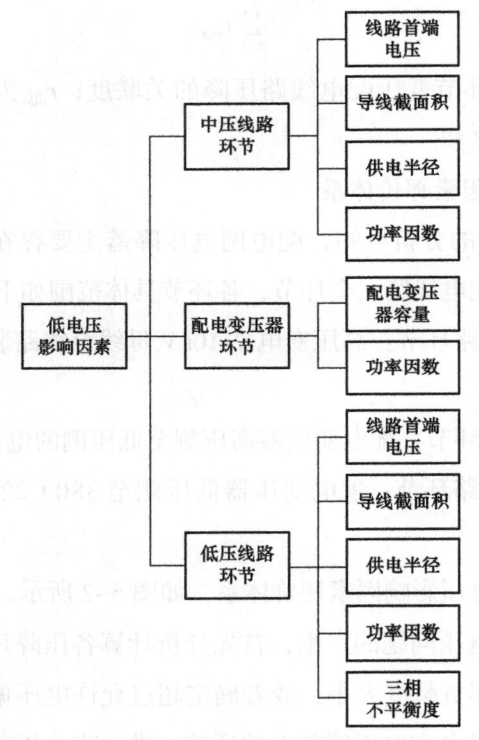

图 5-2　配电网低电压影响因素评价体系

通过计算，各级压降环节的各类影响因素贡献度见表 5-1~ 表 5-3。

表 5-1　　中压线路环节影响因素贡献度

影响因素	线路首端电压	导线截面积	供电半径	功率因数
贡献度（%）	0.313	0.212	0.185	0.291

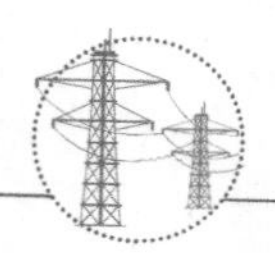

表 5-2　　配电变压器环节影响因素贡献度

影响因素	配电变压器容量	功率因数
贡献度（%）	0.390	0.610

表 5-3　　低压线路环节影响因素贡献度

影响因素	线路首端电压	导线截面积	供电半径	功率因数	三相不平衡度
贡献度（%）	0.234	0.164	0.152	0.223	0.227

可以看出，在中压线路环节线路首端电压的贡献度最大，在配电变压器环节功率因数的贡献度最大，在低压线路环节线路首端电压的贡献度最大。

5.2 配电网低电压治理措施

配电网低电压问题治理措施及技术如下。

1. 中压线路环节

（1）长期性低电压。对于中压线路长期低电压问题，应重点考虑提高装备水平，优化线路结构，缩短供电半径。针对功率因数偏低的中压线路，可配置 10kV 并联无功补偿设备，补偿容量一般按线路装接配电变压器总容量的 7%~10% 配置；或采用 10kV 快速开关型串联补偿装置，对于电力负荷比较分散且波动较大、长距离供电的线路有较好的效果，尤其适用于解决重负载启停时造成的电压波动问题；有条件的地区还可采用 SVC（静止无功补偿装置）、SVG（静止无功发生器），实现无功功率的动态连续调节。

对于截面积偏小的老旧线路，应更换大截面积导线，并做好压降校验。配电系统各级容量应保持协调一致，上一级主变压器容量与 10kV 出线间隔及线路导线截面积应相互配合，见表 5-4。

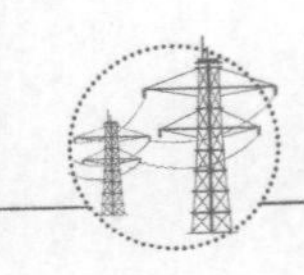

表 5-4　　主变压器容量与 10kV 出线间隔及线路导线截面积配合推荐表

35~110kV 主变压器容量（MVA）	10kV 出线间隔数	10kV 主干线截面积（mm^2）		10kV 分支线截面积（mm^2）	
		架空	电缆	架空	电缆
63	12 及以上	240、185	400、300	150、120	240、185
50、40	8~14	240、185、150	400、300、240	150、120、95	240、185、150
31.5	8~12	185、150	300、240	120、95	185、150
20	6~8	150、120	240、185	95、70	150、120
12.5、10、6.3	4~8	150、120、95	—	95、70、50	—
3.15、2	4~8	95、70	—	50	—

10kV 线路供电半径应满足末端电压质量的要求，对于供电半径较长的地区，可通过新增变电站布点切改线路与负荷，缩短供电半径；对于偏远农村地区，可采用 35kV 配电化技术，通过轻型化简易设计，能够有效缩短建设周期、降低工程造价、提高投资效益，有效解决了常规变电站投资大、施工难、周期长的问题。

（2）短期性低电压。对于中压线路短期低电压问题，应重点考虑调节上级变压器分接头挡位、采用线路调压器等辅助措施，保证负荷高峰时期的电压质量。

2. 配电变压器环节

（1）长期性低电压。对于由配电变压器环节引起的长期低电压问题，应重点考虑提高装备水平，降低配电变压器损耗。针对功率因数偏低的情况，应在配电变压器低压侧配置并联无功补偿装置，容量可按变压器最大负载为 75%，负荷自然功率因数为 0.85 考虑，补偿到变压器最大负荷时其高压侧功率因数不低于 0.95，或按照变压器容量的 20%~40% 进行配置。

对由于负荷平稳增长而造成的配电变压器重过载，采用配电变压器增容是最有效的解决方式，变压器容量需根据实际负载和 5~10 年的电力发展规划进行选定和设置；若条件允许，也可采用配电变压器新增布点的方式解决由于配电变压器重过载造成的低电压问题。

（2）短期性低电压。对于由配电变压器环节引起的短期低电压问题，应重点考虑采用有载调压配电变压器、高过载配电变压器等辅助措施，保证负荷高峰时期的电压质量。

3. 低压线路环节

（1）长期性低电压。对于低压线路长期低电压问题，应重点考虑优化负荷分配，提高装备水平，缩短供电半径。对于三相不平衡负荷，可以通过安装三相不平衡自动调节装置，自动调节、平衡三相负荷，改善配电变压器出口电压，并实时补偿无功损耗，适用三相负荷不平衡度在25%~85%之间，且三相负荷无法通过人工调节的低电压台区。

（2）短期性低电压。对于低压线路短期低电压问题，应重点考虑调节配电变压器分接头挡位，采用低压线路动态电压电流调节器、单相变压器等辅助措施，保证负荷高峰时期的电压质量。

4. 电压无功三级联调

上述措施相对较为独立，分别是针对引起低电压问题的主要影响因素而采取的治理措施，而电压无功三级联调则兼顾平衡高、中、低三层配电网的调压需要，在主网AVC系统基础上，增加对配电网无功、调压设备的遥控遥调，变分散调控为集中调控，可以实现全网无功优化。

电压无功三级联调控制关系图如图5-3所示，电压无功三级联调控制关系图如图5-4所示。

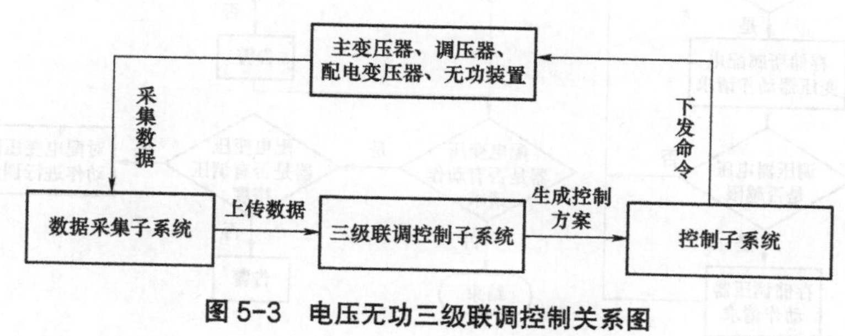

图5-3 电压无功三级联调控制关系图

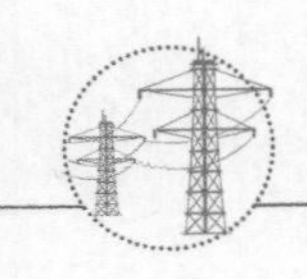

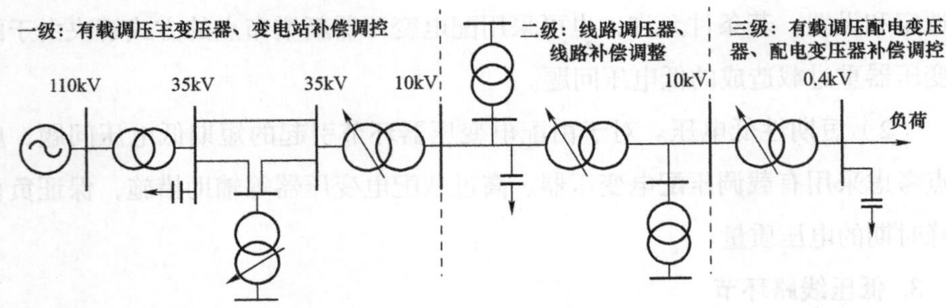

图 5-4 电压无功三级联调示意图

从发电部分到用户部分一共被分为三个层次，层次之间的调节关系和控制关系十分密切。在第一级中，对电压无功三级联调起主要作用的是有载调压主变压器和变电站无功补偿装置，而馈线自动调压器和线路无功补偿装置在第二级中扮演主要角色，第三级的主要调控设备与第一级比较类似，分别是有载调压变压器和配电变压器补偿调控设备。电压与无功三级联调的控制流程图如图5-5、图5-6所示。

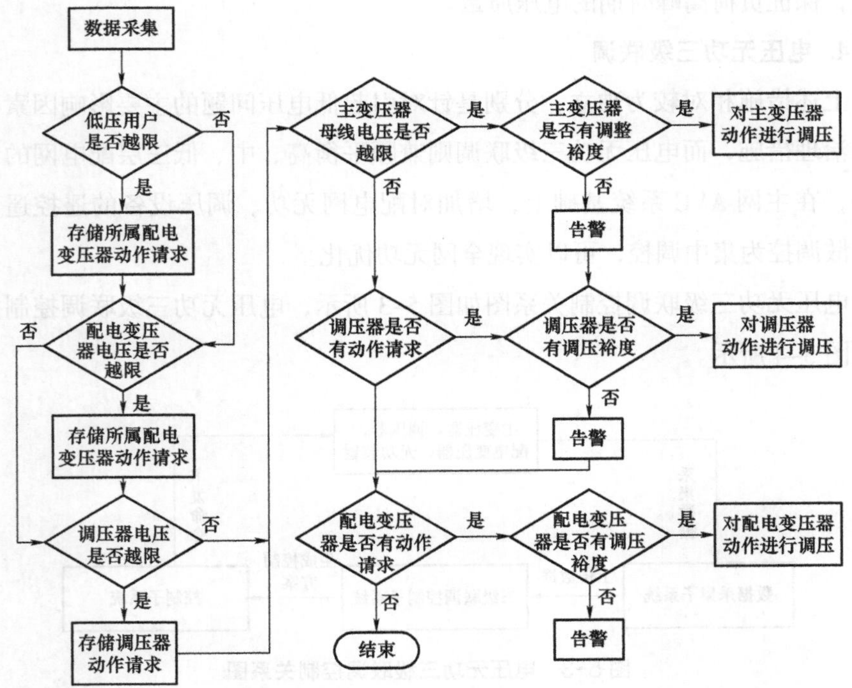

图 5-5 电压三级联调的控制流程图

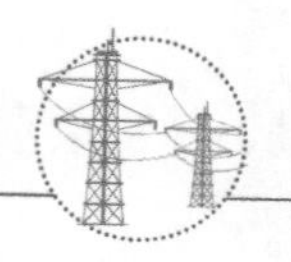

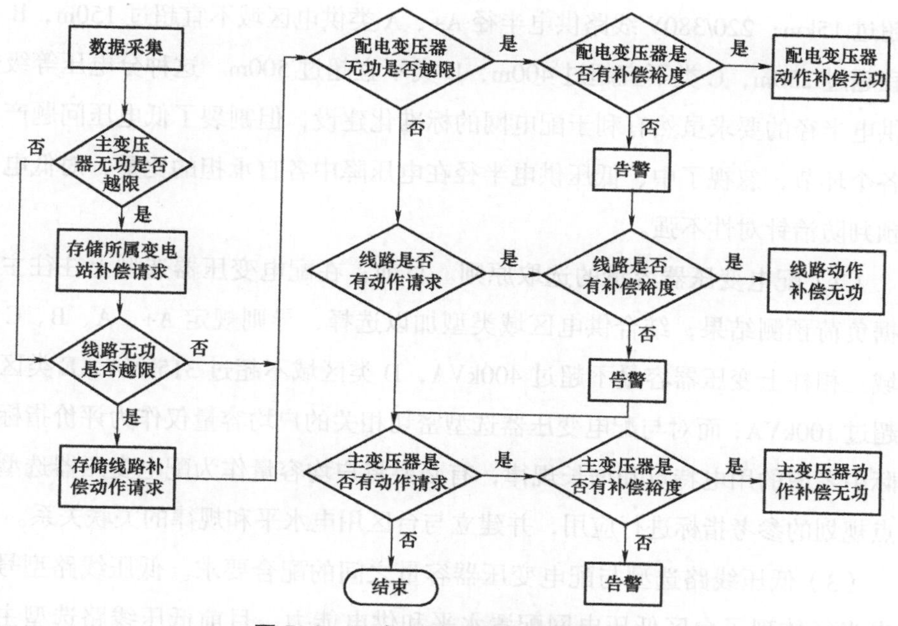

图 5-6 无功三级联调的控制流程图

5.3 考虑电网可扩容能力的低电压预判防治技术

5.3.1 城市发展对电压质量的要求

随着新型城镇化、农业现代化建设步伐加快，城乡配电网改造升级任务更加紧迫。城市地区高附加值、高精度制造企业等重要用户越来越多，居民生活品质和电气化程度不断提高，对电压质量的要求也越来越高。因此，有必要在传统电网规划扩容工作中强化与电压质量相关的技术环节。结合目前低电压问题类型、治理实践经验，在低电压影响因素体系基础上，从网架结构和配电容量等维度提出新的技术要求。

（1）中、低压供电半径之间的配合要求。DL/T 5729—2016《配电网规划设计技术导则》按分区类型分别对中、低压供电半径提出要求，规定 10kV 线路供电半径 A+、A、B 类供电区域不宜超过 3km，C 类不宜超过 5km，D 类不

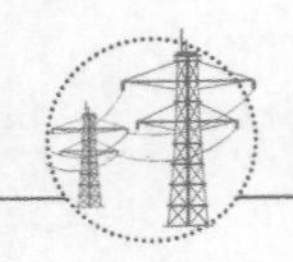

宜超过15km；220/380V线路供电半径A+、A类供电区域不宜超过150m，B类不宜超过250m，C类不宜超过400m，D类不宜超过500m。这种分电压等级规范供电半径的要求虽然有利于配电网的标准化建设，但割裂了低电压问题产生的各个环节，忽视了中、低压供电半径在电压降中各自承担的比重，对低电压的预判防治针对性不强。

（2）配电变压器容量的选取原则。目前，在配电变压器选型上往往主要依据负荷预测结果，结合供电区域类型加以选择，导则规定A+、A、B、C类区域三相柱上变压器容量不超过400kVA，D类区域不超过315kVA，E类区域不超过100kVA，而对与配电变压器选型密切相关的户均容量仅作为评价指标。实际中考虑的用电特点和增长规律，有必要将户均容量作为配电变压器选型和布点规划的参考指标进行应用，并建立与台区用电水平和规律的关联关系。

（3）低压线路选型与配电变压器容量之间的配合要求。低压线路型号、供电半径体现了台区低压电网配置水平和供电能力，目前低压线路选型主要依据导线的安全载流量，导则规定对于A+、A、B、C类区域的电缆、架空线路主干线截面积不低于120mm^2，D、E类区域架空线路主干线截面积不低于50mm^2。考虑农村电网点多、线长、面广的特点，低压线路选型应与电压质量建立关联关系，同时与配电变压器容量相配合，否则可能会导致在台区扩容中无法准确判断未来低电压出现的可能性。

本节将从上述三个方面开展重点研究，在规划电网满足供电能力需求的基础上，充分考虑新型城镇化发展过程中出现的新问题、新特点，采用实际调研与理论分析相结合的方法，增加同时满足电压质量的要求，作为现有规划设计导则的有效补充，更好地指导新形势下配电网的发展与建设。

5.3.2 负荷矩在配电网低电压预判技术中的应用

在电网规划工作中由于对无功容量配置、变压器变比、负荷功率因数等尚不十分明确，因此即使借助相关的低电压辅助计算工具也难以准确判断未来电网的电压水平。考虑工作效率，采用负荷矩的理论方法进行低电压间接预判，一般可满足规划精度要求。

5.3.2.1 负荷矩的基本概念

负荷矩是指在满足某一允许电压损失条件下，用电负荷与供电线路长度的乘积。当负荷矩一定时，用电负荷与线路长度成反比。负荷矩一般用于计算线路输送容量、进行单一配电设施选址等工作。

由于负荷矩直接对应了电网允许的电压损失，且实用方便，本次计算的目的是想建立一种基于负荷矩的低电压快速计算方法，为配电网尤其是农村电网规划建设、安全运行和保障供电质量等提供量化支持。负荷矩概念示意图如图 5-7 所示。

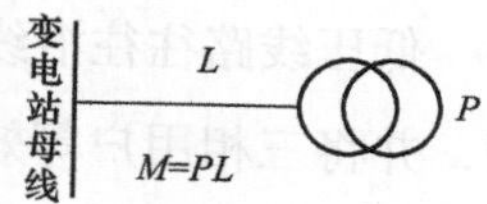

图 5-7 负荷矩概念示意图

5.3.2.2 负荷矩的分级模型

1. 中压线路负荷矩模型

中压线路压降计算公式为

$$\Delta U=\frac{P_2' R+Q_2' X}{U_2} \tag{5-14}$$

而 $Q_2'=P_2' \tan\varphi$，代入式（5-14）可得

$$\Delta U=\frac{P_2' R+Q_2' X}{U_2}=\frac{P_2' R+P_2' X\tan\varphi}{U_2}=\frac{r_0+x_0\tan\varphi}{U_2}P_2' L \tag{5-15}$$

因此，中压线路负荷矩的计算公式为

$$M=\frac{U\Delta U}{r_0+x_0\tan\varphi} \tag{5-16}$$

式中：$M=PL$，为负荷矩；U 为额定电压；ΔU 为 10kV 母线与线路装接配电变压器高压侧允许的电压偏差；r_0、x_0 为线路单位长度的电阻、电抗；$\tan\varphi=\sin\varphi/\cos\varphi$，$\cos\varphi$ 为功率因数。

2. 配电变压器负荷矩模型

类似中压线路负荷矩模型的建立方法，得到配电变压器负荷矩的计算公式为

$$\Delta U_*=\frac{P}{S_N}(R_*+X_*\tan\varphi) \tag{5-17}$$

式中：ΔU_* 为配电变压器两侧电压降的标幺值（基于额定电压）；$\frac{P}{S_N}$ 为配电变压器负载率；R_*、X_* 为配电变压器电阻、电抗标幺值（基于配电变压器容量），$R_*=P_K/S_N$，$X_*=U_K\%$，其中，P_K 为配电变压器负载损耗；S_N 为配电变压器额定容量；$U_K\%$ 为短路电压百分数。

3. 低压线路负荷矩模型

低压线路往往沿线同时接有三相和单相用户，此处分析忽略三相不平衡因素，并将三相用户等效为 3 个单相用户。因此，低压线路的负荷矩模型与中压线路相同。

由于实际电网中一条线路会 T 接多条分支线，且主干线与分支线线径可能不一致，难以直接用负荷矩判断。为解决线径不一致问题，定义一种新的负荷矩概念：简化负荷矩。

$$M'=PL(r+x\tan\varphi)=U\Delta U \tag{5-18}$$

配电线路（含分支线）示意图如图 5-8 所示。

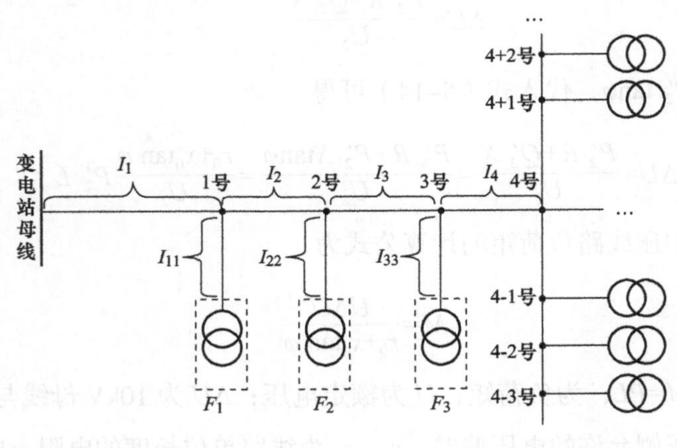

图 5-8　配电线路（含分支线）示意图

根据 GB/T 40427—2021《电力系统电压和无功电力技术导则》，10、380V 线路首末端允许电压损失为 5%，考虑在负荷均匀分布情况下，只需计算主干线简化负荷矩是否大于 10000kW·Ω、16000W·Ω，如果是则可判定存在低电压现象；同样地，220V 线路允许电压损失为 7%，允许的负荷矩为 7400W·Ω。

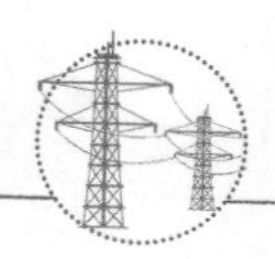

通过简化负荷矩的方法判断低电压，可有效解决主干线与分支线、线路各段线径不一致的问题，方便负荷矩概念的实用化应用。

5.3.2.3 负荷矩的应用流程

基于负荷矩理论，配电网低电压预判防治技术流程如图 5-9 所示。首先计算中压配电线路与低压配电线路的负荷矩，若中压线路与低压线路均超过规定的负荷矩限值，则该配电网有低电压问题，需要进行治理；若中压线路与低压线路负荷矩未同时超过规定限值，则该配电网可能存在低电压问题，需要对相关环节进行排查；若中压线路与低压线路负荷矩均未超过规定限值，则该配电网运行状况良好，无低电压问题。

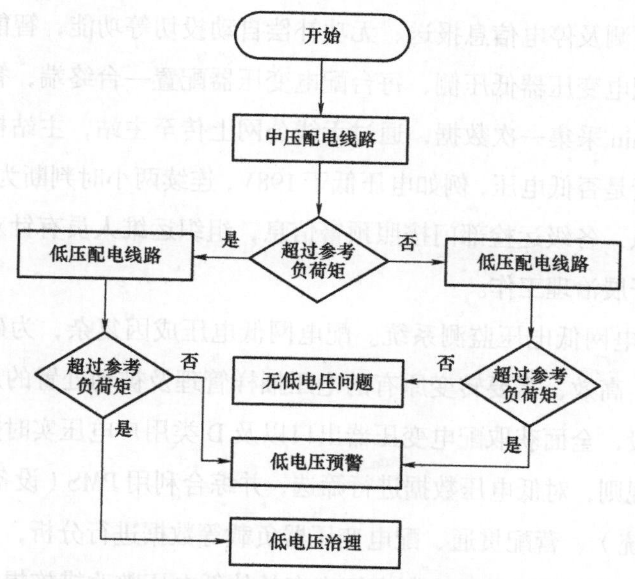

图 5-9 应用负荷矩开展低电压预判防治技术流程

5.3.3 配电网低电压监测

（1）配电变压器台区典型电压监测点设置。监测点选取的用户应包含但并不限于如下用户：①台区三相供电的最远端用户；②台区两相供电的最远端用户；③台区最小线径分支线的最远端用户；④表后线超 40m 或老化、破损严

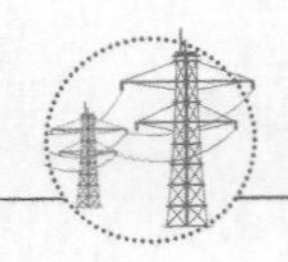

重用户；⑤单相供电超 100m 的用户；⑥老化及接头多的低压线路末端用户；⑦低压线路迂回供电用户；⑧月最大负荷超 8kW 的单相表用户；⑨受理的低电压咨询、投诉工单用户；⑩季节性生产用电（如烤烟、制茶等）的用户（户数根据台区用户情况选定，一般选线路较远端用户）。

（2）智能公用变压器监测。配电网低电压现象是一个动态的过程，受季节性负荷变化（如迎峰度夏、迎峰度冬），大规模人口流动（如春节期间），大用户负荷增长迅速，三相负荷的不平衡等原因动态产生。建立预警普查机制，动态掌握低电压情况现状，是低电压常态治理的关键。

智能公用变压器监测系统中，主站基于用电信息采集系统建设，实现全省集中采集与数据处理。配电变压器终端增加了电压监测、负荷监测、谐波监测、三相不平衡监测及停电信息报送、无功补偿自动投切等功能，智能配电变压器终端安装在配电变压器低压侧，每台配电变压器配置一台终端，智能配电变压器终端每 15min 采集一次数据，通过无线公网上传至主站，主站根据预设定的限值时间判断是否低电压，例如电压低于 198V，连续两小时判断为台区低电压，发出预警信息，各级运检部门按照预警信息，组织运维人员有针对性开展现场实测，动态开展治理工作。

（3）配电网低电压监测系统。配电网低电压成因复杂，为确保低电压排查治理全面、高效，需要转变原有的电压抽样管理及被动处置的局面，充分利用信息化手段，全面获取配电变压器出口以及 D 类用户电压实时数据。通过预设定的逻辑规则，对低电压数据进行筛选，并综合利用 PMS（设备管理系统）、GIS（GIS 系统）、营配贯通、配电变压器负载等数据进行分析，智能排查低电压成因，并生成预警工单，为制定切实有效的低电压整改措施提供有力的信息化支撑，实现低电压主动防控的目标。

5.3.4 低电压问题预判防治标准

5.3.4.1 供电半径的优化原则

将中压供电半径与低压供电半径作为一个整体考虑，研究从 10kV 母线至用

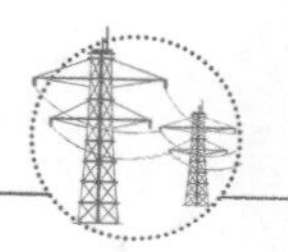

户侧不出现低电压时需满足的要求。边界条件：中压线路截面积选取 185mm^2、低压线路截面积选取 120mm^2，负载率均按 80%~100% 考虑，中压供电半径取 1~15km，低压供电半径取 100~1000m，功率因数取 0.95，在保证用户侧不出现低电压的条件下，中压供电半径与低压供电半径的关系见表 5-5、表 5-6。

表 5-5　　中压供电半径与低压供电半径的关系（负载率 80%）

中压供电半径（km）	低压供电半径（m）
1~3	<600
4~6	<550
7~10	<500
11~13	<450
14~15	<400

表 5-6　　中压供电半径与低压供电半径的关系（负载率 100%）

中压供电半径（km）	低压供电半径（m）
1	<550
2~5	<500
6~9	<450
10~13	<400
14~15	<350

5.3.4.2 配电变压器容量的配置原则

针对配电变压器容量偏小而产生的低电压问题，可根据户均负荷与户均容量的关系，测算合理的配电变压器容量。

1. 户均容量

户均容量为某一地区每户用电客户的平均配电变压器容量，是反映电网配电变压器供电能力的重要指标。配电变压器负荷（指最大负荷，下同）与配电变压器容量的关系为

$$P=\eta S\cos\varphi \tag{5-19}$$

式中：P 为配电变压器负荷；η 为配电变压器负载率；S 为配电变压器容量；$\cos\varphi$ 为功率因数。

设用户数为 H，则户均负荷与户均容量的关系式为

$$S/H=(P/H)\times(1/\eta\cos\varphi) \tag{5-20}$$

$$S'=P'\times(1/\eta\cos\varphi) \tag{5-21}$$

式中：S' 为户均配电变压器容量；P' 为户均负荷。

因此，可以根据户均负荷对户均配电变压器容量进行测算。

2. 户均负荷

（1）采用单位指标法测算户均负荷，则

$$P'=u\sum(nK_XP_H) \tag{5-22}$$

式中：P' 为户均负荷；u 为同时率，即同一配电台区的实际最大负荷与台区所有用户最大负荷之和的比值；n 为户均家电拥有量；K_X 为需要系数；P_H 为家用电器用电功率。

（2）采用人均电量法测算户均负荷，则

$$P'=M_0N/h \tag{5-23}$$

式中：P' 为户均负荷；M_0 为人均生活用电量（年度）；N 为平均每户常住人口；h 为最大负荷利用小时数（年度）。

综合上述计算公式，可得户均容量的计算公式为

$$S'=M_0N/(h\eta\cos\varphi) \tag{5-24}$$

式中：M_0 为人均生活用电量（年度）；N 为平均每户常住人口；h 为最大负荷利用小时数（年度）；η 为配电变压器负载率；$\cos\varphi$ 为功率因数。

3. 配电变压器配置原则

配电变压器建设初期，应按照经济负载水平配置，同时也应有一定的容量裕度，原则上按随着近期负荷的增长配电变压器不出现重过载考虑。

在配电变压器不出现重载的条件下，要求 $\eta\leqslant 80\%$；配电变压器投运初期，按配电变压器经济运行区间，$30\%\leqslant\eta\leqslant 50\%$；综合两个条件 $30\%\leqslant\eta\leqslant 80\%$。按功率因数为 0.9 计算，则有

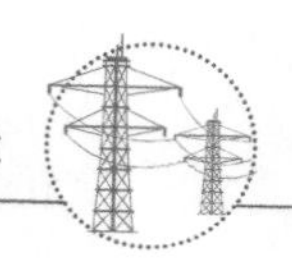

$$3.7P' \geqslant S' \geqslant 1.4P' \tag{5-25}$$

即配电变压器建设初期，按经济运行区间配置容量，户均容量按照户均负荷的3.7倍配置；随着居民负荷增长，配电变压器负载率增大，为保证不重载，户均容量不能低于户均负荷的1.4倍。

5.3.4.3 低压线路的选择原则

综合考虑配电变压器容量、低压线路选型及供电半径的协同配合要求，研究从配电变压器出口至用户侧不出现低电压时需满足的要求。边界条件：配电变压器容量取100、200、315、400kVA，功率因数取0.95，出线按两回考虑，负载率取100%，导线截面积取35~240mm^2，供电半径取100~1000m，在保证用户侧不出现低电压的条件下，配电变压器与低压线路的组合关系见表5-7。

表5-7　配电变压器与低压线路的组合关系

配电变压器容量（kVA）	导线截面积（mm^2）	供电半径（m）
100	35	<600
	50	<800
	70及以上	<1000
200	35	<300
	50	<400
	70	<550
	95	<700
	120	<850
	150	<950
	185、240	<1000
315	35	<300
	50、70	<350
	95	<450
	120	<550

续表

配电变压器容量（kVA）	导线截面积（mm^2）	供电半径（m）
315	150	<600
	185	<700
	240	<850
400	35	<300
	50、70	<350
	95	<400
	120	<450
	150	<500
	185	<550
	240	<650

若考虑负荷的三相不平衡，按照最大允许三相不平衡度15%考虑，在保证用户侧不出现低电压的条件下，配电变压器与低压线路的组合关系见表5–8。可以看出，若考虑15%的三相不平衡度，与三相负荷平衡时相比，允许的最大供电半径进一步减小。

表5–8　　三相不平衡时配电变压器与低压线路的组合关系

配电变压器容量（kVA）	导线截面积（mm^2）	供电半径（m）
100	35	<550
	50	<750
	70及以上	<1000
200	35	<300
	50	<400
	70	<500
	95	<600
	120	<750

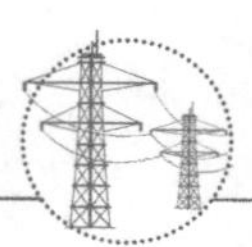

续表

配电变压器容量（kVA）	导线截面积（mm^2）	供电半径（m）
200	150	<850
	185	<950
	240	<1000
315	35、50	<300
	70	<350
	95	<400
	120	<450
	150	<550
	185	<600
	240	<750
400	35、50	<300
	70、95	<350
	120	<400
	150	<450
	185	<500
	240	<600

5.3.5 低电压防治管理体系构建

（1）加强导线、接头及配电变压器中性点接地维护管理。加强低压线路接头和进户表接线等维护管理工作，降低因接线接触不良导致低压出口电压或低压用户出现低电压问题；加强配电变压器中心点接地运维管控，以两年为周期测量配电变压器中性点接地电阻，100kVA及以上的配电变压器接地电阻不应大于4Ω，100kVA以下配电变压器接地电阻不应大于10Ω，不满足要求的接地装置应及时消缺，消除因接地不可靠引起的中性点电压偏移。

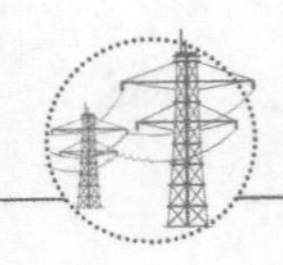

（2）配电变压器负荷三相不平衡治理。借助配电变压器监测仪等已有监测设备或人工定期监测统计分析，对典型的不平衡台区进行“四平衡”原则负荷调整和“五分”线损管理模式，消除由于配电变压器三相不平衡引起的台区低电压现象。对配电变压器负荷三相不平衡运行现象普遍且较为突出，通过制定台区负荷平衡率考核办法，将三相负荷不平衡率纳入经济责任考核，加强配电变压器负荷三相不平衡治理。

其中“四平衡”指计量点平衡、各支路平衡、主干线平衡和变压器低压出口侧平衡，“五分”指分区的管理方式、分压的管理方式、分线的管理方式、分台的管理方式和分相的管理方式。

（3）农村低压负荷错峰用电管理。通过加强对农村小动力客户的需求侧管理，争取相关政策支持或有效的激励措施，宣传引导动力负荷用户采用错（避）峰的方式有序用电，以达到降低负荷高峰时段动力用电负荷，减少高峰时段线路电流，降低线路电压损失，满足低压用户正常生活用电需求。受地理环境限制、交通较闭塞、居住点分散、施工难度大、管理困难且暂不具备整改条件的农村低压台区，以及季节性、短时期集中用电的农村地区，采取积极引导客户用电方式，改变客户用电习惯，临时克服季节性或时段性高峰用电。

在迎峰度夏期间，对电压可能会偏低的台区，各单位也可对综合变压器以下的小动力用户，采取有序用电的措施，优先保障居民生活、农业生产用电。对于要采取有序用电措施的小动力用户，各供电所应落实专人，上门耐心做好宣传和解释工作，并协商让其签订《有序用电承诺书》，明确用户在负荷高峰时段时停止或降低负荷用电，以缓解用电紧张局面，确保电压稳定。

（4）建立健全电压质量管理与考评体系。以电压质量指标管理为核心，以低压台区监测管理系统为技术手段，建立完善的电压质量管理与考评体系。明确 A、C、D 三类电压质量的归口管理部门及责任人，核定各电压质量监测点的考核指标，制定操作性强的奖惩规则，从生产运行、营销服务等环节的管理工作入手，综合应用低电压治理的各项措施，对电压质量进行分级、分压、分线、分台区管理控制，采用定期与抽样相结合的方式进行电压质量考核，严格执行电压质量管理与考评体系，使低电压治理技术发挥最大作用。

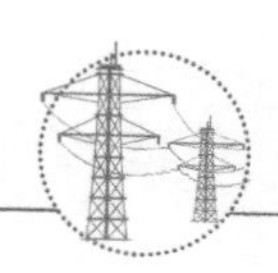

完善的电压质量管理与考评体系是调动低电压治理专业技术人员和管理人员积极性有效手段，同时也是一项投资小、见效快的低电压问题治理有效措施，建议存在低电压等电压质量问题的供电企业积极建立和完善电压质量管理与考评体系。

（5）开展超容专项治理工作。做好对超过合同约定容量用户的宣传工作，宣传超过容量使用电力会对自身用电安全和公用供电线路、设备的安全造成危害。以用户自己整改为前提，供电所督促为辅，封停部分用电设备，解决超容使用电力问题。在迎峰度夏期间，采取“包干制”做法，落实对超容用户的巡查责任人，并加强对用户开工生产现场的用电检查频度，一旦发现超容违约用电行为，立即发出要求整改的通知书，并根据《供电营业规则》的规定，限期处理。对于超容客户不能在规定时间结清补交电费与违约使用电费，或在规定限期未完成整改又拒不接受违约用电处理的，应在再次告知客户后，再按规定程序实施暂时中止供电的措施。对超容客户除采取暂时中止供电措施外，在恢复对用户供电前，可以和用户补签相关协议，在协议中明确客户使用用电设备的详细清单，以及由于超容可能会引起公用线路损毁、引起其他用户的低电压等后果时应该承担的连带责任等。严格执行100kVA及以上专用变压器用户功率因数考核，督促大功率客户安装无功补偿装置，实现无功功率就地平衡，提高线路功率因数和电压质量。

（6）建立电压质量监测网络。通过建立健全覆盖电网各电压等级的电压监测网络，实现对电网电压质量的实时监测，并对电压数据进行分析，掌握低电压现象发生时间和地点等信息，提出可行的治理建议，促进农村低电压综合治理。低电压用户分布较为分散，电压监测手段较为薄弱，主要依靠传统的人工测量和少量的电压监测仪实现电压质量监测的区域，应在充分整合利用已有的SCADA、配电变压器监测以及集抄等系统功能的基础上，具有针对性地增加电压监测点，实现对变电站、中低压配电线路、配电变压器、用户端电压数据的采集与监控。

基于目前先进的通信和自动化技术应用，开发由系统管理、采集管理、电压质量监测、电压质量分析、综合辅助分析、决策支持等功能模块构成的电压

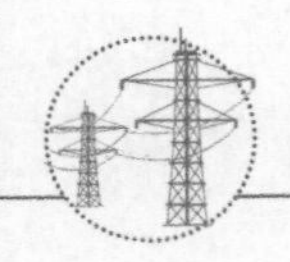

质量监控与辅助管理决策支持平台，实现对区域变电站、中压线路、配电台区、低压用户等各个层面的电压质量监测和控制。通过与相关自动化系统和相关监测装置的通信接口设计，充分发挥已有自动化系统、监测装置以及电压质量治理设备的功能。在统一数据采集的基础上，对电压质量相关实时和历史数据实施深度挖掘与分析，实现对区域变电站、中压线路、配电台区、低压用户等各个层面电压质量的监控与决策治理，并为区域配电网后续的规划、设计和建设改造提供事实依据。

6 配电网投资策略辅助技术及投入产出效益评价

6.1 构建配电网投资分配模型

通过构建配电网投资分配模型，一方面可以评价得出电网薄弱环节、投资效益结果，综合考虑电网发展因素，制定投资导向模型，指导下一步投资方向与投资规模。

6.1.1 投资分配思路

本投资分配思路为，将总投资分为基本需求投资和特殊需求投资两部分，本步分配以人工干预为主，其中特殊需求投资以各县提报汇总得到，基本需求投资以总投资减特殊需求投资得到。

$$I_{SZT}=I_{SJX}+I_{STX} \tag{6-1}$$

式中：I_{SZT}为全省总投资；I_{SJX}为全省基本需求投资；I_{STX}为全省特殊需求投资。

I_{SJX}其中各县基本需求投资分为两部分进行分配，分配决定因素为经计算得到的基本刚性投资和县域综合规模，测算出各县基本刚性投资、县域综合规模在全省的占比，并赋予刚性投资和县域规模权重，计算出各县初始投资占比，同时通过成效评分计算各县成效系数，最终投资占比由各县初始投资占比乘其成效系数得到。具体投资分配思路如图 6-1 所示。

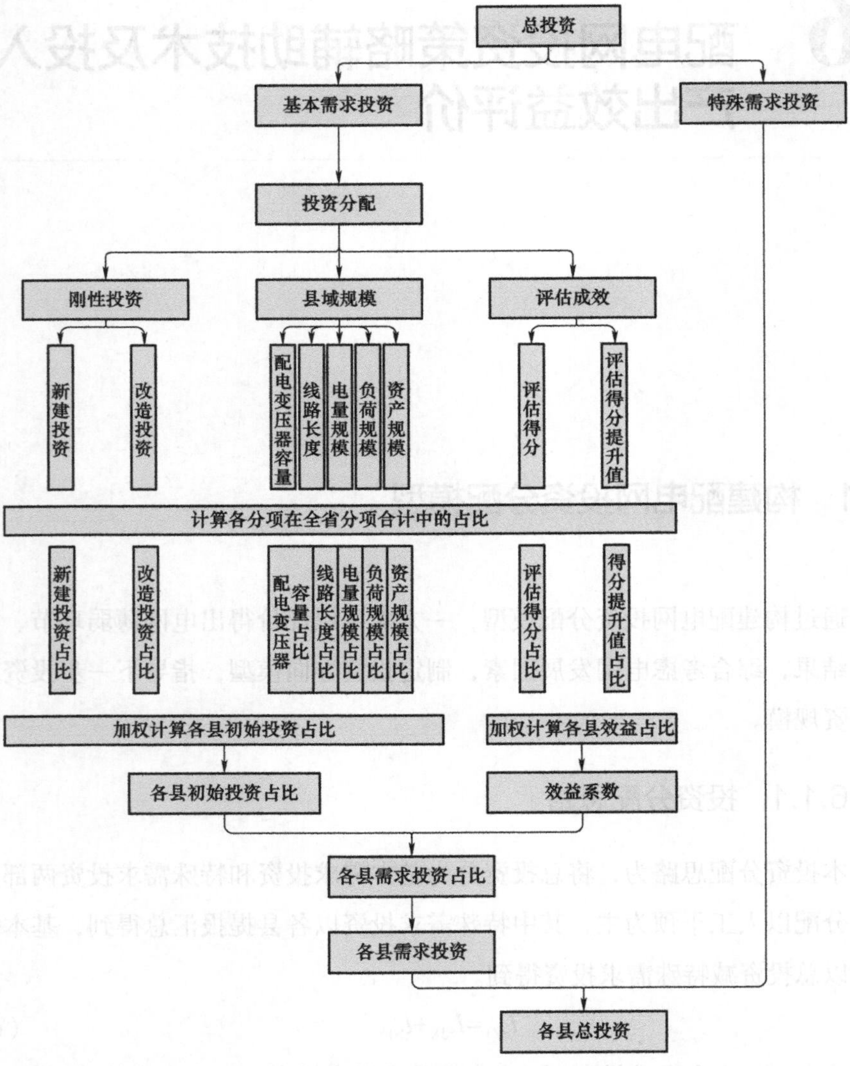

总投资

基本需求投资　特殊需求投资

投资分配

刚性投资　县域规模　评估成效

新建投资　改造投资　配电变压器容量　线路长度　电量规模　负荷规模　资产规模　评估得分　评估得分提升值

计算各分项在全省分项合计中的占比

新建投资占比　改造投资占比　配电变压器容量占比　线路长度占比　电量规模占比　负荷规模占比　资产规模占比　评估得分占比　得分提升值占比

加权计算各县初始投资占比　加权计算各县效益占比

各县初始投资占比　效益系数

各县需求投资占比

各县需求投资

各县总投资

图 6-1　具体投资分配思路

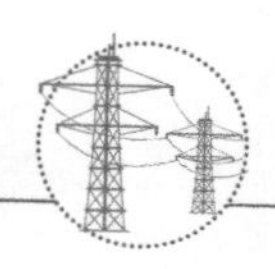

6.1.2 刚性投资模型

刚性投资主要由电网新建投资和电网改造投资组成，其中电网新建投资主要由新建线路、新建配电变压器、新建开关、新建低压工程组成。刚性投资具体计算流程如图 6-2 所示。

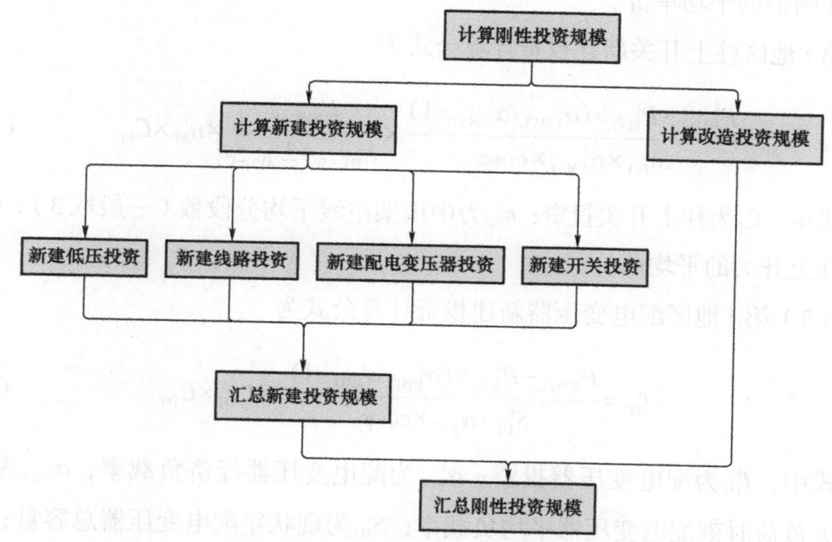

图 6-2 刚性投资具体计算流程

6.1.2.1 新建投资

中低压配电网新建投资计算：

（1）第 i 地区中压线路新建投资计算公式为

$$I^i_{\mathrm{MVL}}=\frac{P^i_{\mathrm{NMVL}}-P^i_{\mathrm{MVL}}\times(\alpha^i_{\mathrm{EMVL}}/\alpha^i_{\mathrm{MMVL}}-1)}{S^i_{\mathrm{MVL}}\times\alpha^i_{\mathrm{EMVL}}\times\cos\varphi}\times\frac{L^i_{\mathrm{MVL-C}}\times C_{\mathrm{MVL-C}}+L^i_{\mathrm{MVL-W}}\times C_{\mathrm{MVL-W}}}{M^i_{\mathrm{MVL}}} \tag{6-2}$$

式中：I^i_{MVL}为中压线路投资；P^i_{NMVL}为新增中压负荷；P^i_{MVL}为现状年中压负荷；α^i_{EMVL}为中压线路经济负载率；α^i_{MMVL}为现状年最大负荷时刻中压线路平均负载率；S^i_{MVL}为每条中压线路平均容量；$\cos\varphi$为功率因数；$L^i_{\mathrm{MVL-C}}$为中压电缆线路总长度；$C_{\mathrm{MVL-C}}$为中压电缆线路的平均单价；$L^i_{\mathrm{MVL-W}}$为中压架空线路总长度；$C_{\mathrm{MVL-W}}$为中压架空线路的平均单价；M^i_{MVL}为现状年总中压线路回数。

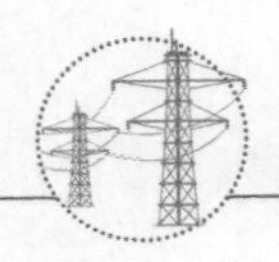

（2）第 i 地区环网柜新建投资计算公式为

$$I_{\mathrm{SR}}^{i}=\frac{P_{\mathrm{NMVL}}^{i}-P_{\mathrm{MVL}}^{i}\times(\alpha_{\mathrm{EMVL}}^{i}/\alpha_{\mathrm{MMVL}}^{i}-1)}{S_{\mathrm{MVL}}^{i}\times\alpha_{\mathrm{EMVL}}^{i}\times\cos\varphi}\times\frac{L_{\mathrm{MVL-C}}^{i}}{L_{\mathrm{MVL-W}}^{i}+L_{\mathrm{MVL-C}}^{i}}\times n_{\mathrm{SR}}^{i}\times C_{\mathrm{SR}} \tag{6-3}$$

式中：I_{SR}^{i}为环网柜投资；n_{SR}^{i}为中压电缆线平均分段数（一般取 4）；C_{SR}为每台环网柜的平均单价。

第 i 地区柱上开关新建投资计算公式为

$$I_{\mathrm{SP}}^{i}=\frac{P_{\mathrm{NMVL}}^{i}-P_{\mathrm{MVL}}^{i}\times(\alpha_{\mathrm{EMVL}}^{i}/\alpha_{\mathrm{MMVL}}^{i}-1)}{S_{\mathrm{MVL}}^{i}\times\alpha_{\mathrm{EMVL}}^{i}\times\cos\varphi}\times\frac{L_{\mathrm{MVL-W}}^{i}}{L_{\mathrm{MV-W}}^{i}+L_{\mathrm{MVL-C}}^{i}}\times n_{\mathrm{SP}}^{i}\times C_{\mathrm{SP}} \tag{6-4}$$

式中：I_{SP}^{i}为柱上开关投资；n_{SP}^{i}为中压架空线平均分段数（一般取 3）；C_{SP}为每台柱上开关的平均单价。

（3）第 i 地区配电变压器新建投资计算公式为

$$I_{\mathrm{DT}}^{i}=\frac{P_{\mathrm{NMVL}}^{i}-P_{\mathrm{MVL}}^{i}\times(\alpha_{\mathrm{EDT}}^{i}/\alpha_{\mathrm{MDT}}^{i}-1)}{S_{\mathrm{DT}}^{i}\times\alpha_{\mathrm{EDT}}^{i}\times\cos\varphi}\times M_{\mathrm{PDT}}^{i}\times C_{\mathrm{DT}} \tag{6-5}$$

式中：I_{DT}^{i}为配电变压器投资；$\alpha_{\mathrm{EDT}}^{i}$为配电变压器经济负载率；$\alpha_{\mathrm{MDT}}^{i}$为现状年最大负荷时刻配电变压器平均负载率；$S_{\mathrm{DT}}^{i}$为现状年配电变压器总容量；$M_{\mathrm{PDT}}^{i}$现状年公用配电变压器台数；$C_{\mathrm{DT}}$为配电变压器的平均单价。

（4）第 i 地区低压线路投资计算公式为

$$I_{\mathrm{LVL}}^{i}=\frac{P_{\mathrm{NMVL}}^{i}-P_{\mathrm{MVL}}^{i}\times(\alpha_{\mathrm{EDT}}^{i}/\alpha_{\mathrm{MDT}}^{i}-1)}{S_{\mathrm{DT}}^{i}\times\alpha_{\mathrm{EDT}}^{i}\times\cos\varphi}\times\left(\frac{L_{\mathrm{MVL-W}}^{i}\times M_{\mathrm{LVL}}^{i}\times L_{\mathrm{LVL-W}}^{i}\times C_{\mathrm{LVL-W}}+L_{\mathrm{MVL-C}}^{i}\times M_{\mathrm{LVL}}^{i}\times L_{\mathrm{LVL-C}}^{i}\times C_{\mathrm{LVL-C}}}{L_{\mathrm{MVL-W}}^{i}+L_{\mathrm{MVL-C}}^{i}}\right) \tag{6-6}$$

式中：I_{LVL}^{i}为低压线路投资；$L_{\mathrm{LVL-W}}^{i}$为单回低压架空线路长度（一般取 0.4km）；$L_{\mathrm{LVL-C}}^{i}$为单回低压电缆线路长度（一般取 0.25km）；M_{LVL}^{i}为配电变压器平均配出低压线路回数（一般取 2 回）；$C_{\mathrm{LVL-W}}$为低压架空线路的平均单价；$C_{\mathrm{LVL-C}}$为低压架空线路的平均单价。

6.1.2.2 改造投资

改造老旧设备投资计算推导如下。

若第 i 地区现状年电网规模采用最新设备单价计算的价值为X_0^i，负荷平均增长率β^i，新建项目投资K_{NB}^i可近似表示为现状规模价值乘上负荷增长率，即

$$K_{\text{NB}}^i = X_0^i \times \beta^i \tag{6-7}$$

假定第 i 地区改造比例K_2^i为改造投资与新建投资的比值，改造老旧设备投资I_{OE}^i可表示为

$$I_{\text{OE}}^i = I_{\text{NB}}^i \times K_2^i \tag{6-8}$$

改造比例K_2^i主要与负荷增长率和设备使用年限有关。假设设备使用年限为 N 年，第 N 年前电网规模价值X_N^i可表示为

$$X_N^i = \frac{X_0^i}{K_3^i} \tag{6-9}$$

式中：K_3^i为现状年规模与往前推第 N 年前电网规模的比值，即

$$K_3^i = \frac{X_0^i}{X_N^i} = (1+\beta^i)^N \tag{6-10}$$

改造设备投资I_{OE}^i包含了第 N 年前的新建投资$I_{\text{NB}}^{i(N)}$与第 N 年前的改造投资$I_{\text{OE}}^{i(N)}$，则

$$I_{\text{OE}}^i = I_{\text{NB}}^{i(N)} + I_{\text{OE}}^{i(N)} \tag{6-11}$$

类似可得，第 N 年前的新建投资$I_{\text{NB}}^{i(N)}$可表示为

$$I_{\text{NB}}^{i(N)} = X_N^i \times \beta^i \tag{6-12}$$

而第 N 年前的改造投资$I_{\text{OE}}^{i(N)}$又包含了 $2N$ 年前的新建投资$I_{\text{NB}}^{i(2N)}$与改造投资$I_{\text{OE}}^{i(2N)}$，即

$$I_{\text{OE}}^{i(N)} = I_{\text{NB}}^{i(2N)} + I_{\text{OE}}^{i(2N)} \tag{6-13}$$

假设 $2N$ 年前的配电网规模价值为X_{2N}^i，则

$$X_{2N}^i = \frac{X_N^i}{K_3^i} \tag{6-14}$$

同理，第 $2N$ 年前的新建投资$I_{\text{NB}}^{i(2N)}$可表示为

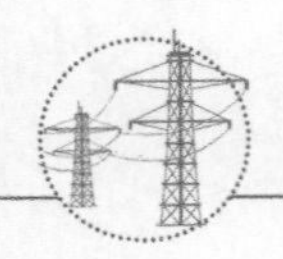

$$I_{\mathrm{NB}}^{i(2N)}=X_{2N}^{i}\times\beta^{i}=\frac{X_{N}^{i}}{K_{3}^{i}}\times\beta^{i}\tag{6-15}$$

依此类推，改造投资改造老旧设备投资计算公式为

$$\begin{aligned}I_{\mathrm{OE}}^{i}&=I_{\mathrm{NB}}^{i(N)}+I_{\mathrm{OE}}^{i(N)}\\&=I_{\mathrm{NB}}^{i(N)}+[I_{\mathrm{NB}}^{i(2N)}+I_{\mathrm{OE}}^{i(2N)}]\\&=I_{\mathrm{NB}}^{i(N)}+I_{\mathrm{NB}}^{i(2N)}+[I_{\mathrm{NB}}^{i(3N)}+I_{\mathrm{OE}}^{i(3N)}]\\&=I_{\mathrm{NB}}^{i(N)}+I_{\mathrm{NB}}^{i(2N)}+I_{\mathrm{NB}}^{i(3N)}+[I_{\mathrm{NB}}^{i(4N)}+I_{\mathrm{OE}}^{i(4N)}]\\&=I_{\mathrm{NB}}^{i(N)}+I_{\mathrm{NB}}^{i(2N)}+I_{\mathrm{NB}}^{i(3N)}+I_{\mathrm{NB}}^{i(4N)}+\cdots\\&=X_{N}^{i}\times\beta^{i}+\frac{X_{N}^{i}}{(K_{3}^{i})^{1}}\times\beta^{i}+\frac{X_{N}^{i}}{(K_{3}^{i})^{2}}\times\beta^{i}+\frac{X_{N}^{i}}{(K_{3}^{i})^{3}}\times\beta^{i}+\cdots\\&=X_{0}^{i}\times\beta^{i}\times\frac{1}{K_{3}^{i}-1}\end{aligned}\tag{6-16}$$

由此可得到改造老旧设备投资I_{OE}^{i}与现状年设备规模价值X_{0}^{i}、负荷增长率β^{i}及K_{3}^{i}（现状年规模与往前推第 N 年前电网规模的比值）的关系表达式。

又由式（6-16）知改造比例可由改造老旧设备投资I_{OE}^{i}与新建项目投资I_{NB}^{i}的比值表示，即

$$K_{2}^{i}=\frac{I_{\mathrm{OE}}^{i}}{I_{\mathrm{NB}}^{i}}=\frac{X_{0}^{i}\times\beta^{i}\times\dfrac{1}{K_{3}^{i}-1}}{X_{0}^{i}\times\beta^{i}}=\frac{1}{K_{3}^{i}-1}=\frac{1}{(1+\beta^{i})^{N}-1}\tag{6-17}$$

因此，得到改造比例K_{2}^{i}与设备使用年限 N 及负荷增长率β^{i}关系表达式。

由式（6-17）分析可知：在负荷增长率一定的情况下，设备使用年限越长，老旧设备改造比例越低；在设备使用年限一定的情况下，增长率越高，老旧设备改造比例越低；由于中低压设备使用年限较短，负荷增长率较小，因此，中低压老旧设备改造比例相对较高。

通过负荷增长率及设备使用年限可计算出各地区的设备改造比例，根据式$I_{\mathrm{OE}}^{i}=I_{\mathrm{NB}}^{i}\times K_{2}^{i}$，由现状配电网规模价值及改造比例即可求得各地区改造设备投资。

$$I_{\mathrm{OE}}^{i}=I_{\mathrm{NB}}^{i}\times\frac{1}{(1+\beta^{i})^{N}-1}\tag{6-18}$$

6.1.2.3 刚性投资占比

第 i 地区基本刚性投资由中低压的满足新增负荷投资与改造老旧设备投资构成，其计算公式为

$$I_{\mathrm{GJG}}^{i}=I_{\mathrm{MVL}}^{i}+I_{\mathrm{DT}}^{i}+I_{\mathrm{SR}}^{i}+I_{\mathrm{SP}}^{i}+I_{\mathrm{LVL}}^{i}+I_{\mathrm{OE}}^{i} \tag{6-19}$$

式中：I_{GJG}^{i}为估算得到的县域的基本刚性投资。

第 i 地区最终分配得到的基本刚性投资占比为

$$P_{\mathrm{XJG}}^{i}=\frac{I_{\mathrm{GJG}}^{i}}{\sum_{i=1}^{m} I_{\mathrm{GJG}}^{i}} \tag{6-20}$$

式中：P_{XJG}^{i}为第 i 地区可分到的基本刚性投资占比。

6.1.3 规模法测算模型

规模法测算模型主要是选取能够有效反映县域规模及其电网规模的指标，并给不同指标赋予不同权重，最终计算得到规模综合指标值，以此为依据对各县投资进行分配，本次选取配电变压器容量、线路长度、电量规模、负荷规模、资产规模作为规模指标。规模法测算具体流程如图 6-3 所示。

$$P_{\mathrm{XGM}}^{i}=\frac{G_{\mathrm{GM}}^{i}}{\sum_{i=1}^{m} G_{\mathrm{GM}}^{i}} \tag{6-21}$$

$$P_{\mathrm{XGM}}^{i}=W_{\mathrm{XPB}} \times \frac{G_{\mathrm{PB}}^{i}}{\sum_{i=1}^{m} G_{\mathrm{PB}}^{i}}+W_{\mathrm{XXL}} \times \frac{G_{\mathrm{XL}}^{i}}{\sum_{i=1}^{m} G_{\mathrm{XL}}^{i}}+W_{\mathrm{XDL}} \times \frac{G_{\mathrm{DL}}^{i}}{\sum_{i=1}^{m} G_{\mathrm{DL}}^{i}}+W_{\mathrm{XFH}} \times \frac{G_{\mathrm{FH}}^{i}}{\sum_{i=1}^{m} G_{\mathrm{FH}}^{i}}+W_{\mathrm{XZC}} \times \frac{G_{\mathrm{ZC}}^{i}}{\sum_{i=1}^{m} G_{\mathrm{ZC}}^{i}} \tag{6-22}$$

式中：P_{XGM}^{i}为第 i 地区以规模测算可分投资占比；G_{GM}^{i}为第 i 地区综合规模占比；W_{XPB}为第 i 地区配电变压器规模的权重值；W_{XXL}为第 i 地区线路规模的权重值；W_{XDL}为第 i 地区电量规模的权重值；W_{XFH}为第 i 地区负荷规模的权重值；W_{XZC}为第 i 地区资产规模的权重值；G_{PB}^{i}为第 i 地区配电变压器规模；G_{XL}^{i}为第 i 地区线路规模；G_{DL}^{i}为第 i 地区电量规模；G_{FH}^{i}为第 i 地区负荷规模；G_{ZC}^{i}为第 i 地区资产规模。

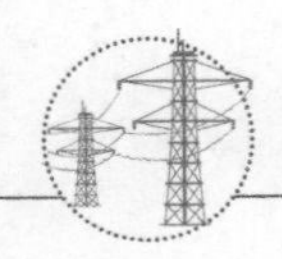

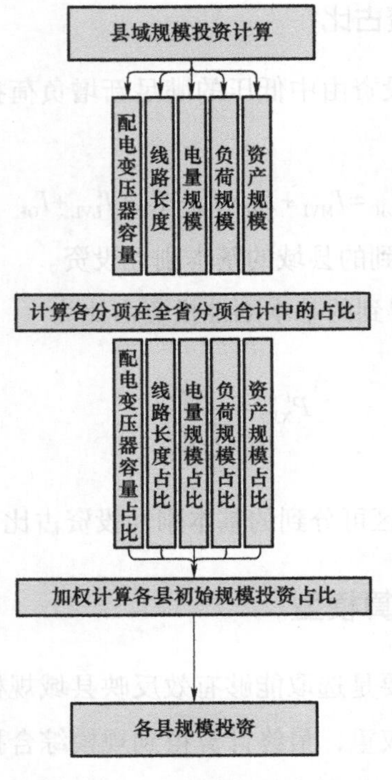

图 6-3　规模法测算具体流程

6.1.4　评价指标体系的构建及评价指标权重计算方法

6.1.4.1　评价指标体系的构建

基于“用数据说话、用数据分析、用数据决策”的工作模式，本次重点分析市、县经济社会与电网规模发展情况，筛选提炼与投资效率效益强相关的发展经营指标，提出基于电网发展及生产经营要素的供电企业综合评价方法，构建县域配电网综合评价指标体系，故本次指标体系一级指标选取效率评价、效益评价、效果评价。县域配电网评价指标体系如图 6-4 所示。

其中，效率指标主要体现在电网设备运行的平均负载水平及相关综合指标水平，故本次效率评价基础指标选择配电变压器平均负载率、线路平均负载率、单位线路长度供电量。

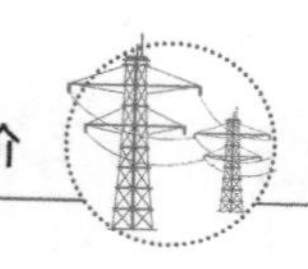

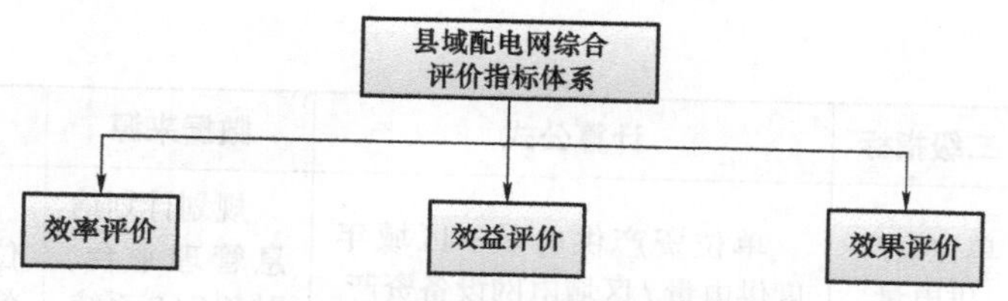

图 6-4 县域配电网评价指标体系

效益指标首先是显性的经济效益，主要是通过提高电网的供电能力来实现。故本次效率指标选取单位投资增供负荷、单位资产供电量、单位投资增供电量。

效果指标主要从网络结构水平、电网运行水平及设备状态水平三大方面对其进行评价，以检验投资建设后电网各方面整体水平效果，故本次效果评价选取 10kV 线路联络率、10kV 线路“*N*-1”通过率、户均配电变压器容量、过载线路占比、重过载配电变压器占比、配电线路绝缘化率、轻载线路比例、轻载配电变压器比例。县域配电网综合评价指标体系表见表 6-1。

表 6-1 县域配电网综合评价指标体系表

一级指标	二级指标	计算公式	数据来源	指标意义
效率评价	配电变压器平均负载率	10kV 配电变压器平均负载率 =（配电变压器年供电量）/（配电变压器年最大可供电量）	调度系统、PMS系统	反映地区10kV 配电变压器层的供电能力
	线路平均负载率	10kV 线路平均负载率 =（线路年供电量）/（线路年最大可供电量）	调度系统、PMS 系统	反映地区10kV 线路层的供电能力
	单位线路长度供电量	单位线路长度供电量 =10kV 公用线路年供电量 /10kV 公用线路长度	PMS 系统、ERP 系统	反映地区10kV 线路层的利用程度
	单位配电变压器容量供电量	单位配电变压器容量供电量 =10kV 公用配电变压器年供电量 /10kV 公用配电变压器容量	PMS 系统、ERP 系统	反映地区10kV 配电变压器的利用程度
效益评价	单位投资增供负荷	单位投资增供负荷 =（当年供负荷 - 上年度供负荷）/ 上年度 10kV 电网投资	规划计划信息管理平台、ERP 系统	反映项目建设对地区供电负荷贡献

续表

一级指标	二级指标	计算公式	数据来源	指标意义
效益评价	单位资产供电量	单位资产供电量 = 区域年度供电量 / 区域电网设备资产	规划计划信息管理平台、财务 SAP 系统	反映地区单位资产的供电效益
	单位投资增供电量	单位投资增供电量 =（当年供电量 - 上年度供电量）/ 上年度 10kV 电网投资	规划计划信息管理平台、ERP 系统	反映项目建设对地区供电量贡献
效果评价	10kV 线路联络率	线路联络率 =1-10kV 辐射线路（公用）数量 /10kV 公用线路总数	PMS 系统、GIS 系统	反映地区配电网的网架结构
	10kV 线路"N-1"通过率	10kV 线路"N-1"通过率 = 通过"N-1"的 10kV 线路回数 /10kV 线路总回数 ×100%	规划计划信息管理平台	反映地区电网负荷转移能力
	重过载线路占比	重过载设备占比 = 重过载 10kV 公用线路条数 /10kV 公用线路总条数，重过载指设备典型负荷日最大负荷率在 80% 及以上	调度系统、PMS 系统、用电信息采集系统、营销系统	反映地区 10kV 线路的重载、过载情况
	重过载配电变压器占比	重过载配电变压器占比 = 重过载 10kV 公用变压器台数 / 10kV 公用变压器台数，重过载指设备典型负荷日最大负荷率在 80% 及以上	调度系统、PMS 系统、用电信息采集系统、营销系统	反映地区 10kV 配电变压器的重载、过载情况
	配电线路绝缘化率	配电线路绝缘化率 = 所有 10kV 公用线路架空绝缘线路长度之和 / 所有 10kV 公用线路架空线路总长度	PMS 系统	反映地区 10kV 架空线路的绝缘化程度
	轻载线路比例	轻载线路占比 = 轻载 10kV 公用线路条数 /10kV 公用线路总条数，轻载指设备典型负荷日最大负荷率在 20% 及以上	调度系统、PMS 系统、用电信息采集系统、营销系统	反映地区 10kV 线路的轻载情况
	轻载配电变压器比例	轻载设备占比 = 轻载 10kV 公用变压器台数 /10kV 公用变压器台数，轻载指设备典型负荷日最大负荷率在 20% 及以上	调度系统、PMS 系统、用电信息采集系统、营销系统	反映地区 10kV 配电变压器的轻载情况

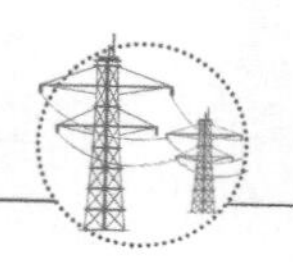

6.1.4.2　评价指标权重计算方法

用层次分析法（1~9 标度法）来确定权重值，如图 6-5 所示，具体步骤如下。

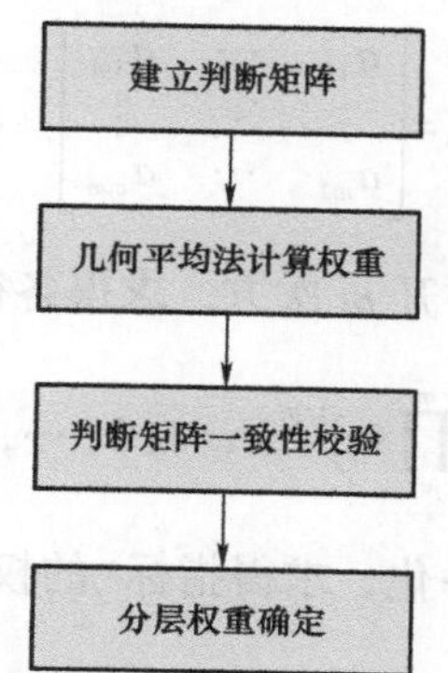

图 6-5　层次分析法具体步骤

1. 建立判断矩阵

用互反性 1~9 标度标量化法建立判断矩阵。设判断矩阵的元素u_{ij}对应于层次结构中两个元素u_i和u_j的相对重要性，u_{ij}的标度和含义见表 6-2。

表 6-2　互反性 1~9 标度

标度值	含义
1	表示元素 u_i 与 u_j 相比，具有同等的重要性
3	表示元素 u_i 与 u_j 相比，u_i 比 u_j 稍微的重要
5	表示元素 u_i 与 u_j 相比，u_i 比 u_j 明显的重要
7	表示元素 u_i 与 u_j 相比，u_i 比 u_j 强烈的重要
9	表示元素 u_i 与 u_j 相比，u_i 比 u_j 极端的重要
2，4，6，8	分别表示相邻判断 1~3、3~5、5~7、7~9 的中值
1~9 的倒数	表示由元素 u_i 与 u_j 比较地判断 u_{ij}，得到 u_j 与 u_i 的判断 $u_{ji}=1/u_{ij}$

2. 几何平均法计算权重

设 m 阶判断矩阵为

$$A=\begin{bmatrix} a_{11} & \cdots & a_{1n} \\ \cdots & \cdots & \cdots \\ a_{m1} & \cdots & a_{mn} \end{bmatrix} \tag{6-23}$$

$$A=\begin{bmatrix} a_{11} & \cdots & a_{1m} \\ \vdots & \ddots & \vdots \\ a_{m1} & \cdots & a_{mm} \end{bmatrix} \tag{6-24}$$

首先按行将各元素连乘并开 m 次方，求得各行元素的几何平均值，即

$$b_i=\left(\prod_{j=1}^{m} a_{ij}\right)^{1/m},\ i=1,\ 2,\ \cdots,\ m \tag{6-25}$$

再把$b_i(i=1,\ 2,\ \cdots,\ m)$归一化，求得指标$x_j$的权重系数，即

$$\omega_j=\frac{b_j}{\sum_{k=1}^{m} b_k}(j=1,\ 2,\cdots,\ m) \tag{6-26}$$

3. 判断矩阵一致性校验

几何平均法的合理性可由 A 的一致性条件来解释。衡量不一致程度的数量指标称为一致性指标 $C.I.$，可定义为

$$C.I.=\frac{\lambda_{\max}-m}{m-1} \tag{6-27}$$

考虑一致性与矩阵阶数之间的关系，引入平均一致性指标 $R.I.$ 值，见表6–3。

表 6–3　　层次分析法平均随机一致性指标

m	1	2	3	4	5	6	7	8	9
$R.I.$	0.00	0.00	0.58	0.90	1.12	1.24	1.32	1.41	1.45

随机一致性比率记为 $C.R.$，当$C.R.=\frac{C.I.}{R.I.}<0.10$时，认为判断矩阵有可接受的不一致性，否则就认为初步建立的判断矩阵是不能令人满意的，需要重新赋值，仔细修正，直到一致性校验通过为止。

$C.I.$ 中用到的判断矩阵 A 的最大特征值 $\lambda_{\max}$ 的计算方法为

$$\lambda_{\max}=\frac{1}{m}\sum_{i=1}^{m}\frac{\sum_{j=1}^{m} a_{ij}\ \omega_j}{\omega_j} \tag{6-28}$$

4. 分层权重确定

用层次分析法确定各指标权重，如果第一个系统分解为三个层次，最高层次记为 Z，第二层记为$Y=\{y_1, y_2, \cdots, y_n\}$，第三层记为$X=\{x_1, x_2, \cdots, x_n\}$，则已得到 Y 对 Z 的权向量为

$$\omega_z(Y)=[\omega_z(y_1), \omega_z(y_2), \cdots, \omega_z(y_n)]^{\mathrm{T}} \tag{6-29}$$

X 关于y_i的权向量为

$$\omega_{y_i}(X)=[\omega_{y_i}(x_1), \omega_{yi}(x_2), \cdots, \omega_{y_i}(x_m)]^{\mathrm{T}} \tag{6-30}$$

6.1.4.3 评价指标得分计算方法

效益型（正指标）、成本型（逆指标）、区间型（适度指标）三种类型，其中效益型指标是“越大越好”，成本型指标是“越小越好”，区间型指标为“某一固定范围内为好”，具体如表 6-4 所示。

表 6-4　　投入产出效益分析评价指标属性类型

指标类型	指标
效益型	单位线路长度供电量、单位投资增供负荷、单位资产供电量、单位投资增供电量、10kV 线路联络率、10kV 线路“N-1”通过率、配电线路绝缘化率
成本型	重过载线路占比、重过载配电变压器占比、轻载线路比例、轻载配电变压器比例
区间型	配电变压器平均负载率、线路平均负载率、户均配电变压器容量

一般来说，对于定量指标的隶属度的确定，需要引入隶属度函数来进行拟合，隶属度函数可以是线性型的也可以是非线性的，建立隶属函数的主要方法包括二元对比序列、模糊统计法和模糊分布等几类，模糊分布又可以分为正态分布、矩形分布和梯形分布等，其中梯形分布式较为广泛的应用模糊分布，在指标数据不充分的情况下，为了简便采用梯形分布线性隶属函数来拟合，指标的隶属度确定则按照指标的类型，按以下函数计算。

（1）效益型指标采用升半梯形分布函数，即

$$r(x)=\begin{cases}0 & x\leqslant \inf(x)\\ [x-\inf(x)]/[\sup(x)-\inf(x)] & \inf(x)<x<\sup(x)\\ 1 & x\geqslant \sup(x)\end{cases} \quad (6\text{-}31)$$

（2）成本型指标采用降半梯形分布函数，即

$$r(x)=\begin{cases}0 & x\geqslant \sup(x)\\ [\sup(x)-x]/[\sup(x)-\inf(x)] & \inf(x)<x<\sup(x)\\ 1 & x\leqslant \inf(x)\end{cases} \quad (6\text{-}32)$$

（3）区间型指标采用梯形分布函数，即

$$r(x)=\begin{cases}0 & x\leqslant \inf(x)\\ [x-\inf(x)]/[a-\inf(x)] & \inf(x)<x\leqslant a\\ 1 & a<x\leqslant b\\ [\sup(x)-x]/[\sup(x)-b] & b\leqslant x<\sup(x)\\ 0 & x\geqslant \sup(x)\end{cases} \quad (6\text{-}33)$$

在上面公式中，$f(x)$ 为某一指标的值，$\sup(f)$ 和 $\inf(f)$ 分别代表这一指标的上、下界（z 隶属度阈值），$[a,b]$ 为区间型指标的适度区间。隶属阈值可利用频数分布法对历史数据进行统计分析来得到，适度区间的确定按照电力行业的相关规定或专家实际经验来得到。县域配电网综合评价指标体系见表 6-5。

表 6-5　县域配电网综合评价指标体系表

一级指标	一级指标权重	二级指标	二级指标权重	指标类型
效率评价	0.3	配电变压器平均负载率	0.3	区间型
		线路平均负载率	0.3	区间型
		单位线路长度供电量	0.2	效益型
		单位配电变压器容量供电量	0.2	效益型

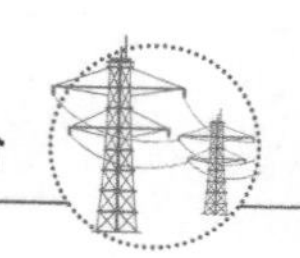

续表

一级指标	一级指标权重	二级指标	二级指标权重	指标类型
效益评价	0.2	单位投资增供负荷	0.35	效益型
		单位资产供电量	0.35	效益型
		单位投资增供电量	0.3	效益型
效果评价	0.5	10kV 线路联络率	0.25	效益型
		10kV 线路“N–1”通过率	0.25	效益型
		重过载线路占比	0.1	成本型
		重过载配电变压器占比	0.1	成本型
		配电线路绝缘化率	0.1	效益型
		轻载线路比例	0.1	成本型
		轻载配电变压器比例	0.1	成本型

6.1.5　各区域成效系数计算模型

成效占比由两部分组成，一部分为评分占比，另一部分为历史评分提升值占比，再将两部分加权得到，即

$$P_{\mathrm{XCX}}^{i}=W_{\mathrm{XDF}}\times\frac{F_{\mathrm{DF}}^{i}}{\sum\limits_{i=1}^{m}F_{\mathrm{DF}}^{i}}+W_{\mathrm{XDFT}}\times\frac{F_{\mathrm{DFT}}^{i}}{\sum\limits_{i=1}^{m}F_{\mathrm{DFT}}^{i}} \tag{6–34}$$

式中：P_{XCX}^{i}为第 i 地区按评价得分计算的成效占比；W_{XDF}为第 i 地区评价得分权重值；W_{XDFT}为第 i 地区评价得分提升值权重值；F_{DF}^{i}为第 i 地区评价得分；F_{DFT}^{i}为第 i 地区评价得分提升值。

将各县成效占比区间化，其区间（$PE_{\min}$，$PE_{\max}$）作为绩效区间，则

$$PE^{i}=PE_{\max}-[\max(P_{\mathrm{XCX}}^{1},\cdots,P_{\mathrm{XCX}}^{m})-P_{\mathrm{XCX}}^{i}]\times\frac{PE_{\max}-PE_{\min}}{\max(P_{\mathrm{XCX}}^{1},\cdots,P_{\mathrm{XCX}}^{m})-\min(P_{\mathrm{XCX}}^{1},\cdots,P_{\mathrm{XCX}}^{m})} \tag{6–35}$$

式中：（PE_{min}，PE_{max}）为绩效区间；PE^i 为第 i 地区绩效系数；PE_{max} 为最大绩效系数；PE_{min} 为最小绩效系数。

6.1.6 投资分配决策模型

首先利用刚性投资占比和规模占比乘以对应的权重系数，得到初始投资占比，各县初始投资占比乘相应的成效系数，得到其考虑成效的投资占比，然后修正此占比，使占比总和为 1，最终确定出各县基本需求投资占比P^i_{XZT}。

第 i 地区投资分配占比P^i_{XZT}计算公式为

$$P^i_{XZT}=\frac{PE^i\times(W_{SJG}P^i_{XJG}+W_{SGM}P^i_{XGM})}{\sum_{i=1}^{m}PE^i\times(W_{SJG}P^i_{XJG}+W_{SGM}P^i_{XGM})} \tag{6-36}$$

计算出投资分配占比P^i_{XZT}后即可计算出各县基本需求投资I^i_{XJX}。第 i 地区基本需求投资I^i_{XJX}计算公式为

$$I^i_{XJX}=PE^iI_{SJX} \tag{6-37}$$

则第 i 地区基本总投资I^i_{XZT}计算公式为

$$I^i_{XZT}=I^i_{XJX}+I^i_{XTX} \tag{6-38}$$

式中：P^i_{XZT}为第 i 地区基本需求投资占比；W_{SJG}为基本刚性投资所占权重；W_{SGM} 为县域规模所占权重；I^i_{XJX}为第 i 地区基本需求投资；I^i_{XZT}为第 i 地区总投资；I^i_{XTX}为第 i 地区特殊需求投资。

电网投资决策属于电网经济性规划研究的范畴，主要体现在三个方面：一是满足电网负荷增长的基本需求，保证电网在最大负荷下的供电能力；二是投资效益最大化，用有限的资金取得最大的投资效果和经济效益；三是通过投资分配来引导电网的建设，促进各个电网之间的送受电能力相互匹配，从而保证电网的协调可持续发展，从整体上提高整个电网的供电能力。对电网投资决策的研究，是关系到电网和企业健康发展的关键所在，对于确保投资规模合理、方向精准、结构优化、时序科学，严控低效投资，杜绝无效投资具有重要的理论和现实意义。

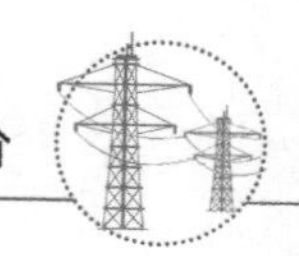

6.2 基于多源信息融合的配电网投入产出评价研究

6.2.1 考虑多能互补、微电网、多元负荷的配电网投入产出模型

多能互补、微电网、多元负荷的发展必将对配电网规划方案以及配电网总体效益造成一定的影响，因此有必要建立基于电网公司视角的配电网全寿命周期投入模型与产出模型。

6.2.1.1 配电网投入模型

1. 固定资产投资费用

配电网固定资产投资费用分为配电网初始投资费用与改造投资费用。配电网初始投资费用指项目起始阶段电网公司为了满足负荷需求与供电安全可靠而进行建设所需的费用，例如新建变电站费用、新建线路费用等；改造投资费用，指由于负荷的增长等外部环境变化，电网公司为了提高供电能力而新建设配电设备，满足供电安全性、可靠性而改造已建设部分所需的费用，例如新建变电站费用、新建线路费用、变电站扩容费用、微电网等新技术形式接入引起的公用配电网建设与改造费用等。这里的固定投资费用仅表示项目初始或改造的总投资，实际投资既可能一次性投入，也可能在项目建设期内每年按计划分批投入。为了便于建模，此处假设配电网初始投资与改造投资均为一次性投入。

$$C_{\mathrm{cap},\,t}=\begin{cases}\partial C_{\mathrm{inv}} & 1\leqslant t\leqslant T' \\ \partial(C_{\mathrm{inv}}+C'_{\mathrm{inv}}) & T'<t\leqslant T\end{cases} \tag{6-39}$$

式中：$C_{\mathrm{cap},\,t}$为第t年配电网初始固定资产；∂为投资计入固定资产比率，可参考电网公司输配电固定资产的历史转资情况确定；C_{inv}为配电网初始固定资产投资费用；C'_{inv}为配电网改造固定资产投资费用；T'为配电网改造发生年；T为项目计算期。

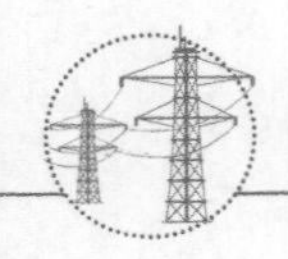

2. 财务费用

财务费用指配电网规划项目建设运营期间的筹资费用，主要包括每年偿还利息的费用。按照公司和银行签订的贷款协议的不同，可分为等本金还款和等额还款等方式，按照不同的还款方式，每年偿还相应的利息。

若电网公司申请银行贷款，配电网初始自筹资金与改造自筹资金为

$$C_{\text{inv, self}}=(1-k_{\text{loan}})C_{\text{inv}} \tag{6-40}$$

$$C'_{\text{inv, self}}=(1-k_{\text{loan}})C'_{\text{inv}} \tag{6-41}$$

式中：$C_{\text{inv, self, }t}$、$C'_{\text{inv, self}}$分别为电网公司初始与改造自筹资金；k_{loan}为贷款比例（假设初始与改造的贷款比例相同）。

由于建设项目还贷期较长，因此这里假设配电网改造将在初始还贷期结束之前发生。假设采用等额本息的方式还款，且初期建设与改造的还款年限相同，则年还款本息可表示为

$$C_{\text{loan},\,t}=\begin{cases}\dfrac{12[k_{\text{loan}}\,C_{\text{inv}}\beta(1+)^{12T_{\text{loan}}}]}{(1+\beta)^{12T_{\text{loan}}}-1} & 1<t\leqslant T'\\[2ex] \dfrac{12[k_{\text{loan}}(C_{\text{inv}}+C'_{\text{inv}})\,\beta(1+\beta)^{12T_{\text{loan}}}]}{(1+\beta)^{12T_{\text{loan}}}-1} & T'<t\leqslant T_{\text{loan}}\\[2ex] \dfrac{12[k_{\text{loan}}\,C'_{\text{inv}}\beta(1+\beta)^{12T_{\text{loan}}}]}{(1+\beta)^{12T_{\text{loan}}}-1} & T_{\text{loan}}<t\leqslant 2T_{\text{loan}}\end{cases} \tag{6-42}$$

式中：$C_{\text{loan},\,t}$为年还款本息；β为月贷款利率；T_{loan} 为还贷期。

3. 折旧费用

项目建成之后，根据固定资产形成率，建设投资转化为固定资产。固定资产折旧费用是指按照《输配电定价成本监审办法（试行）》附件规定的电网项目使用年限而确定的折旧率所计提的折旧费用。采用年限平均法，每年提取固定值。

假设初始投资形成的固定资产计提完折旧后仍能继续使用直至整个配电网项目结束。对于已经计提完折旧但仍继续使用的配电网初始固定资产，停止计提折旧，则年折旧费用为

$$C_{\mathrm{depr},t}=\begin{cases}\dfrac{C_{\mathrm{cap},t}(1-k_{\mathrm{rest}})}{T_{\mathrm{depr}}} & 1<t\leqslant T_{\mathrm{depr}}\\ \dfrac{\partial C'_{\mathrm{inv}}(1-k_{\mathrm{rest}})}{T_{\mathrm{depr}}} & T_{\mathrm{depr}}<t\leqslant T\end{cases} \tag{6-43}$$

式中：$C_{\mathrm{depr},t}$为第t年固定投资折旧费用；T_{depr}为折旧年限；k_{rest}为残值率，表示固定资产平均残值占固定资产初始投资的比例，参考《输配电定价成本监审办法（试行）》的通知，固定资产残值率按5%确定。

4. 运行维护费用

配电网运行维护费用指维持配电网正常运行所需的费用，主要包括维护修理费、材料费、职工薪酬和其他费用。一般情况下，配电网的建设投资规模越大，相应的运行维护成本也越高。为了简化计算，引入运行维护费用系数，以反映表示配电网年度运行维护费用与配电网建设和改造形成的固定资产之间的关系。

$$C_{\mathrm{oper},t}=k_{\mathrm{oper}}C_{\mathrm{cap},t} \tag{6-44}$$

式中：$C_{\mathrm{oper},t}$为配电网固定资产对应的第t年的维护费用；k_{oper}为运行维护费用系数。运行维护费用系数一般取相关经验值或当地运维费用历史统计值，《输配电定价成本监审办法（试行）》的通知对材料费、修理费、其他费用核定的原则是参考监审时剔除不合理因素后的前三年平均值核定。

5. 购电费用

新一轮电力体制改革后，电网公司除了进行基础的输配电服务，还可以成立电网公司的售电公司开展售电业务，与其他社会主体形成的售电公司开展售电侧市场的竞争。因此配电网规划项目要统筹考虑与电网公司相关的配电侧与售电侧的成本与收益情况，从而筛选出电网公司总体盈利最优的方案。

购电费用指配电网规划项目开始运营后电网公司售电所带来的购电费用，可分为初始购电费用与配电网改造后购电费用。新一轮电力体制改革后，电网公司的售电公司与其他售电公司的市场地位相同，其购电电价不再是发电侧的上网标杆电价，而是发电侧的上网标杆电价加上输配电侧的输配电价。

（1）配电网初始购电费用为

$$C_{\text{buy},t}=\sum_{i=1}^{I}\left(\frac{p_{\text{gen},t}k_{t,i}Q_{\text{sale},t,i}}{1-\text{Loss}_{t,\text{sum}}}+\frac{p_{\text{trdi},t,i}k_{t,i}Q_{\text{sale},t,i}}{1-\text{Loss}_{t,i}}\right)\ 1<t\leq T' \tag{6-45}$$

$$Q_{\text{sale},t,i}=Q_{\text{load},t,i} \tag{6-46}$$

式中：$C_{\text{buy},t}$为电网公司第 t 年的购电费用；$p_{\text{gen},t}$为第 t 年发电企业上网标杆电价；$k_{t,i}$为第 t 年电压等级 i 的售电侧市场份额；$Q_{\text{sale},t,i}$为第 t 年配电网电压等级 i 的年总售电量；$\text{Loss}_{t,\text{sum}}$为电网第 t 年综合线损率；$p_{\text{trdi},t,i}$为第 t 年政府核定的电压等级 i 的平均输配电电度电价；$Q_{\text{load},t,i}$为配电网电压等级 i 的用电负荷量，由于初始阶段无多能互补、微电网、多元负荷等新技术形式的加入与增量配电业务放开政策的实施，因此某电压等级的用电负荷量等于该电压等级的总售电量；$\text{Loss}_{t,i}$为配电网第 t 年电压等级 i 的线损率。

（2）配电网改造后购电费用。改造后电网公司的售电公司的购电费用应包括两部分，一是从发电企业购电并经过输配电传输的费用，二是对微电网、分布式电源上网电量的收购费用，并假设微电网、分布式电源的上网电量部分直接就近消纳。由于改造阶段多能互补、微电网、多元负荷等新技术形式的加入，各电压等级的总售电量将不再等于该电压等级的总用电负荷量。

$$\begin{cases}C_{\text{buy},t}=(C_{\text{buy},1,t}+C_{\text{buy},2,t})\\ C_{\text{buy},1,t}=\sum\limits_{i=1}^{I}\left(\dfrac{p_{\text{gen},t}k_{t,i}Q_{\text{sale},t,i}}{1-\text{Loss}_{t,\text{sum}}}+\dfrac{p_{\text{trdi},t,i}k_{t,i}Q_{\text{sale},t,i}}{1-\text{Loss}_{t,i}}\right)\ T'<t\leq T\\ C_{\text{buy},2,t}=\sum\limits_{i=1}^{I}p_{\text{up},t}k_{t,i}(Q_{\text{up},t,i}+x_{t,i}Q_{\text{MG},t,i})\\ Q_{\text{sale},t,i}=Q_{\text{load},t,i}+Q_{\text{EV},t,i}-Q_{\text{DG},t,i}-Q_{\text{MG},t,i}-Q_{\text{CCHP},t,i}\end{cases} \tag{6-47}$$

式中：$C_{\text{buy},t}$为第 t 年电网公司的售电公司的年总购电费用；$C_{\text{buy},1,t}$为向发电厂购电并经输配电传输部分的购电费用；$C_{\text{buy},2,t}$为对微电网、分布式电源上网电量的收购费用；$Q_{\text{sale},t,i}$为与发电厂购电部分对应电压等级 i 的售电量；$p_{\text{up},t}$为上网电价；$Q_{\text{up},t,i}$为第 t 年电压等级 i 的分布式电源的年上网电量；$Q_{\text{EV},t,i}$为第 t 年电压等级 i 的电动汽车年用电量；$Q_{\text{load},t,i}$为该配电网第 t 年电压等级 i 除微电网、增量配电网以外的用电负荷量；$Q_{\text{DG},t,i}$为第 t 年电压等级 i 的分布式电源年发电量（不包括微电网）；$Q_{\text{MG},t,i}$为第 t 年电压等级 i 接入的微电网与

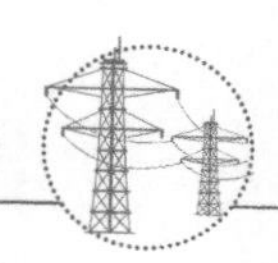

配电网年交互电量，为正时代表微电网发电量大于微电网用电量，此时富余量上网，为负时代表微电网发电量小于用电量，不足的电量由其接入的配电网补足；$x_{t,i}$为状态变量，表示此时微电网有无上网电量，$Q_{\text{MG},t,i} \leqslant 0$时$x_{t,i}=0$，$Q_{\text{MG},t,i}>0$时$x_{t,i}=1$；$Q_{\text{CCHP},t,i}$为第$t$年电压等级$i$的天然气冷热电三联供机组的年发电量。

6.2.1.2 配电网产出模型

配电网直接经济收益指站在电网公司视角所直接获得的经济收入，主要包括配电服务收益和售电收益两部分。

1. 配电服务收益

配电服务收益，这里指配电网规划项目开始运营后其配电量所带来的配电服务收入。新一轮电力体制改革后，电网公司的盈利模式从原本的买电、卖电获取购销差价转为按照政府核定的输配电价收取“过网费”。

对于配电网，《有序放开配电网业务管理办法》中规定：配电价格核定前，暂按售电公司或电力用户接入电压等级对应的省级电网共用网络输配电价扣减该配电网接入电压等级对应的省级电网共用网络输配电价执行。因此，配电网配电服务收益为

$$R_{\text{dis},t}=\sum_{i=1}^{I}\left[\frac{p_{\text{trdi},t,i}Q_{\text{sale},t,i}}{1-\text{Loss}_{t,i}}-\frac{p_{\text{trdi},t,J}Q_{\text{sale},t,i}}{\prod_{j=i}^{J}(1-\text{Loss}_{t,j})}\right]\quad 1<t\leqslant T \tag{6-48}$$

式中：$R_{\text{dis},t}$为配电网第t年的输配电服务收益；J为配电网接入的电压等级；$p_{\text{trdi},t,J}$为配电网接入电压等级对应的省级电网公用网络输配电价。

2. 售电收益

售电收益按照用户所在电压等级进行核定。

$$R_{\text{sale},t}=\begin{cases}\sum_{i=1}^{I}p_{\text{sale},t,i}k_{t,i}Q_{\text{sale},t,i} & 1<t<T' \\ \sum_{i=1}^{I}p_{\text{sale},t,i}k_{t,i}(Q_{\text{sale},t,i}+Q_{\text{up},t,i}+x_{t,i}Q_{\text{MG},t,i}) & T'<t<T\end{cases} \tag{6-49}$$

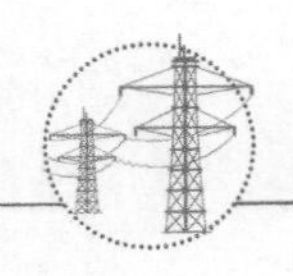

式中：$R_{sale,t}$为电网公司的售电公司第 t 年的售电收益；$p_{sale,t,i}$ 为第 t 年电压等级 i 的平均销售电价。

6.2.2 考虑多能互补、微电网、多元负荷的配电网投资策略模型

新一轮电力体制改革与多能互补、微电网、多元负荷等新技术的发展对电网公司的投资决策产生了深刻的影响，主要体现在投资目标与风险分析两方面：在投资目标方面，面对严峻的外部形势，为了实现公司的高效运营与良性发展，电网公司必须改变以往配电网规划“重技术、轻经济”、电网投资“重需求、轻效益”的倾向，加强配电网规划的投资效益分析，加强项目投资的合理性与经济性审查，以切实提高项目投资回报水平、提升公司整体竞争力为核心目标；在风险分析方面，新一轮电力体制改革的推进与新型技术的发展为配电网项目投资带来更为多样和复杂的不确定因素，多重因素的变化与组合都将影响配电网投入产出效益，面对复杂的经营环境，电网公司必须从以往的轻视风险转变为重视风险，切实加强风险分析，调整规划工作，确保配电网项目实现盈利。

因此，以提高配电网投入产出效益为目标，综合考虑配电网投资风险，基于电网公司视角的考虑多能互补、微电网、多元负荷发展的配电网投资策略模型可分为三个层次，第一层是确定性条件下的投资效益评估模型，即不考虑输配电价、线损率等参数的波动性的效益评估；第二层基于蒙特卡洛法的投资效益风险评估模型，即将与配电网投入产出效益相关的主要参数视为风险因素，考虑各风险因素存在波动时的效益风险评估；第三层是敏感性分析，即在各类风险要素波动的基础上，利用敏感性分析方法研究各类风险要素对投资可行性的影响，确定关键风险要素。三个层次的投资策略相互配合，有利于引导电网公司实现精准投资。三个层次的投资策略模型之间的相互关系如图 6-6 所示。

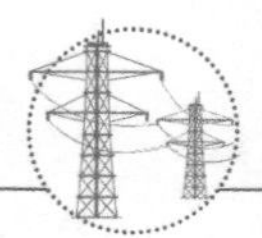

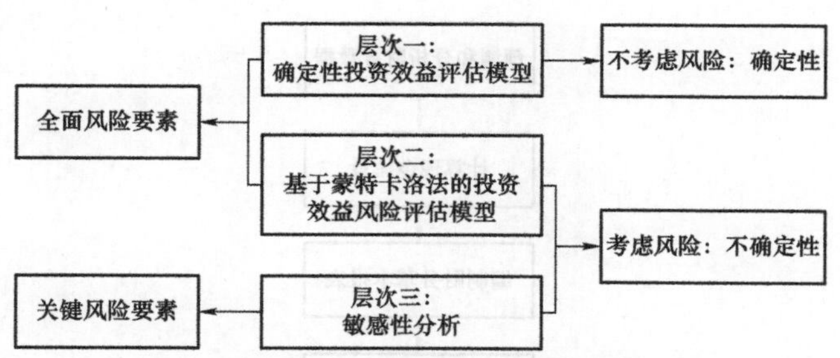

图 6-6 三个层次的投资策略模型之间的相互关系

6.2.2.1 确定性投资效益评估模型

将 6.2.1 模型中对配电网投入产出效益有影响的各参数视为确定值，通过财务评价步骤，考察基于电网公司视角的配电网投入产出收益情况，利用内部收益率、净现值、动态投资回收期、投资利润率等财务评价指标反映配电网的实际收益水平。

1. 财务评价内涵与基本步骤

财务评价是按照现行市场价格和有关经济、财政、金融制度的各项规定，在预测项目财务数据的基础上，从项目投资方角度出发，对拟建项目计算期内的全部财务状况和财务成果进行预测性的考察与分析，从而综合、全面地反映项目财务效益，为项目投资方和金融部门提供投资决策依据，判断其财务可行性的一种评估方法。因此，正确地进行配电网规划项目的财务评估，对电网公司精准投资决策具有重要的意义。

财务评价的基本步骤如图 6-7 所示，首先是收集、整理和计算财务基础数据，包括项目投入项和产出项的数量和价格等。对于配电网规划项目来说，电网公司作为投资方，其投入项包括 6.2.1.1 所述的固定投资费用、财务费用、折旧费用、运营维护费用等，支出项包括 6.2.1.2 所述的输配电服务收益、售电收益、降损收益等。然后，根据投入项与产出项计算项目的现金流量，包括现金流入量与现金流出量。接着，根据财务基本数据与现金流编制财务基本报表，如“现金流量表”“损益表”等。最后，根据编制的财务报表，计算财务评价指标，对于配电网规划方案而言，常用的财务评价指标包括内部收益率、净现值、投资回收期与投资利润率等。

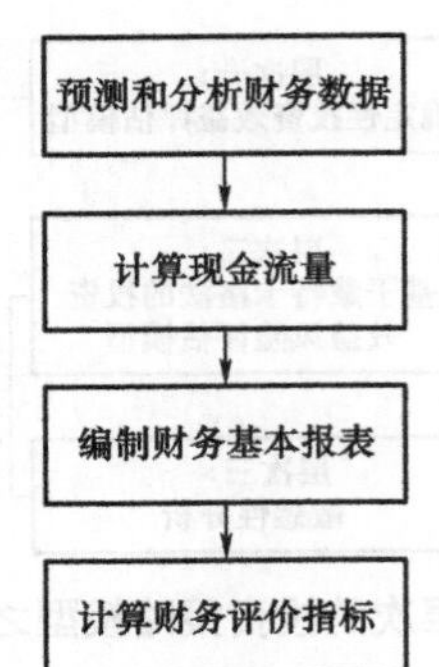

图 6-7　财务评价的基本步骤

2. 财务评价指标

（1）内部收益率。内部收益率（internal rate of return，IRR）指项目在整个寿命周期内现金流入的现值总额与现金流出的现值总额相等时的折现率，它反映项目所占用资金的盈利率，由于计入资金的时间价值，因此它是考察项目盈利能力的动态评价指标，属于折现评价。其表达式为

$$\sum_{t=1}^{T}(CI-CO)_t(1+IRR)^{-t}=0 \tag{6-50}$$

式中：T 为项目的寿命周期，包括建设期和经营期；CI 为 t 年度的现金流入，根据现金流量表获得相关数据；CO 为 t 年度的现金流出，根据现金流量表获得相关数据。

财务内部收益率可根据财务现金流量表中净现金流量用试差法计算求得。在财务评价中，将求出的全部投资或自有资金（投资者的实际出资）的财务内部收益率 IRR 与行业的基准收益率（或者设定的折现率）比较，当 IRR 大于或等于行业基准收益率时，即认为项目盈利能力已满足最低要求，在财务上是可以接受的。例如，当内部收益率 IRR 大于或等于电力行业基准收益率时，认为项目在财务上是可行的，否则是不可行的。根据电网公司对规划方案经济评价的要求，对于全部投资一般选取 7% 作为基准收益率，对于资本金投资一般选取 10% 作为基准收益率。

（2）净现值。净现值（net present value，NPV）指项目寿命期内每年的现金流入量和现金流出量的差额按设定的基准折现率，折现到项目开始投资第一

年而得到的价值之和，是考察项目在计算期内盈利能力的动态评价指标之一。其表达式为

$$NPV=\sum_{t=1}^{f}(CI-CO)_t(1+i_e)^{-t} \tag{6-51}$$

式中：i_e为基准收益率，电力行业财务基准收益率是在分析一定时期内国家和电力行业发展战略、市场需求、资金时间价值等情况的基础上，结合电力行业的特点综合测定的。一般可以选取同行业同类项目的平均收益率或者根据同期银行贷款基准利率确定。

当财务净现值大于0时，认为项目在财务上是可行的；否则，是不可行的。财务净现值数值越大，表示该项目的获利能力越强。

（3）动态投资回收期。动态投资回收期又称为投资返本年限，指在基准收益率或一定折现率下，投资项目用其投产后的净收益现值回收全部投资现值所需的时间，一般以“年”为单位，动态投资回收期一般从投资开始年算起。动态投资回收期弥补了静态投资回收期没有考虑资金时间价值的缺陷，是考察项目在财务上的投资回收能力的动态评价指标之一。其表达式为

$$\sum_{t=1}^{P_t}(CI-CO)_t(1+i_e)^{-t}=0 \tag{6-52}$$

式中：P_t为动态投资回收期。

将P_t与电力行业投资基准回收期相比较，若P_t小于或等于电力工业投资基准回收期，则认为项目在财务上是可行的。

6.2.2.2 基于蒙特卡洛法的投资效益风险评估模型

在确定性投入产出效益评估分析的基础上，将与配电网投入产出效益相关的主要参数视为风险因素，利用蒙特卡洛模拟法，评估各风险因素存在波动时基于电网公司视角的配电网投资效益风险，直观、系统地反映考虑多能互补、微电网、多元负荷发展的配电网效益与风险。

1. 评估流程

基于蒙特卡洛法的投入产出效益风险评估总体思路图如图6-8所示。具体实施步骤如下。

（1）确定基于电网公司视角的配电网投入项与产出项。

（2）确定内部收益率、净现值、动态投资回收期、投资利润率等财务评价指标及其计算公式。

（3）识别存在于配电网投入产出效益中的各风险要素。

（4）分析各风险要素的特点与可能变化范围，并构造相应的概率分布模型。

（5）按照各风险要素的概率分布模型独立抽取模拟值，构成一组随机的风险要素取值组合。

（6）将一组随机的风险要素取值组合代入投入和产出的相应公式，计算得到一组内部收益率、净现值、动态投资回收期、投资利润率等财务评价指标。

（7）按照（5）和（6）的步骤重复抽样 n 次，得到一系列的财务评价指标数据库。

（8）根据财务评价指标数据库，统计分析相关财务指标的期望值、标准方差等，形成该指标的概率密度曲线，计算项目可行的概率，即财务指标达到基准设定值的概率（如净现值大于0）。

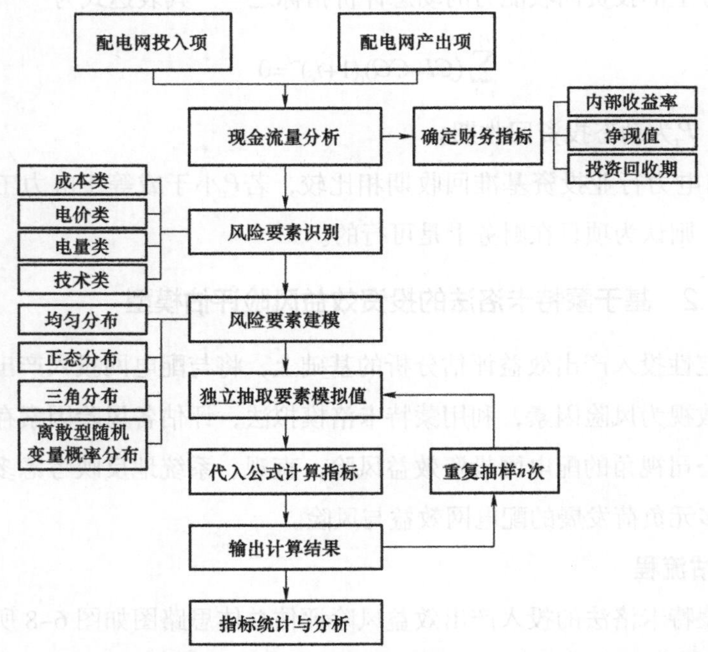

图6-8　基于蒙特卡洛法的投入产出效益风险评估总体思路图

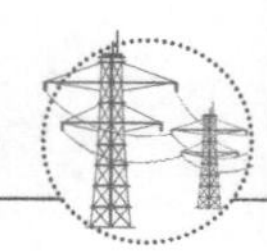

2. 风险要素建模

（1）常用概率分布。常用的概率分布有如下几种。

1）均匀分布。如果随机变量 X 在区间 $[a、b]$ 中的取值是等可能的，则认为 X 服从均匀分布。其概率密度和分布函数分别为

$$f(x)=\begin{cases}\dfrac{1}{b-a} & a\leqslant x\leqslant b\\ 0 & \text{其他}\end{cases} \tag{6-53}$$

$$F(x)=\begin{cases}0 & x<a\\ \dfrac{x-a}{b-a} & a\leqslant x\leqslant b\\ 1 & x>b\end{cases} \tag{6-54}$$

2）正态分布。如果随机变量 X 服从均值为 μ，方差为 σ^2 的正态分布，则其概率密度函数与分布函数分别为

$$f(x)=\frac{1}{\sqrt{2\pi}\sigma}\mathrm{e}^{-\frac{(x-\mu)^2}{2\sigma^2}}\quad -\infty<x<+\infty \tag{6-55}$$

$$F(x)=\frac{1}{\sqrt{2\pi}\sigma}\int_{-\infty}^{x}\mathrm{e}^{-\frac{(x-\mu)^2}{2\sigma^2}}\mathrm{d}x\quad -\infty<x<+\infty \tag{6-56}$$

3）三角分布。三角分布是下限为 a、众数为 c、上限为 b 的连续概率分布，如图 6–9 所示。

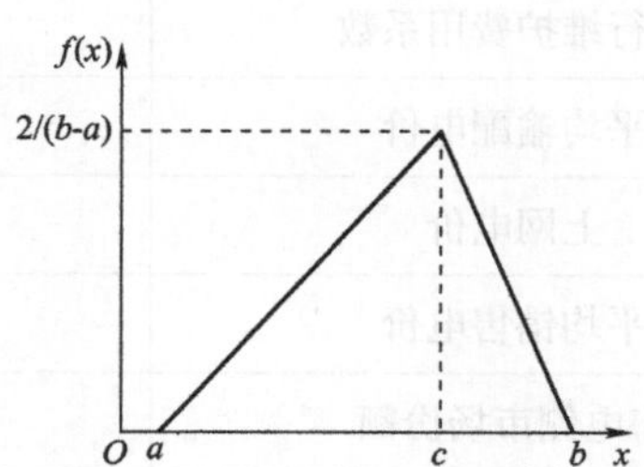

图 6–9　三角分布概率密度函数

$$f(x)=\begin{cases}\dfrac{2(x-a)}{(b-a)(c-a)} & a\leqslant x\leqslant c\\ \dfrac{2(b-x)}{(b-a)(b-c)} & c<x\leqslant b\\ 0 & x<a\text{ 或 }x>b\end{cases} \tag{6-57}$$

$$F(x)=\begin{cases}0 & x\leqslant a\\ \dfrac{(x-a)^2}{(c-a)(b-a)} & a<x\leqslant c\\ \dfrac{-(b-x)^2}{(b-a)(b-c)} & c<x\leqslant b\\ 1 & x>b\end{cases} \tag{6-58}$$

4）离散型随机变量概率分布。离散型随机变量 X 可能取得一切数值为 x_1，x_2，…，x_n，其概率函数为

$$P(X=x_k)=p_k \quad k=1, 2, \cdots \tag{6-59}$$

（2）风险要素概率分布。根据 6.2.2.1 中各风险要素的分析结果以及常见的概率分布模型，确定各风险要素对应的概率分布类型。

各风险因素总结对比见表 6-6。

表 6-6　各风险因素总结对比

类别	风险要素	分布函数
成本类	固定资产投资费用	三角分布
	贷款利率	正态分布
	运行维护费用系数	三角分布
电价类	平均输配电价	正态分布
	上网电价	正态分布
	平均销售电价	正态分布
电量类	售电侧市场份额	正态分布
	年负荷用电量	三角分布
	多能互补、分布式电源年发电量	三角分布

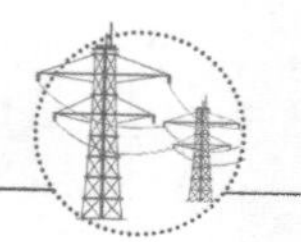

续表

类别	风险要素	分布函数
电量类	电动汽车年用电量	三角分布
	微电网与配电网年交互电量	三角分布
技术类	综合线损率	离散分布

6.2.2.3 敏感性分析模型

通过在一定区间内变化各风险要素的取值，分析、测算其对项目财务评价指标的影响程度和敏感性程度，若某风险要素的小幅度变化能导致财务评价指标的较大变化，则评价指标对该风险要素敏感性程度较高，称其为关键风险要素；反之，则敏感性程度较低，称其为非关键风险要素，从而筛选出对项目经济效益具有重要影响的关键风险要素，作为项目投资决策的重要依据指导电网公司精准投资。敏感性程度的公式为

$$S_{\mathrm{AF}}=\frac{\Delta A/A}{\Delta F/F} \tag{6-60}$$

式中：S_{AF} 为敏感性程度；$\Delta F/F$ 表示各风险因素 F 的变化率，%；$\Delta A/A$ 表示当各风险因素 F 变化时，财务评价指标 A 相应的变化率，%。

$|S_{\mathrm{AF}}|$ 越大，表明评价指标 A 对风险要素 F 越敏感；反之，则不敏感。

6.2.3 基于多源信息融合的配电网投入－产出效益评价体系

6.2.3.1 评价指标体系的构建

在新一轮电力体制改革形势下，把控配电网的投资水平，确保配电网的投资收益以及确保微电网、多元负荷迅速发展的技术背景下配电网的经济效益以及技术成效，需要构建基于多源信息融合的配电网投入产出效益评价体系。

1. 评价指标的选取原则

配电网投入－产出效益评价需要综合分析经济因素、技术因素等对配电网

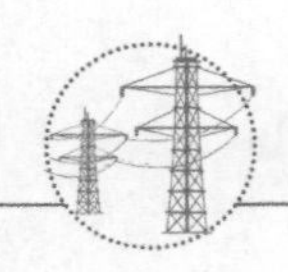

投入－产出效益的影响，这些因素又是通过一系列更为详细具体的因素所构成，因此为了使投入－产出效益评价指标体系更为全面科学，更能指导今后的投资效益评价工作，在构建指标体系时需要坚持以下五个基本原则。

（1）系统性原则。在建立配电网投入－产出效益评价指标体系时，首先必须系统全面地考虑影响配电网投入－产出效益评价结果的各个因素，既不能只考虑某一种类型的因素，也不能遗漏其他类型因素，保证投入－产出效益评价指标的全面性与可信度，具有较强的系统性。

（2）科学性原则。评价指标体系应充分考虑配电网投资建设项目的实际情况，正确反映和满足构建评价指标体系的目的与需求，立足于目标才能保证指标体系具有科学合理性。评价指标体系中的每一个指标都要具有明确的内涵和科学的解释，指标体系结构的设置和选取、数据的选取和处理等都要有科学的依据。

（3）普遍性原则。配电网投入－产出效益评价指标的选取和设计要充分结合配电网投资规划项目的普遍性特质，体现配电网投资规划项目综合效益的关键影响因素，有针对性地进行指标设置，适当减少次要指标的设置数量，从而尽可能增大指标的覆盖范围。

（4）可操作性原则。配电网投入－产出效益评价指标体系的设计、各项指标的确定应尽可能以客观事实为基础，简明实用，繁简适当，指标计算所需的数据应具备易于搜索、统计和汇总的特点，用于指标计算的方法也要尽可能简便和易于理解。

（5）可比性原则。配电网投入－产出效益评价指标的设计应具有普遍的统计意义，使得指标体系能够实现配电网投资规划项目的横向比较和历史的纵向比较。

2. 形成评价指标体系

形成配电网投入产出评价体系时，既要考虑配电网投资的经济性，也要综合考虑配电网投资利益相关者需求，承担电网公司相应的社会责任。

配电网投入产出评价体系构建流程如图 6–10 所示，配电网投入产出评价指标体系见表 6–7。

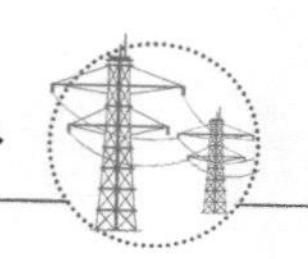

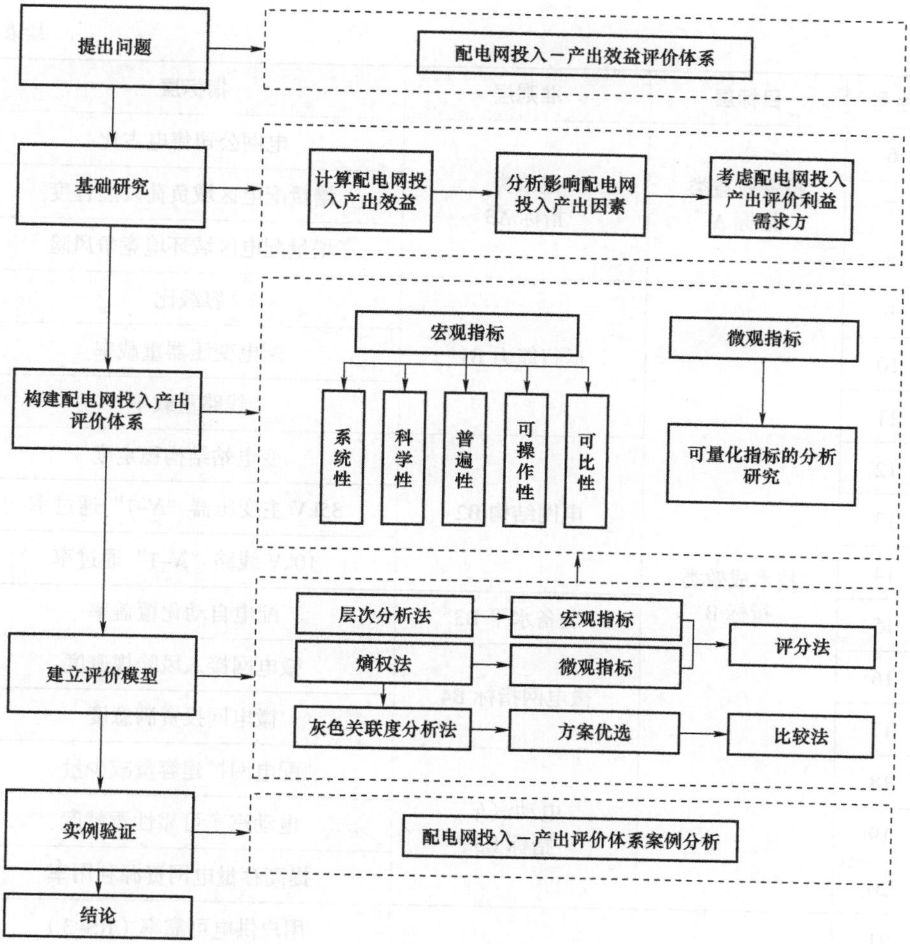

提出问题 → 配电网投入—产出效益评价体系

基础研究 → 计算配电网投入产出效益 → 分析影响配电网投入产出因素 → 考虑配电网投入产出评价利益需求方

构建配电网投入产出评价体系 → 宏观指标：系统性、科学性、普遍性、可操作性、可比性；微观指标 → 可量化指标的分析研究

建立评价模型 → 层次分析法 → 宏观指标；熵权法 → 微观指标；宏观指标、微观指标 → 评分法；灰色关联度分析法 → 方案优选 → 比较法

实例验证 → 配电网投入—产出评价体系案例分析

结论

图6-10　配电网投入产出评价体系构建流程图

表 6-7　　配电网投入产出评价指标体系表

序号	目标层	准则层	指标层
1	投资效益类指标 A	财务类指标 A1	内部收益率
2			投资回收期
3			投入产出比
4		电量类指标 A2	单位投资增供电量
5			单位投资配电网降损电量

续表

序号	目标层	准则层	指标层
6	投资效益类指标 A	电改类指标 A3	电网公司售电占比
7			增量配电区域负荷发展程度
8			增量配电区域环境竞争风险
9	技术成效类指标 B	运行能力 B1	容载比
10			配电变压器重载率
11			线路重载率
12		电网结构 B2	变电站结构稳定度
13			35kV 主变压器“N–1”通过率
14			10kV 线路“N–1”通过率
15		装备水平 B3	配电自动化覆盖率
16		微电网指标 B4	微电网接入风险规避度
17			微电网投资满意度
18		电动汽车指标 B5	配电网扩建容量减少量
19			电动汽车可靠性贡献度
20			提高存量电网资源利用率
21	社会效益类指标 C	用户服务 C1	用户供电可靠率（RS–3）
22			D 类电压合格率
23		环境效益 C2	可再生能源发电比例
24		新技术发展水平 C3	CHP（热电联产）、CCHP 装机比例
25			电动汽车保有量占比

3. 评价指标计算方法

（1）投资效益类指标。

1）财务类指标。第 4 章中的投入产出模型充分考虑了新一轮电力体制改革以及微电网、多元负荷、多能互补的发展，在投资产出模型的基础上对于配

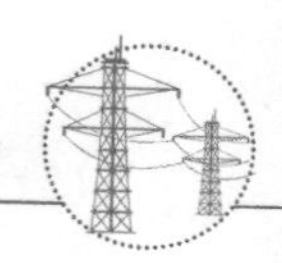

电网实际项目的投资和产出进行分析预算，为了能充分反映成本效益的合理性，需要引入财务指标进行计算分析。配电网项目的财务评估可以评价配电网投资的盈利能力。财务类指标选取第4章中分析的内部收益率、投资回收期以及投入产出比三个指标，由于财务净现值为绝对性指标，在不同的投资规模以及投资场景下不能进行比较，所以不纳入指标体系中。由于内部收益率、投资回收期两个指标更适用于单体项目的评价，所以三个指标的选取依据不同的评价对象：当评价对象为规划方案的投入产出效益时，选取内部收益率、投资回收期两个指标进行评价；当评价对象为配电网年投入产出效益或者不同地区的配电网投资效益时，选取投入产出比指标进行评价。指标的具体计算方法见6.2.2.1中的财务指标计算。其中，投入产出比反映项目或者单位周期内配电网投资的收益与投资的关系，投入产出比的计算公式为

$$BCR=\sum_{t=1}^{T}(R_{\text{sum}})_t/\sum_{t=1}^{T}(C_{\text{sum}})_t \tag{6-61}$$

式中：BCR 为投入产出比；R_{sum} 为配电网投资收益；G_{sum} 为配电网投资额。

2）电量类指标。

a. 单位投资增供电量。单位投资增供电量是用供电量来表征企业投资的收益，描述投资与产出的关系，为增量指标。单位投资所带来的供电量增量越大，说明该时期内总投资的效益越好，所取得的经济效果越明显，投资活动越成功。

$$DQG_{\text{per}}=(QG_{\text{st}}-QG_{\text{en}})/\sum_{t=1}^{T}(C_{\text{sum}})_t \tag{6-62}$$

式中：DQG_{per}为单位投资增供电量；QG_{st}为投资起始年供电量；QG_{en}为投资结束年供电量。

b. 单位投资降损电量。降损电量是指通过投资使电网结构得到优化而降低的线损，是电网优化前后完成同样供电量的线损电量差，表征电网投资的降损收益。

在指标的设置方面降损电量指标反映的是购电成本的减少。

$$DQS_{\text{per}}=(QS_{\text{st}}-QS_{\text{en}})/\sum_{t=1}^{T}(C_{\text{sum}})_t \tag{6-63}$$

式中：DQS_{per}为单位投资降损电量；QS_{st}为投资起始年线损电量；QS_{en}为投资结束年线损电量。

3）电改类指标。

a. 电网公司售电占比。在竞争的环境下，电网公司的售电收益控制在合理水平也是电网公司确保盈利的重要因素，定义电网公司售电占比指标衡量电网公司在该地区的市场占有情况，计算方法为

$$QD_r=\left(QD+\sum_{i=1}^{N}\sigma_i QZ_i\right)/Q_{sum} \tag{6-64}$$

式中：QD_r为电网公式售电占比；QD为电网公司售电量；σ_i为电网公司在该地区的市场占有率；QZ_i为第i个增量配电地区的售电量；Q_{sum}为该地区总的售电量之和。

b. 增量配电区域负荷发展程度。负荷发展程度为现状负荷占饱和负荷的比例。负荷饱和程度越低，说明未来新增负荷越大，其他售电主体进入的可能性越大，电网企业竞争力较弱，反之亦然。负荷饱和程度计算方法为

$$P_L=\frac{L_N}{L_S} \tag{6-65}$$

式中：P_L为负荷饱和率；L_N为现状负荷；L_S为远景饱和负荷。

c. 增量配电区域环境竞争风险。环境竞争风险是指在新一轮电力体制改革形势下企业面临的有配售电市场主体带来的竞争风险。环境竞争风险数值越低，说明企业所处的环境竞争越激烈，市场竞争力越低；反之说明企业所处的环境竞争越少，市场竞争力越高。通过竞争风险系数一个值来表征，竞争风险系数P_{JZ}数值上等于该区域内存在的潜在竞争对手数量的倒数。

$$P_{JZ}=\frac{1}{N+1} \tag{6-66}$$

式中：N为域内存在的潜在竞争对手数量。

（2）技术成效类指标。

1）运行能力指标。

a. 容载比。容载比是电网规划中的一个重要指标。容载比一般分电压等级进行计算，容载比一般用于评估某一供电区域内35kV及以上的电网的容量裕度，容载比的计算方法为

$$某一电压等级容载比=\sum S_{ei}/P_{max} \tag{6-67}$$

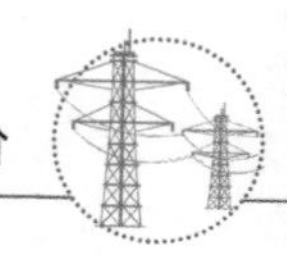

式中：S_{ei}为该电压等级年最大负荷日在役运行的变电总容量，万 kVA；P_{max}为该电压等级最大负荷日最大负荷，万 kW。

b. 配电变压器重载率。用来描述中压配电变压器年最大负载率情况。因配电变压器不需考虑“N-1”问题，为了使配电变压器全年处于一个较经济的运行水平，配电变压器负载率多次超过 80% 时定义为重载。

$$配电变压器重载率=\frac{年最大负载率大于80\%的配电变压器台数}{配电变压器总台数}\times 100\% \tag{6-68}$$

c. 线路重载率。在不同的接线方式中，配电线路的重载程度稍有不同。辐射型、非典型接线负载率超过 80% 为重载；单环网超过 50% 负载率为重载；双环网超过 75% 负载率为重载；两供一备、三供一备线路超过 80% 负载率为重载；多分段两联络、多分段三联络超过 67% 负载率为重载。

$$配电线路重载率=\frac{重载配电线路条数}{配电线路总条数}\times 100\% \tag{6-69}$$

2）电网结构指标。

a. 变电站结构稳定度。电网结构的稳定度指的是电网规划构建上的稳定程度。电网结构的合理协调规划是保证配电网安全可靠运行的重要前提，对于配电网评价而言，配电网结构稳定度主要体现在配电网中各个变电站的接入形式是否可靠，变电站的接入形式主要是是否采用了同杆、是否从同一个变电站接入等方面，对于考虑微电网的配电网而言，在电网结构上主要包括同杆双回、不同杆双回等两大情况，具体情况共有四种。为此，针对于考虑微电网的配电网结构所有情况，并对其进行逐一分析，具体评分标准见 6.2.3.1。

b. “N-1”通过率。GB 38755—2019《电力系统安全稳定导则》规定“N-1”原则：正常运行方式下的电力系统中任一元件（如线路、变压器等）无故障或因故障断开，电力系统应能保持稳定运行和正常供电，其他元件不过负荷，电压和频率均在允许范围内。

由于 110kV 以及 35kV 的线路“N-1”通过率基本达到 100% 不具有差异性，所以不纳入指标体系中，选取 10kV 线路“N-1”通过率以及 35kV 主变压器“N-1”

通过率进行评价，计算方式为

$$主变压器N\text{-}1通过率=\frac{满足N\text{-}1原则的主变压器数}{总主变压器数}\times 100\% \tag{6-70}$$

$$线路N\text{-}1通过率=100\% \tag{6-71}$$

满足“N-1”的线路是指该配电线路采用多分段、多连接方式，当其中某一区段线路故障停运时，在隔离故障后，能够将完好部分的用户负荷向有连接的邻近线路转移，达到恢复供电的目的。

3）装备水平指标。2015 年 7 月，国家能源局发布《配电网建设改造行动计划（2015—2020 年）》，标志着我国将全面加速现代配电自动化建设。根据国家规划：2015—2020 年我国配电网建设改造投资不低于 2 万亿元，“十三五”期间累计投资不少于 1.7 万亿元，到 2020 年，中心城市的智能化建设和应用水平将大幅提高，供电可靠率将达到 99.99% 以上，城、农网 10kV 配电线路的自动化整体覆盖率要达到 90%。

变电站综合自动化率指实现综合自动化的变电站所占的比例，用以反映变电站的自动化程度，其计算公式为

$$变电站综合自动化率=\frac{实现综合自动化的变电站座数}{变电站总座数}\times 100\% \tag{6-72}$$

4）微电网类指标。

a. 微电网接入风险规避度。微电网接入配电网可能带来不利突变，主要是由于微电网的自主和配电主网的切断和连接会对配电网造成极大的风险。在配电网规划建设过程中，应当对微电网接入风险进行衡量，从而在规划过程中合理规划设计，从而规避或减轻微电网接入所带来的风险。具体的风险规避度采用式（6-74）进行计算，即

$$R_{\mathrm{W}}=1-\frac{\sum_{i=1}^{n_Q} f_{\mathrm{PQ}i}}{n_{\mathrm{PQ}}}\times 100\% \tag{6-73}$$

式中：R_{W}为微电网投入 / 退出风险；$f_{\mathrm{PQ}i}$ 表示若第一条配电线路中所有微电网投入或退出会引起线路与变电站之间的潮流方向发生变化，$f_{\mathrm{PQ}i}=1$，否则

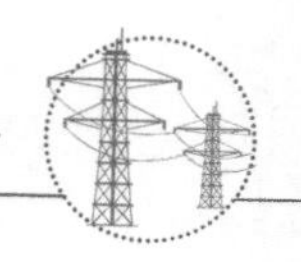

f_{PQi}=0；n_{PQ} 为配电线路总数。

b. 微电网投资回收满意指标。对于电网投资者来说，尤其是电力企业，希望能够在更短的时间内将投资金额回收，即对于配电网的规划也是如此，因此首先建立了投资回收周期来衡量配电网规划建设的资金回收情况，其计算公式为

$$P=\sum_{i=1}^{T}\frac{R_t}{(1+i)^t} \tag{6-74}$$

式中：P为微电网初始总投资；i 为基准收益率，一般以银行利率为准；R_t 为第 t 年的净收益。

当根据式（6-74）计算出投资回收周期 T 时，再根据电力企业基准投资回收期 T_b 进行比对，如果大于基准回收期 T_b，则投资回收满意指标为 0；否则为 T_b-T。

5）电动汽车类指标。

a. 配电网扩建容量减少量。配电网容量配置是适应负荷发展的重要支撑，也是配电网投资建设的重要方面。随着电动汽车、家用设备等负荷的增加，对配电网的容量配置提出了更高的要求。“车 – 桩 – 网”互动可以充分利用电动汽车的移动储能特性，实现配电网负荷的优化调整，合理利用谷容量，降低峰值负荷，降低配电网容量配置。因此，配电网的备用容量减少量是评价“车 – 桩 – 网”相互作用对配电网经济性能影响的重要指标，其计算公式为

$$\text{配电网扩建容量减少量} = \text{无序充电容量增加量} - \text{有序充电容量增加量} \tag{6-75}$$

b. 提高现有电网资源利用率。配电网资源利用率是对配电网设备资源等管理水平的直接体现。随着配电网中需求侧资源的增加，配电网需要整合这些资源，充分挖掘资源特点和优势，实现需求侧资源的协调、高效、稳定运行。从而提高配电网现有需求侧资源的利用效率，充分利用现有设备的容量。因此，提高资源利用率的电网也是“车 – 桩 – 网”互动对配电网经济性影响的重要指标，通过以下公式计算，即

$$存量电网资源利用率提升=\frac{配电网平均负载}{配电网额定容量} \tag{6-76}$$

$$\begin{aligned}存量电网资源利用率提升 &= 有序充电下存量电网利用率\\ &\quad -无序充电下存量电网利用率\end{aligned} \tag{6-77}$$

c. 供电可靠性贡献值。供电可靠性是衡量配电网稳定运行的重要指标，也是配电网供电服务的重要指标。供电可靠性是指配电网持续不间断向用电负荷供电的能力，“车－桩－网”互动模式下，当外部发生故障引起负荷停电时，电动汽车可以运行在V2G模式下，成为内部电源，向负荷供电，从而确保重要负荷，减少停电负荷比例，以提高供电可靠性。因此，“车－桩－网”交互模式下的供电可靠性可用电动汽车放电带动负荷的能力来表示，即

$$电动汽车对供电可靠性贡献=\frac{电动汽车放电容量}{配电网常规负荷} \tag{6-78}$$

（3）社会效益类指标。

1）供电可靠性。

a. 用户供电可靠率（RS-3）。用户供电可靠率（RS-3）设置依据DL/T 836.1—2016《供电系统供电可靠性评价规程 第1部分：通用要求》，用于定量衡量供电网络向用户可靠供电的程度。供电可靠率指标细分为RS-1、RS-2和RS-3三种。其中，RS-1考虑所有因素的停电事故；RS-2不计辖区外部电网事故造成的停电；RS-3不计及因系统电源不足而需限电的情况。

$$用户供电可靠=\frac{1-(用户平均停电时间-用户平均限电停电时间)}{统计期间时间}\times 100\% \tag{6-79}$$

b. D类电压合格率。电压合格率指标适用于各级配电网络，是衡量向用户供电质量的重要依据，共分为A、B、C、D四类。其中，A类电压合格率为地区供电负荷的变电站和发电厂的10kV母线电压合格率；B类电压合格率为35kV、专线供电和110kV及以上供电的用户端电压合格率；C类电压合格率为10kV线路末端用户的电压合格率；D类电压合格率为低压配电网的首末端和部分主要用户的电压合格率。

根据配电网电压等级的不同，高压配电网采用 A、B 类电压合格率；中低压配电网采用 C、D 类电压合格率。某监测点电压合格率指标的计算公式为

$$某监测点电压合格率(\%)=\frac{1-电压超限时间}{总运行统计时间}\times100\% \tag{6-80}$$

电网电压合格率指标的计算公式为

$$电网电压合格率=\frac{各个电网监测点电压合格率之和}{电网监测点个数}\times100\% \tag{6-81}$$

D 类电压质量监测点用于监测 380/220V 低压网络和用户端的电压。每百台配电变压器至少设 2 个电压质量监测点。监测点应设在有代表性的低压配电网首末两端和部分重要用户。

2）环境效益。选取可再生能源发电比例来考察含微电网配电网中可再生资源利用情况，以此来反映该地区的新能源使用比例，体现配电网的环境效益。设含微电网的配电网中的太阳能、风能、海洋能和生物质能等可再生能源发电量为 W_r（单位：kWh），含微电网的配电网的总发电量为 W（单位：kWh），则含微电网的配电网中可再生能源发电比例为

$$可再生能源发电比例=\frac{W_r}{W}\times100\% \tag{6-82}$$

3）新技术发展水平。

a. CHP、CCHP 比例。随着微电网技术的发展，微电网中的 CHP 的广泛应用会对能源利用率的提高、用电负荷的降低、环境污染的减少以及居民生活水平的提升起到重要的作用。随着分布式能源技术的不断发展，在 CHP 的基础上将冷、热、电一体化，进一步发展了 CCHP，实现能量的梯级利用。基于 CCHP 的分布式发电能够使能源成本大为降低，使能源有效利用率大为提高。许多西方发达国家 CCHP 的研究已经达到较高水平，但我国的 CCHP 的研究还在起步阶段，随着微电网相关技术的不断发展，CCHP 系统在微电网中的比例会逐渐增大，对配电网影响也将增大。因此，可以用 CHP 和 CCHP 比例这一指标考察含微电网配电网的能源利用率。该指标的计算为

$$\text{CHP与CCHP比例}=\frac{\text{CHP和CCHP装机容量}}{\text{发电机组总容量}}\times 100\% \tag{6-83}$$

b. 电动汽车保有量占比。电动汽车作为一种新能源交通工具，已成为我国重点支持的战略性新兴产业之一。大力发展新能源电动汽车对于保障能源安全、发展低碳经济以及实现汽车产业转型升级具有重大战略意义。

评价体系选取电动汽车保有量占比作为衡量该地区新能源电动汽车发展水平的指标，计算方式为

$$\text{电动汽车保有量占比}=\frac{\text{电动汽车保有量}}{\text{地区电动汽车总保有量}} \tag{6-84}$$

（4）评价指标打分方法。对于单项指标的评分方法分为两种：一是函数评分；二是范围评分。函数评分可以有效区分不同指标数据的差异，由于部分指标随着电网投资的改进幅度不大，评分法可以区分出不同评价对象指标的差异性。对于部分指标，不同的评价对象具备明显的评价特征，可采取范围评分确定指标评分值。

随着配电网建设发展的深入，很多指标值的改进将会越来越困难，或者每一点的改进所需要的投入将更多，因此评价判据应能体现出这一特点，线性函数不能体现这一特点。为了准确方便计算并考虑实际曲线的可能趋势，最终采用二次函数作为该类型指标评分的评分函数，即

$$y=ax^2+bx+c \tag{6-85}$$

式中：a、b 分别为二次、一次项系数；c 为随机误差项。

每一项指标的评分采用百分制，单项指标的评分可由该项指标的最低值对应0分，最高值对应100分，在此基础上应该考虑适当的裕度，该项指标目前获得数据的平均值对应60分，根据三点确定单项指标的二次评分函数，指标值若低于表6-8中指标下限评为0分，指标值超过表6-8中指标上限评为100分，设置评分函数时需要注意函数在评价区间内需要单调。指标评分函数见表6-9。

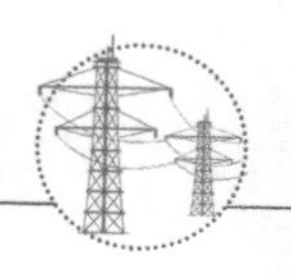

表 6-8 函数评分法指标数据范围

指标名称	指标单位	指标下限	平均值	指标上限
内部收益率	%	0	10	20
投资回收期	年	20	12	0
投入产出比	1	1	10	50
配电变压器重载率	%	30	16	0
线路重载率	%	20	11	0
主变压器“N–1”通过率	%	75	80	100
线路“N–1”通过率	%	50	70	100
配电自动化覆盖率	%	0	50	100
用户供电可靠率	%	99.828	99.99	99.9999
D 类电压合格率	%	99.4	99.89	99.999
可再生能源发电比例	%	0	15	26.4

表 6-9 指标评分函数

指标名称	指标评分函数	a	b	c
内部收益率	$y=ax^2+bx+c$	−0.1000	7.0000	0
投资回收期	$y=ax^2+bx+c$	−0.2083	−0.8333	100
投入产出比	$y=ax^2+bx+c$	−0.1156	7.9388	−7.8231
配电变压器重载率	$y=ax^2+bx+c$	−0.0595	−1.5476	100
线路重载率	$y=ax^2+bx+c$	−0.1515	−1.9697	100
主变压器“N–1”通过率	$y=ax^2+bx+c$	−0.025	6.5	−300
线路“N–1”通过率	$y=ax^2+bx+c$	−0.0333	7	−266.6667
配电自动化覆盖率	$y=ax^2+bx+c$	−0.0040	1.4000	0
用户供电可靠率	$y=ax^2+bx+c$	-1×10^3	2×10^5	-1.003×10^7
D 类电压合格率	$y=ax^2+bx+c$	80	-1.615×10^4	8.1177×10^5
可再生能源发电比例	$y=ax^2+bx+c$	−0.0186	4.2791	0

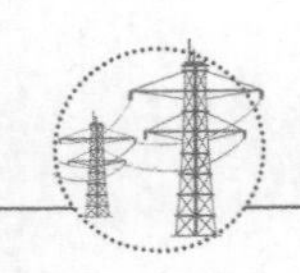

由于指标层内各个指标具有不同的属性与量纲，且指标监测值间数量级存在明显的差异，进行评价计算前，需对指标监测值进行无量纲化处理。无量纲化处理的目的，是将采集的指标转化为可以进行对比的计算值。

本次算法体系研究考虑从两个方面进行构建，首先构建指标层算法体系，即对每个指标进行得分算法设计，算法设计出发点是指标评判原则，通过函数计算，将现有电网数据转化为可以对比、评判的分数。

（5）分场景子指标评价体系。基于多源信息融合的配电网投入产出指标评价体系的构建要具有全面性，指标体系的指标覆盖面广，但是指标体系在应用的过程中要根据不同的场景即不同的配电网类型进行指标的筛选，指标要结合实际配电网的特点进行选择，以下提出四种分场景的子指标评价体系，分别为工商业区域、农村区域、增量配电区域。

1）工商业区域。工商业区域的配电网涉及微电网、多元负荷、多能互补较多，在进行配电网的投入产出效益评价时，需要充分考虑其影响。其中，投资效益类指标选取了财务类指标以及电量类指标反映地区的经济效益水平以及电量收益水平；技术成效类指标中由于电网架构类指标在工商业区域都处于较高水平，所以准则层只选取了运行能力、装备水平、微电网以及电动汽车类指标；社会效益类指标选取了用户服务、环境效益、新技术发展水平三类指标。工商业区域子指标评价体系共选取16项指标，评价体系见表6–10，指标的权重计算由综合评价模型中的层次分析法以及熵权法确定，权重的计算结果如图6–11所示。

表6–10　　工商业区域子指标评价体系

序号	目标层	准则层	指标层
1	投资效益	财务类	投入产出比
2		电量类	单位投资增供电量
3			单位投资配电网降损电量
4	技术成效	运行能力	配电变压器重载率
5			线路重载率
6		装备水平	配电自动化覆盖率

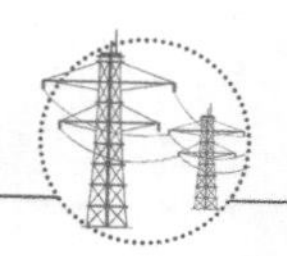

续表

序号	目标层	准则层	指标层
7	技术成效	微电网指标	微电网接入风险规避度
8			微电网投资满意度
9		电动汽车	配电网扩建容量减少量
10			电动汽车可靠性贡献度
11			提高存量电网资源利用率
12	社会效益	用户服务	用户供电可靠率（RS-3）
13			D类电压合格率
14		环境效益	可再生能源发电比例
15		新技术发展	CHP、CCHP装机比例
16			电动汽车保有量占比

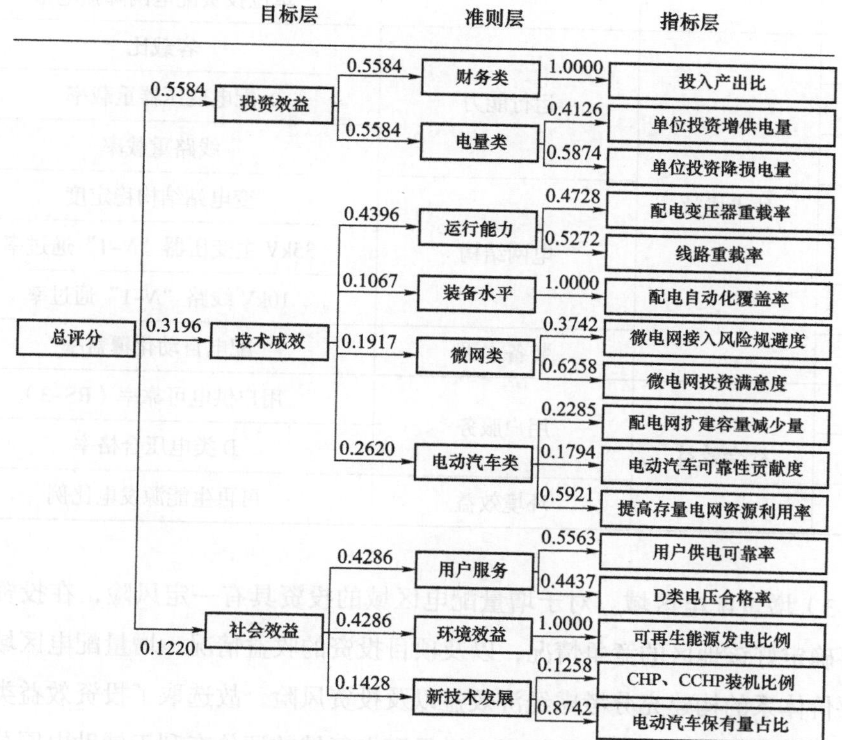

图 6-11 工商业区域子指标评价体系权重图

2）农村区域。农村区域的配电网涉及微电网、多元负荷、多能互补较少，在进行配电网的投入产出效益评价时，需要更多关注配电网的可靠性以及用户供电服务方面。其中，投资效益类指标选取了财务类指标以及电量类指标反映地区的经济效益水平以及电量收益水平；技术成效类指标中未加入微电网以及电动汽车类指标；社会效益类指标选取了用户服务、环境效益类指标而未加入新技术发展水平类指标。农村区域子指标评价体系共选取13项指标，评价体系见表6–11，指标的权重计算由综合评价模型中的层次分析法以及熵权法确定，权重的计算结果如图6–12所示。

表6–11　　农村区域子指标评价体系

序号	目标层	准则层	指标层
1	投资效益	财务类	投入产出比
2		电量类	单位投资增供电量
3			单位投资配电网降损电量
4	技术成效	运行能力	容载比
5			配电变压器重载率
6			线路重载率
7		电网结构	变电站结构稳定度
8			35kV主变压器"*N*–1"通过率
9			10kV线路"*N*–1"通过率
10		装备水平	配电自动化覆盖率
11	社会效益	用户服务	用户供电可靠率（RS–3）
12			D类电压合格率
13		环境效益	可再生能源发电比例

3）增量配电区域。对于增量配电区域的投资具有一定风险，在投资前，需要确定好该地区的竞争情况，以及项目投资的收益情况。增量配电区域子指标评价体系的构建充分考虑经济效益以及投资风险，故选取了投资效益类指标中的财务类指标以及电改类指标。增量配电区域的评价有利于辅助电网公司的

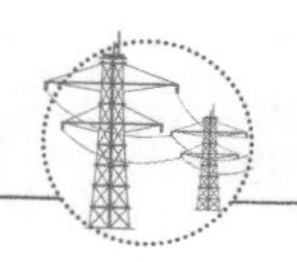

决策。增量配电区域子指标评价体系共选取 6 项指标，评价体系见表 6–12，指标的权重计算由综合评价模型中的层次分析法以及熵权法确定，权重的计算结果如图 6–13 所示。

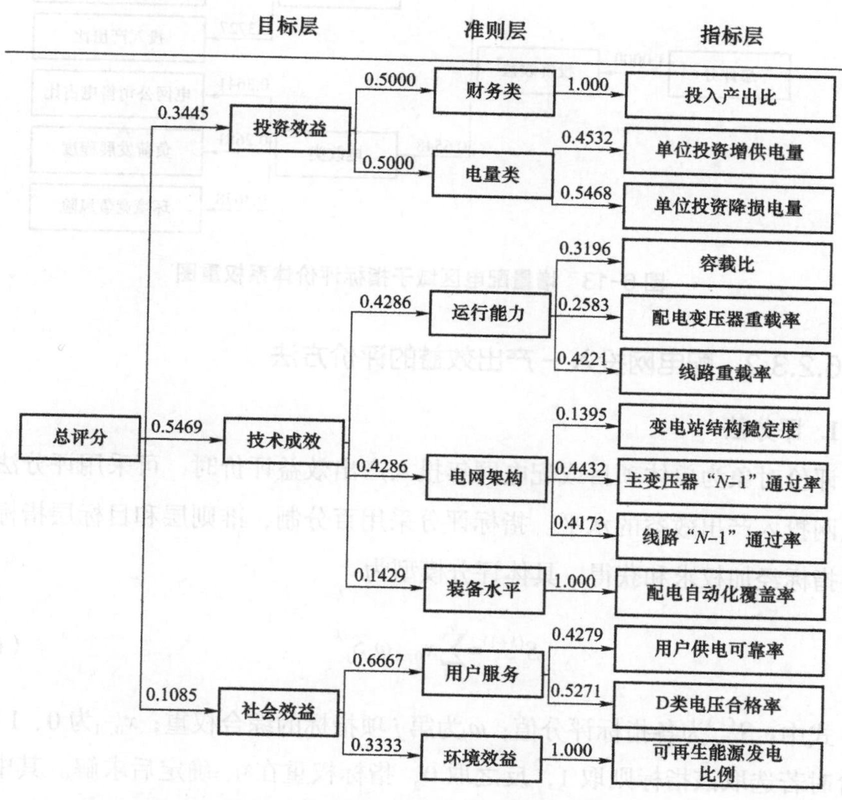

图 6–12 农村区域子指标评价体系权重图

表 6–12 增量配电区域子指标评价体系

序号	目标层	准则层	指标层
1	投资效益	财务类	内部收益率
2			投资回收期
3			投入产出比
4		电改类	电网公司售电占比
5			增量配电区域负荷发展程度
6			增量配电区域环境竞争风险

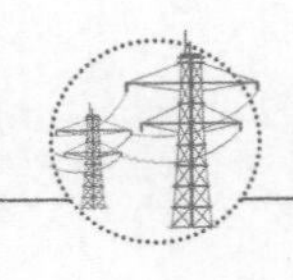

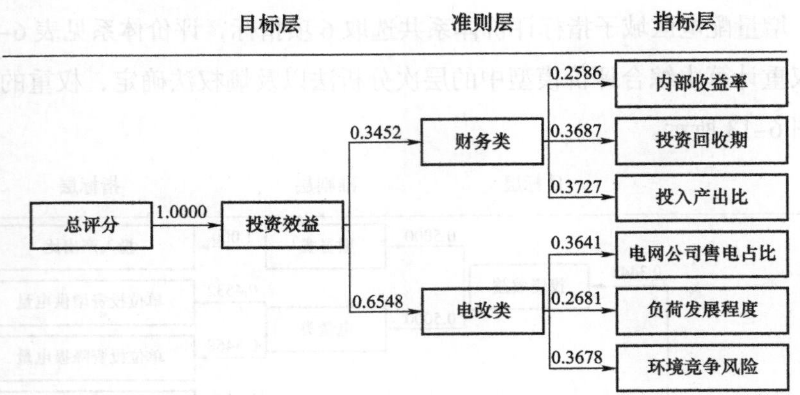

图 6-13　增量配电区域子指标评价体系权重图

6.2.3.2　配电网投入－产出效益的评价方法

1. 评分法

评价对象为单体项目或配电网年投入产出效益评价时，可采用评分法确定配电网投入产出效益的水平。指标评分采用百分制，准则层和目标层指标值由下层指标经加权求和获得，具体评分模型为

$$S^{(k+1)}=\sum_{j=1}^{n}x_{0,\,1}\omega_j S_j^{(k)} \tag{6-86}$$

式中：$S_j^{(k)}$为各指标评分值；ω_j为第 j 项指标的综合权重；$x_{0,\,1}$为 0、1 因子，评价时若选取该指标则取 1，反之取 0，指标权重在$x_{0,\,1}$确定后求解。其中财务类指标的选取需要判断评价对象是否为单体项目，内部收益率及投资回收期适用于单体项目的评价，若非单体项目可将两项指标的$x_{0,\,1}$置 0。

为实现指标数据的真实性与主观经验的结合，评分法中的综合权重由层次分析法及熵权法计算得出，其中，目标层及准则层的权重采用层次分析法计算，指标层的权重采用熵权法计算。

2. 优选法

由于同一地区可以根据不同目标进行配电网规划，所以可采用优选法确定最优规划方案。规划方案给出资金安排以及规划目标，采用改进灰色关联度分析法所计算的关联度来选择最佳方案。改进灰色关联度分析法中的综合权重确

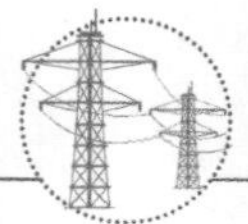

定方法与评分法相同，改进灰色关联度分析法通过分析方案数据与理想样本数据的空间拟合程度，确定关联度的大小，关联度越大，则方案整体投入产出效益水平越高；反之，越小。以此为依据可排出各个规划方案的优劣顺序。

优选法和评分法的使用流程如图 6-14 所示。

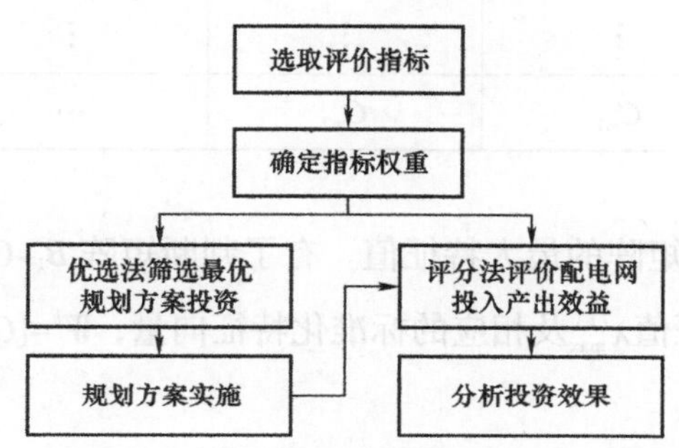

图 6-14 优选法和评分法的使用流程图

6.2.3.3 投入 - 产出效益的评价模型

1. 评分法权重计算模型

本小节的权重计算采用层次分析法的主观方法与熵权法的客观方法进行综合计算，以确保权重计算的合理性。

（1）层次分析法。层次分析法（analytic hierarchy process，AHP）是一种定性与定量分析相结合的多目标决策分析方法，适用于结构较复杂、决策准则多且有些不易量化的决策问题。这种方法思路简单清晰，能紧密地和决策者的主观判断和推理相联系，并将决策者的经验判断及其过程给予量化描述，提高了决策的有效性、可靠性和可行性。

1）建立判断矩阵。根据指标体系图，将同一层中各因素相对于上一层而言两两进行比较，对每一层中各因素相对重要性给出一定的判断，采用 1~9 的比率进行两两因素之间的相对比较。例如，认为B_i比B_j同样重要，则$b_{ij}=1$、$b_{ji}=1$；认为B_i比B_j稍微重要，则$b_{ij}=3$、$b_{ji}=1/3$。构造出某一层次因素相对于上一层次的某一因素的判断矩阵。层次分析法判断矩阵展示见表 6-13。

表 6-13 层次分析法判断矩阵展示

B_k–C	C_1	C_2	…	C_m
C_1	C_{11}	C_{12}	…	C_{1m}
C_2	C_{21}	C_{22}	…	C_{2m}
⋮	⋮	⋮	⋮	⋮
C_m	C_{m1}	C_{m2}	…	C_{mm}

2）计算各判断矩阵的最大特征值。有了判断矩阵 B_k–C 后，就可以利用幂法来计算其最大特征值$\lambda_{\max}^{(k)}$及相应的标准化特征向量，W^k=[$C_1^{(k)}$, $C_2^{(k)}$, …, $C_m^{(k)}$]，它满足

$$(B_k-C)W^{(k)}=\lambda_{\max}^{(k)}W^{(k)} \tag{6-87}$$

B_k与C_j指标无关时，定义$C_j^{(k)}$=0，于是得到单一指标B_k的下层指标C_1, C_2, …, C_m的单权重$C_1^{(k)}$, $C_2^{(k)}$, …, $C_m^{(k)}$。

3）一致性检验。应用层次分析法保持判断思维的一致性非常重要。因为同时比较的事物多于 9 个时，分析判断的结果就会出现较大的思维一致性偏差。因此，提出了 1~9 比率标准以降低判断思维不一致性时出现的偏差，同时引入判断矩阵偏离一致性 CI 值的概念。

人们在构造判断矩阵时，两两因素的比较不可能做到完全一致，总会出现估计误差，从而导致偏离一致性。由此，一致性检验标准 CI 计算为

$$CI=\frac{\lambda_{\max}-n}{n-1} \tag{6-88}$$

对于不同阶的判断矩阵，其 CI 值也不相同，一般来说阶数 n 越大，CI 值就越大。为了度量不同判断矩阵是否具有满意的一致性，引入判断矩阵的平均随机一致性指标 RI 值。当 n=1~12 时，RI 值见表 6-14。

表 6-14 平均随机一致性指标 *RI* 值

N	1	2	3	4	5	6	7	8	9	10	11	12
RI	0	0	0.58	0.90	1.12	1.24	1.32	1.41	1.45	1.49	1.52	1.54

计算一致性比例 CR 为

$$CR=\frac{CI}{RI} \tag{6-89}$$

当 $CR<0.1$ 时，一般认为该判断矩阵的一致性是可以接受的；否则，就需要重新调整判断矩阵，并使之具有满意的一致性。

（2）熵权法。利用熵理论确定指标权重的基本原理：在多目标决策问题中，对于各备选方案的某一指标值而言，一般认为偏差大的指标更能反映各方案的差异，即差异程度大的指标更重要，则可对原始指标进行归一化处理后，计算得到指标的客观权重。熵权法确定指标权重的步骤如下。

设有 n 个待选方案，m 个评价指标，x_{ij}表示第 i 个待选方案的第 j 个评价指标的数值，则数据原始矩阵为

$$X=(x_{ij})_{n\times m} \tag{6-90}$$

对原始矩阵 X 进行数据无量纲化处理钢化处理，则

$$Y=(y_{ij})_{n\times m} \tag{6-91}$$

计算第 j 项指标下第 i 个待选方案占该指标的比重，即

$$P_{ij}=\frac{y_{ij}}{\sum_{i=1}^{n}y_{ij}} \tag{6-92}$$

计算第 j 项指标的熵值，即

$$e_j=-\frac{1}{\ln n}\sum_{i=1}^{n}p_{ij}\ln p_{ij} \tag{6-93}$$

计算第 j 项指标的差异系数，即

$$g_j=1-e_j,\ 其中0\leqslant g_j\leqslant 1 \tag{6-94}$$

对于第 j 项指标，指标值x_{ij}的差异系数越大，则对方案评价的作用就越大，熵值就越小。

计算第 j 项指标的权重，即

$$\omega_j=\frac{g_j}{m-E_e} \tag{6-95}$$

$$E_e=\sum_{j=1}^{m}e_j \tag{6-96}$$

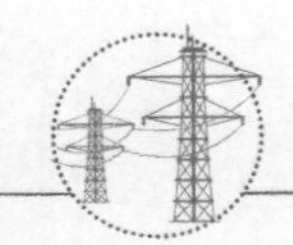

其中：

$$0\leqslant\omega_j\leqslant1,\ \sum\omega_j=1 \tag{6-97}$$

2. 优选方法模型

灰色关联度分析法是基于空间理论和灰色系统，确定参考数列和比较数列之间相关关系的数学方法。该方法的基本思想是在空间中分析序列的几何曲线相似水平来判断序列的相关性。若样本序列和最优序列相对一致，则两者关联程度大；反之，则小。采用灰色关联度分析法与层次分析法、熵权法结合的改进灰色度关联法对规划方案进行比选，其基本步骤如下。

（1）确定最优序列。使用灰色关联度法时，需要首先设定最优序列，最优序列中的值为每个指标的标准值，对于正向指标，可选取该指标目前数据中的最大值，对于负向指标，可以选用该指标目前的最小值，而对于中间性指标，选择该指标最合理的数值为最优值。最优序列 X_0 记作

$$X_0=[x_{01},\ x_{02},\ \cdots,\ x_{0n}] \tag{6-98}$$

（2）确定样本序列。设有 m 个待选方案，n 个评价指标，x_{ij} 表示第 i 个待选方案的第 j 个评价指标的数值，则样本序列为

$$X_i=[x_{i1},\ x_{i2},\ \cdots,\ x_{in}],\ i\in[1,\ m] \tag{6-99}$$

（3）指标值的无量纲化处理得到无量纲矩阵。无量纲化处理的公式为

$$Y=\begin{bmatrix} y_{01} & y_{02} & \cdots & y_{0n} \\ y_{11} & y_{12} & \cdots & y_{1n} \\ \vdots & \vdots & & \vdots \\ y_{m1} & y_{m2} & \cdots & y_{mn} \end{bmatrix} \tag{6-100}$$

其中：

$$y_{ij}=\frac{x_{ij}}{x_{0j}},\ i\in[0,\ m],\ j\in[0,\ n] \tag{6-101}$$

（4）计算综合评价的关联度。根据灰色系统理论，定义样本序列 Y_i 对最优序列 Y_0 在指标 y_{ij} 上的关联系数 ζ_{ij} 为

$$\zeta_{ij}=\frac{\min\limits_i[\min\limits_j|y_{0j}-y_{ij}|]+\rho\max\limits_i[\max\limits_j|y_{0j}-y_{ij}|]}{|y_{0j}-y_{ij}|+\rho\max\limits_i[\max\limits_j|y_{0j}-y_{ij}|]} \tag{6-102}$$

式中：$i=1,\ 2,\ \cdots,\ m$；$j=1,\ 2,\ \cdots,\ n$；ρ为分辨系数，通常取$\rho=0.5$。

（5）计算层次分析法和熵权法的综合权重。

$$\omega_j=\omega_{3j}\omega_{2j}\omega_{1j}\text{ , }j\in 1,\ 2,\ \cdots,\ n \tag{6-103}$$

式中：ω_{3j}为熵权法确定的第j项指标的权重ω_{1j}；ω_{2j}为层次分析法确定的第j项指标对应一级指标和二级指标的权重。

（6）计算各个方案的灰色关联度。

$$\gamma_i=\sum_{j=1}^{n}\omega_j\zeta_{ij} \tag{6-104}$$

（7）根据关联度大小进行方案的排序。根据式（6–104）计算的关联度值，关联度值越大，说明相应的评价方案越接近于理想值，以此为依据可排出各方案的优劣顺序，作为优选规划方案的方法。

参考文献

[1] 杨志超，朱峰，张成龙，等．基于自适应模糊时间序列法的光伏发电短期功率预测．南京工程学院学报（自然科学版），2014，12（1）：6–13.

[2] 侯伟，肖健，牛利勇．基于灰色理论的光伏发电系统出力预测方法．电气技术，2016（4）：53–58.

[3] 李光明，刘祖明，何京鸿，等．基于多元线性回归模型的并网光伏发电系统发电量预测研究．现代电力，2011，28（2）：43–48.

[4] 代倩，段善旭，蔡涛，等．基于天气类型聚类识别的光伏系统短期无辐照度发电预测模型研究．中国电机工程学报，2011，31（34）：28–35.

[5] 王飞，米增强，杨奇逊，等．基于神经网络与关联数据的光伏电站发电功率预测方法．太阳能学报，2012，33（7）：1171–1177.

[6] 栗然，李广敏．基于支持向量机回归的光伏发电出力预测．中国电力，2008，41（2）：74–78.

[7] 张华彬，杨明玉．基于最小二乘支持向量机的光伏出力超短期预测．现代电力，2015，32（1）：70–75.